"十二五"国家重点图书

环境保护知识丛书

# 饮用水安全与人们的生活
## ——保护生命之源

张瑞娜　曾　彤　赵由才　主编

北京

冶金工业出版社

2012

# 内 容 提 要

本书作为《环境保护知识丛书》之一，以饮用水处理技术为主体，在系统介绍处理工艺的基础上，对饮用水安全面临的一系列问题进行了系统阐述，主要内容包括：饮用水基础知识、我国饮用水安全保障体系、饮用水水质标准、饮用水常规处理技术及其发展、饮用水预处理技术、饮用水深度处理技术及发展、海水淡化处理等。另外，本书还注重对饮用水安全生命周期中的其他环节，如水源地管理、输配水系统等采用的技术和相应的标准、管理制度等进行了介绍。

本丛书是一套具有科学性、知识性和实用性的科普读物，适合对环境保护感兴趣、关心环保事业的人士或青少年学生课余兴趣阅读。

**图书在版编目(CIP)数据**

饮用水安全与人们的生活：保护生命之源/张瑞娜，曾彤，赵由才主编 . —北京：冶金工业出版社，2012.6
（环境保护知识丛书）
"十二五"国家重点图书
ISBN 978-7-5024-5903-1

Ⅰ.①饮… Ⅱ.①张… ②曾… ③赵… Ⅲ.①饮用水—水处理 ②饮用水—关系—健康 Ⅳ.①TU991.2 ②R161

中国版本图书馆 CIP 数据核字（2012）第 105833 号

出 版 人　曹胜利
地　　址　北京北河沿大街嵩祝院北巷 39 号，邮编 100009
电　　话　(010)64027926　电子信箱　yjcbs@cnmip.com.cn
责任编辑　程志宏　廖 丹　美术编辑　李 新　版式设计　孙跃红
责任校对　石 静　责任印制　张祺鑫
ISBN 978-7-5024-5903-1
北京慧美印刷有限公司印刷；冶金工业出版社出版发行；各地新华书店经销
2012 年 6 月第 1 版，2012 年 6 月第 1 次印刷
169mm×239mm；15 印张；289 千字；225 页
**32.00 元**
冶金工业出版社投稿电话：(010)64027932　投稿信箱：tougao@cnmip.com.cn
冶金工业出版社发行部　电话：(010)64044283　传真：(010)64027893
冶金书店　地址：北京东四西大街 46 号(100010)　电话：(010)65289081(兼传真)
（本书如有印装质量问题，本社发行部负责退换）

# 丛书序言

　　人类生活的地球正在遭受有史以来最为严重的环境威胁，包括陆海水体污染、全球气候暖化、疾病蔓延等。经相关媒体曝光，生活垃圾焚烧厂排放烟气对焚烧厂周边居民健康影响、饮用水水源污染造成大面积停水、全球气候变化导致的极端天气等，事实上都与环境污染有关。过去曾被人们认为对环境和人体无害的物质，如二氧化碳、甲烷等，现在被证实是造成环境问题的最大根源之一。

　　我国环境保护工作起步比较晚，对环境问题的认识也不够深入，环境保护措施和政策法规还不完善，导致我国环境事故频发。随着人们生活水平的不断提高，环境保护意识逐渐增强，民众迫切需要加强对环境保护知识的了解。长期以来，虽然出版了大量环境保护书籍，但绝大多数专业性很强，系统性较差，面向普通大众的环境保护科普读物却较少。

　　为了普及大众环境保护知识，提高环境保护意识，冶金工业出版社特组织编写了《环境保护知识丛书》。本丛书涵盖了环境保护的各个领域，包括传统的水、气、声、渣处理技术，也包括了土壤、生态保护、环境影响评价、环境工程监理、温室气体与全球气候变化等，适合于非环境科学与工程专业的企业家、管理人员、技术人员、大中专师生以及具有高中学历以上的环保爱好者阅读。

　　本丛书内容丰富，编写的过程中，编者参考了相关著作、论文、研究报告等，其出处已经尽可能在参考文献中列出，在此对文献的作者表示感谢。书中难免出现疏漏和错误，欢迎读者批评指正，以便再版时修改补充。

赵由才

2011 年 4 月

# 前　言

　　饮用水是水资源利用功能中的最高层次，是水资源利用的重中之重，关系到社会稳定与国家综合国力的增强，同时也直接关系到饮水人群的健康与生命安全，与我们每个人的生活和健康息息相关。

　　我国近年来修订和出台了一系列政策法规，如《全国城市饮用水安全保障规划（2006—2020）》、《饮用水水源保护区划分技术规范》、《生活饮用水卫生标准》（GB 5749—2006）和《饮用天然矿泉水》（GB 8537—2008）等国家标准，充分体现了国家对于饮用水安全与处理的重视。在中国营养学会推荐的新膳食宝塔中，强调成年人正常情况下每日至少饮水 1200mL，表明了摄取足量饮用水的重要性。在人民生活水平日益提高的今天，对饮用水的水质要求越来越高。

　　在这种情况下，充分了解饮用水水源短缺的严峻现实，深入了解饮用水处理技术的历史、现状和未来的发展趋势，深入认识饮用水的输送与供给过程、水质监测方法等将有助于增强人们对饮用水处理过程的理解，增强人们珍惜饮用水资源、合理利用饮用水资源的意识和信念。

　　本书以饮用水处理技术为主体，在系统介绍水处理工艺的基础上，对饮用水安全面临的一系列问题进行系统的阐述。另外，本书还注重对饮用水安全生命周期中的其他环节，如水源地管理、输配水系统等采用的技术和相应的标准、管理制度等进行介绍。本书共分 9 章，其中第 1 章介绍饮用水的相关基础知识，阐明饮用水与人体健康的关系以及饮用水污染问题，分析饮用水水源选择方法及保护制度；第 2 章详细论述我国饮用水安全保障体系，从规划、法规、检验监测办法、标准四方面作了系统介绍，依据城市和农村饮水安全的不同要求分别介绍城市饮用水安全保障体系和农村饮用水安全保障体系；第 3 章具体介绍各个饮用水水质标准，包括国际水质标准以及我国国家标准、行业标准、部门标准，分别对其列明特点、区分要求；第 4 章具体介绍了饮用水采样和分析的要求、标准和方法，在此基础上介绍了对水源、供水单位及输配水管网的水质监测和分析的要求；第 5 章讲述了饮用水的常规处理工艺和各处理构筑物的设计要求；第 6 章主要介绍了饮用水的物理化学、生物和组合法预处理工艺和最新进展；第 7 章主要介绍了饮用水的氧化法、吸附法、膜法、离子交换等深度处理工艺和最新进展；第 8 章介绍了饮用水分质供水的工艺和相关实例；第 9 章介绍了海水淡化工艺和相关工程实例。各章内容完整，单独分割来看可独立成文，由于各章内在的联系性，组合起来也是一个有机的知识体系。

本书是在收集、研究了大量国内外相关文献资料和实例的基础上，结合最新的科研成果精心编写而成的，书中内容在介绍常规的工艺基础上，将实用、新型处理技术也融汇到各相关章节之中，这样既保证了技术上的先进性，又考虑了实际应用中的可操作性。本书的编著人员还搜集和制作了大量的表格和图片，可以让读者更直观地理解饮用水的各种处理工艺和技术。因此，本书除可作为科研人员、工程技术人员和行政管理人员的参考用书外，也可供广大学生朋友作为增加知识、拓宽视野的参考书。

本书由张瑞娜、曾彤、赵由才担任主编，参加编写人员包括：陆璐、曾彤（第 1 章），刘虹霞、陈思亮（第 2 章），刘虹霞、陈思亮、李成蹊（第 3 章），张瑞娜、王媚（第 4 章），张瑞娜、焦刚珍（第 5 章），张晗、张瑞娜（第 6 章），成银、张瑞娜（第 7 章），张瑞娜、曾彤（第 8 章和第 9 章）。

由于作者的水平和能力所限，书中定有许多的遗漏和不当之处，恳请广大读者批评指正。

编 者
2011 年 8 月

# 目　　录

# 第1章 饮用水基础知识

## 1.1 饮用水概述

### 1.1.1 饮用水需求

水是构成一切生物体的基本成分。不论是动物还是植物，均以水维持最基本的生命活动。人可数天无食，不可一日无水。所以，水是生命之源泉，水也是人类必需的营养素和载体之一。

人的体重约50%～70%是水分，人体含水量随年龄、性别及身体状况的不同而不同。脑组织大约含85%的水，血液大约含有90%的水，水是人体细胞和体液的主要成分。人体内的水分主要与蛋白质、脂类或碳水化合物相结合，形成胶体状态。人体总水量中约50%是细胞内液，其余50%为细胞外液包括细胞间液、血浆，维持着人的身体内环境水和电解质的平衡。

水是人体吸收营养、输送营养物质的介质，又是排泄废物的载体，人通过水在体内的循环完成着新陈代谢过程。在这个过程中，水还具有人体散热、调节体温、润滑关节和各内脏器官等等作用，它对于生命体至关重要，人体如果失水10%～20%，就会危及生命。所以说，水是生命的源泉是一点也不过分的。

水是人体的重要组成部分，也是新陈代谢的必要媒介。正常人每天从饮食和饮水中摄取水分，成年人每天摄入水量大约为2500mL，摄入水量的多少一般与人体每日排出水量相平衡。人体每天消耗的水分中，约有一半需要直接喝饮用水来补充，其他部分从饭食中直接获得，少部分由体内的碳水化合物分解而来。正常人每天除吃饭以外还需要喝1500mL左右的水，即大约6～8杯水才能满足人体新陈代谢的需要。

### 1.1.2 饮用水的种类

饮用水包括干净的天然泉水、井水、河水和湖水，也包括经过处理的矿泉水、纯净水等（图1-1）。加工过的饮用水有瓶装水、桶装水、管道直饮水等形式。自来水在我国大陆一般不能用来直接饮用，但在世界某些地区由于采用了较高的质量管理标准可以直接饮用。

#### 1.1.2.1 自来水

自来水是指通过自来水处理厂净化、消毒后生产出来的符合国家饮用水标准

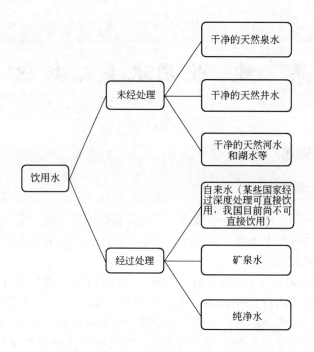

图 1-1　饮用水的分类

的、供人们生活、生产使用的水。自来水的处理过程主要通过水厂的取水泵站汲取江河湖泊及地下水、地表水，并经过沉淀、消毒、过滤等工艺流程，达到《国家生活饮用水相关卫生标准》后，用机泵通过输配水管道供给用户使用。

### 1.1.2.2　饮用纯净水

饮用纯净水是指不含任何有害物质和细菌，如有机污染物、无机盐、任何添加剂和各类杂质，能够有效避免各类病菌入侵人体的水。其优点是能有效、安全地给人体补充水分，具有很强的溶解度，因此与人体细胞亲和力很强，有促进新陈代谢的作用。一般采用离子交换法、反渗透法、精微过滤及其他适当的物理加工方法进行深度处理后产生饮用纯净水。

### 1.1.2.3　矿物质水

2008 年 12 月 1 日实行的中华人民共和国《饮料通则》（GB 10789—2007）中，对饮用矿物质水进行了界定，即以符合《生活饮用水卫生标准》（GB 5749—2006）的水为水源，采用适当的加工方法，有目的地加入一定量的矿物质而制成的制品。一般来讲，矿物质水都是以城市自来水为原水，再经过纯净化加工、添加矿物质、杀菌处理后灌装而成。由此可见矿物质水与人们平时所说的矿泉水是不同的，矿泉水是天然的，而矿物质水是在纯净水的基础上添加了矿物质类食品添加剂而制成的。

#### 1.1.2.4 天然矿泉水

根据我国 2008 年 12 月 29 日发布、2009 年 10 月 1 日实施的国家标准《饮用天然矿泉水》(GB 8537—2008) 规定：饮用天然矿泉水是从地下深处自然涌出的或经人工揭露的、未受污染的地下含矿物质水；含有一定量的矿物盐、微量元素和二氧化碳气体；在通常情况下，其化学成分、流量、水温等动态在天然波动范围内相对稳定。矿泉水是在地层深处循环形成的，含有国家标准规定的矿物质及相关限定指标，主要包括井水、泉水、山涧水、深层水库（湖）水，只经过必要的过滤、臭氧处理或其他相当的消毒过程处理，不含任何化学添加物、封闭于容器中可直接饮用的水。其水源水质要符合标准要求。

### 1.1.3 饮用水处理技术

饮用水处理技术主要以常规处理技术、预处理技术、深度处理技术和应急处理技术来保障饮用水安全。

#### 1.1.3.1 常规处理技术

常规处理技术是现在普遍采用的技术，包括混凝、沉淀、过滤和消毒四个部分。混凝、澄清工艺主要去除水中悬浮物和胶体物质，该过程对水中难溶物和胶态有机物等去除率很高，但对溶解性有机物去除率却很低。因为难以有效地去除水中有机物污染物，常规净水工艺系统只适用于一般比较清洁的原水处理。如果水源水被污染，则处理效果将很不理想。

现有的常规净水系统对有机物的去除率一般为 20% ~ 50%，对氨氮的去除率为 15% 左右，如源水中有机物含量偏高时，出水中有机物含量仍然很高，并且其中某些有机物具有致癌性。水中有机物很难通过常规水处理工艺进行去除，主要表现在以下几个方面：水中有机污染物大多是带负电荷的化合物，它们的存在使水的 Zeta 电位升高，要保证一定的出水水质，需要投加过量的混凝剂和氯，从而增加了水处理成本。而且，常规净水工艺无法去除某些有机污染物，这些有机污染物还可在氯化消毒过程中生成更加有害的物质；有机污染物在输水管网中被管壁上附着的微生物所利用，它们在氯化消毒之后，仍然能够存活，比起一般的微生物具有更大的危害性，在出水管网中形成非生物稳定的水，具有"三致"特性。而生物过滤法用于净水工艺可脱除天然有机物中的那些生物可降解部分，可用来控制消毒副产物的产生以及微生物的再繁殖等。

混凝的阶段可通过 pH 值强化一些污染物去除的特性，如可针对天然有机物，将 pH 值调至酸性，可去除一些腐殖酸等悬浮物。也可将 pH 值调高，达到去除部分重金属的效果。在占地面积允许的条件下，平流沉淀池技术一般可取得比较好的沉淀效果。

夏季藻类污染时，运用混凝沉淀很难将藻类消除，可考虑采用脉冲澄清池或高密度澄清池，这对北方地区低温的条件下混凝效果比较差的情况也十分有效。另外，也可考虑向澄清池内加入沉淀沙，这种处理办法对藻类暴发水源进行处理，可比传统工艺达到更好的澄清效果。

消毒是传统净水工艺中重要的一个环节。消毒主要是借助物理和化学方法杀灭水中的致病微生物，主要可分为物理法和化学法。物理法包括加热法、超声波法、紫外线（UV）照射法、γ射线照射法、X射线照射法、磁场法、微电解法等。化学法主要有卤素族消毒剂（液氯或氯气、漂白粉或漂白精、氯氨、次氯酸钠、二氧化氯、溴及溴化物、碘），氧化剂（臭氧、过氧化氢）。其中液氯、次氯酸钠、二氧化氯、臭氧用于饮用水消毒的研究与应用最多。我国由于经济以及技术等原因，以氯消毒为主，氯消毒对细菌和病毒去除效果非常好，对原生动物灭活效果较差。二氧化氯消毒比氯消毒效果要好很多，但二氧化氯的来源和成本方面受到限制，在我国使用还非常少。臭氧和紫外消毒，对原生物的消灭非常明显，但是必须后续氯消毒。紫外消毒在我国应用很少，仅有天津某水厂采用了紫外消毒加氯消毒。紫外消毒对细菌和原生动物消毒比较好，但是对病毒的消毒不好。氯消毒正常情况是从病毒到原生动物，基本上完全可以把细菌消灭掉，有了这两级保障以后，就可以保障出水生物安全。

要保证净水厂的效果，可采取的措施包括：强化传统工艺、替换传统的消毒剂应用吸附工艺、膜过滤、生物预处理等技术。在我国现有条件下，改善净水厂处理工艺，才能保证居民饮用到合格的水，避免水传播疾病，保障人们的健康。为保证和提高饮用水的安全性和水质，除需提高供水厂的水处理效果和能力外，根本出路在于从环境管理与立法等角度，加大对水源水的保护力度，减少对饮用水源的污染。

### 1.1.3.2 预处理技术

在水源污染问题比较严重，有机污染源越来越大的情况下，为保障出水的水质安全，一方面可通过改造传统的工艺进行强化，但要从根本上解决水污染的问题，更多的还要增加预处理工艺和深度处理工艺以保障出水的安全。

预处理技术主要是为了去除有机物，控制氨氮和控制藻类的生长，预处理技术包括：生物接触氧化、活性炭吸附和化学处理。生物处理主要针对有机物浓度比较高的水源。物理预处理就是加入粉末活性炭，活性炭对有机物吸附的效果比较明显，投入量易于掌控，但无法去除氨氮。化学氧化包括高锰酸盐氧化、臭氧氧化和氯预氧化，主要的目的是去除溴类和杀灭微生物。

### 1.1.3.3 深度处理技术

预处理可改善源水水质，但无法从根本上保证出水水质。目前新建的水厂和大部分技改的供水企业，更多采用了深度处理工艺。深度处理工艺可改善水的色度、嗅味和浊度等感官类指标。另外可去除水中的藻类、藻毒素、氨氮和亚硝酸盐氮，溶解性有机物，杀灭病毒和两虫动物，可减轻氯消毒的负担。

深度处理技术包括：活性炭、臭氧生物活性炭以及膜分离。滤池后面接活性炭吸附工艺应用较好。2010 年，我国采用臭氧生物活性炭深度处理工艺的水厂总处理规模达到了每天 10000kt，"十一五"期间的水厂的改造和新建的水厂都采用了臭氧活性炭的工艺。

膜分离主要以微滤和超滤为主，该法在国外使用得非常普遍。国内目前在膜分离中需要引起重视的是需要提高膜的运行可靠性。

### 1.1.3.4 应急处理技术

按去除对象来说，应急处理主要可分为下面三类：

第一类是有机污染。主要可采用活性炭的处理工艺，比较典型的是松花江污染应急处理。活性炭在吸附有机物的时候，吸附的时间不一样，时间越长，吸附的效果越好。

第二类是重金属的污染，可运用强化混凝技术。比较典型的是广东北江的污染应急处理。采用强化混凝技术时，一般调至碱性，通过重金属形成氢氧化物和碳酸物的沉淀技术来进行去除。

第三类是藻类的污染，比较典型是无锡突发水污染的应急处理。可采用预氧化技术，利用高锰酸钾的氧化作用，将藻类去除。加入高锰酸钾时投加量不可超量，否则会出现色度超标的问题。无锡也出现了这个问题，为了控制嗅味，就多加了一点，结果就出现了红色水的情况。

另外在供水行业内发展中的技术主要有催化氧化技术和膜处理技术。

## 1.1.4 健康饮水

### 1.1.4.1 饮用水中主要物质与人体健康

中国医疗保健国际交流促进会健康饮水专业委员会认为，符合下述条件的饮用水更能满足人体需求：不含任何对人体有毒、有害及异味物质，硬度适度，pH 值呈微碱性，人体所需矿物质含量及比例适当，水中溶解氧及二氧化碳含量适度，水分子团小，水分子间结合角大，接近人体分子间的结合角，水的溶解力、渗透力、扩散力等营养生理功能强等等。

在单一元素与人体健康方面的研究中，大量的研究报道了各类疾病与生命元素的缺乏、过剩和比例不平衡之间的关系。当今人类非传染性疾病中 90% 以上与元素平衡失调有关，占总死亡人数 70% 的慢性病和位于死因前列的恶性肿瘤和心血管疾病亦与元素的丰缺失调密切相关。而饮用水中元素的丰缺通常是导致地方病产生的主要原因，这在报道中并不鲜见，最为著名的日本三大公害病中的"痛痛病"以及"水俣病"，都是因为饮用水中某种元素过量而导致的。通过表1-1 人们也不难看出元素丰缺与人体健康的关系。

表 1-1　饮用水中主要物质与人体健康的关系研究概况

| 元素 | 缺乏的影响 | 过量的影响 | 研究存在问题 |
|---|---|---|---|
| 砷 | 在雏鸡、仓鼠、山羊、猪和大白鼠实验中，砷元素缺乏最一致的表现是生长抑制和生殖异常，后者的特征是受精能力损伤和围产期死亡率的增加。所有物种在缺乏砷时都表现出各种器官内矿物质含量的变化。对砷元素缺乏的某些应答反应取决于应激因子或其他因素的存在 | 慢性中毒，可导致黑脚病和皮肤癌，严重时因脑麻痹而死亡 | 对砷元素缺乏的研究局限于动物体，缺乏人体临床的症状反应研究 |
| 镉 | 并非人体必需的微量元素，人体中的镉元素主要通过外界环境获得，如饮食、饮水等 | 吸入含镉气体可致呼吸道症状、经口摄入镉可致肝、肾损害症状。典型案例，1931～1972年日本富山县"痛痛病"，因神通川部分流域遭镉污染而导致此病，周身剧痛 | 由于日本"痛痛病"这一公害事件，使得镉元素较早进入公众视野，研究时间较长，成果较为丰富 |
| 硒 | 缺乏硒元素会导致未老先衰。严重缺乏硒元素会引发心肌病及心肌衰竭。发生克山病、大骨节病。精神萎靡不振，精子活力下降，易患感冒 | 指甲变厚、毛发脱落、肢端麻木，偏瘫 | 该元素可通过药物以及食物摄入，对通过饮用水摄入的研究较为缺乏，对通过饮用水致病的研究也不充分 |
| 氟 | 龋齿、骨质疏松、骨骼生长缓慢、骨密度和脆性增加是缺氟的主要表现，另外还可能造成不孕症或贫血 | 适当的氟是人体所必需的，过量的氟对人体有害，氟化钠对人的致死量为 6～12g，饮用水含 2.4～5mg/L 则可出现氟骨症。典型病症为地氟病，即为长期摄入过量氟而发生的一种慢性全身性疾病，主要表现为氟斑牙和氟骨症 | 大量研究表明，通过饮用水摄取氟是我国居民获得该元素的最主要途径，但是摄入氟会出现两面性，所以对其摄入的致病机制尚需研究 |
| 碘 | 胎儿期：<br>　(1) 流产、死胎、先天畸形、围产期死亡率增高、婴幼儿期死亡率增高；(2) 地方性克汀病；(3) 神经运动功能发育落后；(4) 胎儿甲状腺功能减退<br>新生儿期：<br>　新生儿甲状腺功能减退、新生儿甲状腺肿<br>儿童期和青春期：<br>　甲状腺肿、青春期甲状腺功能减退、亚临床型克汀病、智力发育障碍、体格发育障碍、单纯聋哑<br>成人期：<br>　甲状腺肿及其并发症、甲状腺功能减退、智力障碍、碘致性甲状腺功能亢进 | 高碘对甲状腺功能最常见的影响是碘致甲状腺肿（IH）和高碘性甲亢 | 有专家认为高碘对人的智力产生影响，但是尚存在争议。由于人体对碘的摄入主要是食物，其次才是水，所以并未有专门对饮用水中碘含量的研究 |

饮用水中的单个元素会给人体的健康带来上述影响，综合起来看则会发现，在影响人体健康的饮用水指标中还有一种叫水的硬度。所谓水的硬度，是指水中含有的钙和镁元素的含量，即在饮用水中钙离子和镁离子的总浓度。此外，还有另外一个概念体系，即水的总溶解性固体（TDS），它是指水中的所有矿物元素，包括钙、镁、锶、铁、锰以及许多微量元素，如氟、锌、锡、铝、铅、铜和铬。美国科学家研究表明，饮用水硬度与心血管疾病呈负相关关系，一个地区饮用水硬度越低，当地居民心血管疾病的发病率就越高。但是并非水的硬度越高越好，也有研究指出，长期饮用过高硬度的水使人患暂时性胃肠不适、腹胀、泻肚、排气多，甚至引起肾结石等疾病。各国基本都对生活饮用水的硬度有规定，我国也不例外，在《生活饮用水卫生标准》（GB 5749—2006）中，对饮用水的硬度就有相关的规定，规定总硬度（以 $CaCO_3$ 计）限度为 450mg/L，意味着在这个标准之内的饮用水对人的身体应该是无害的。

### 1.1.4.2 健康饮水

水是生命之源，人们的健康生活离不开安全、干净的饮用水。水又是最佳溶剂，滋养着人体，人体任何部位缺了水就无法生存。健康洁净的水可使人体的免疫力增强，有利于促进细胞的新陈代谢。

饮用水对于人类来说具有极其重要的意义，但它只有健康合理的被人体所吸取才能对人体产生作用，因此，在饮用水与人体健康之间有着极为重要的一环：即健康合理地摄取饮用水，减少摄取饮用水的误区，更加有利于人体对水的需求。

#### A 选择安全健康的饮用水

健康合理的摄取饮用水，首先要求所获得的饮用水是安全健康的。对于安全健康的好水，各个国家有不同的标准，但总体上各国的标准都会符合世界卫生组织所提出的好水标准，即：（1）没有污染，不含致病菌、重金属和有害化学物质，硬度适中；（2）含有人体所需的天然矿物质和微量元素；（3）生命活力没有退化，呈弱碱性，小分子团水，活性强。

在我国，按照有关规定，安全饮用水是符合《生活饮用水卫生标准》（GB 5749—2006）的水。在这个标准下，我国的很多饮用水专家也在研究中进一步给出了健康饮用水的标准。中国医疗保健国际促进会健康饮用水专业委员会主任李复兴教授认为健康饮用水应该符合 7 个标准：（1）不含对人体有毒、有害及有异味的物质；（2）水的硬度适中（50～200mg/L）；（3）人体所需矿物质含量及比例适中；（4）水的 pH 值呈微碱性（pH＝7～8）；（5）水中溶酸氧及二氧化碳含量适中；（6）水分子小；（7）水的生理功能强（渗透力、溶解力、代谢力等）。

虽然各个国家标准不同，但是都坚持的一个原则就是，健康的水是建立在干净、安全的基础上的。这些标准都是一个国家或者地区饮用水必须符合的最低标准，而只有在这样的标准之下，才能获得健康的水。健康水与干净水、安全水比较，必须要具备三点：第一，没有污染，指水必须无毒、无害、无异味；第二，符合人体生理需求，指水含有一定的有益矿物质、pH 值呈中性或微碱性等；第三，水具有生命活力。只满足第一个条件的水是干净水，纯净水多是这一类；满足第一和第二个条件的水是安全水，矿泉水多是这一类；只有三条兼备，才可称为健康水。

在现在的饮水市场上存在着三种供水方式，即管道分质供水、家用净水器和桶装水。无论哪种供水方式都能生产出健康水，最为关键的则在于生产水的厂家是否具有相应的安全意识。作为消费者选择的时候也应该考虑相关因素，选择正规厂家生产的具有合格证明的水，这样才能保证自己饮用水的安全、干净以及健康。

B　养成定时喝水的习惯

人们喝水都存在一个误区，即渴了才想到要喝水，其实这是极其不科学的。其实当感觉到渴了的时候，身体器官已经是在一个极度缺水的环境下运作了，也就是说处于非常缺水的状态了，这个时候补充水分只能解决缺水状况，而并不能让身体充分地吸收水分，汲取人体运作所需的水分。所以，应该养成定时喝水的习惯。一般而言清晨起来，刷牙后喝一杯白开水，可以稀释血液，降低血液黏稠度；工作或者读报一段时间后喝一杯水，补充流失的水分，缓解紧张的情绪；午饭后半小时或一小时喝一杯水，可以帮助身体进行消化；下午三点左右再饮一杯水，这时可以达到提神醒脑的作用；晚饭前一小时饮水，这样待吃饭时，机体各个消化液分泌正处于旺盛阶段，自然可以促进消化，而且在晚饭前饮水可以增加饱腹感，防止晚餐暴饮暴食；沐浴前喝杯水，可确保在沐浴时，体内细胞得到充足的水分，更能促进新陈代谢；最后在一天活动结束前 1 小时，即睡前 1 小时饮杯水可以帮助人体迅速进入睡眠状态，获得良好的睡眠质量。

C　多喝开水，少喝生水

新鲜开水，不但无菌，还含有人体所需的十几种矿物质。经研究发现，开水自然冷却后，水中的氯气要比一般自然水降低 50%，水的分子结构会发生某些变化，水的表面张力、水的密度、导电率等理化性能都有所改变，其生物活性比生水要高出 4~5 倍，与生物活细胞里的水十分相似，因而易于渗透细胞膜而被人体吸收。而直接饮用未经煮沸消毒的自来水很容易感染痢疾、伤寒、霍乱等肠道传染病。

但是，烧开水也要注意方式方法，并非沸腾时间越久越好，也不能反复重复加温。加氯消毒后的自来水中含有 13 种卤代烃等有害物质，而要将有害物质降低到安全范围，烧开水不失为一个好方法。但是当水温刚刚达到 100℃时卤代烃和氯仿的含量分别为每升含 $110\mu g$ 和 $99\mu g$，都超过了国家规定的标准，而沸腾 3min 后，这两种物质则分别迅速降为每升含 9.2μg 和 8.3μg，迅速回复到标准以内。如果让水继续沸煮，卤代烃和氯仿的含量还会有所下降，但是水中其他不挥发性的物质的数量却会增长，同样对人体有害。因此，烧开水以煮沸 3 ~ 5min 为最佳，这段时间能很充分地将细菌和细菌芽孢彻底消灭。另一个烧开水的误区就是反复重复烧水，在这样的水中不仅失去了各种矿物质，而且还有可能含有某些有害物质，诸如亚硝酸盐等，长期饮用可能导致亚硝酸盐中毒。

饮用水放置时间也不能过长，过长容易滋生细菌，尤其是桶装饮用水，打开的桶装饮用水秋冬季节要在 2 ~ 4 周内喝完，春夏季节最好在 7 ~ 10 天内喝完。

D  夏季多喝加盐温热水，少喝冰水

夏季，大家容易大量出汗，再加之天气炎热，许多人喜欢喝冰冻过的水或者是冷饮。这样虽然会带来暂时的舒适感，但大量饮用冰水或冷饮，会导致汗毛孔宣泄不畅，肌体散热困难，余热蓄积，极易引发中暑。夏季正确的饮水方式是，多喝一些加少许盐的盐水，以补充丢失的盐和水。盐水进入肌体后，会迅速渗入细胞，使不断出汗而缺水的肌体及时得到水分的补充。

## 1.2  饮用水水源

### 1.2.1  饮用水水源概况

水资源是人类长期生存、生活和生产活动中所需要的各种水的总称，它包括气态水、液态水和固态水。这个概念不仅包含了水的数量和质量，还包括了水的使用价值和经济价值。世界各国按水资源量大小排队，排名前列的依次是：巴西、俄罗斯、加拿大、中国、美国、印度尼西亚、孟加拉国、印度。

全球水的总储量约为 13.86 亿立方千米，其中海洋水占总储量的 96.53%，陆地水（河湖水、冰川水、土壤水、地下水）占总储量的 3.467%，大气水只占总储量的 0.001%。淡水只占水总储量的 2.53%，而目前人类可以开发利用的淡水又只占淡水总储量的 0.3%。

世界上的淡水资源是有限的，而人类的需求又是在急剧增长的。随着世界人口膨胀，城镇增多，经济迅速发展，世界淡水消耗激增，出现了世界淡水供不应求的局面。据联合国统计，在 20 世纪，世界淡水消费量增加约 26 倍。其中农业用水增加约 5 倍，工业用水增加 26 倍，城乡家庭用水增加约 18 倍，世界上许多国家正面临着水资源危机，全球 12 亿人用水短缺，30 亿人缺乏用水卫生设施，每年有 300 万 ~ 400 万人死于和水有关的疾病。据国际水资源管理学会的研究数据表明，到 2025 年，水危机将蔓延到 48 个国家，世界总人口的 1/4 或发展中国家人口的 1/3，即近 14 亿人将严重缺水，35 亿人为水所困。而且随着水资源危机，生态系统也将会恶化，生物多样性会遭到破坏，环境的改变与恶化必将威胁到人类的生存。

我国是一个水资源既丰富又短缺的国家，水资源丰富是指我国水资源总量丰富，我国淡水资源总量约为2.8万亿立方米，占全球水资源的6%，仅次于巴西、俄罗斯和加拿大，居世界第四位。但是我国却又是水资源短缺的国家，我国人均水资源占有量只有2200m³，仅为世界平均水平的1/4、美国的1/5，在世界上名列第121位，是联合国认定的"水资源紧缺"国家。在全国600多个建制城市中，有400多个存在供水不足的问题，其中严重缺水的城市有110个，全国城市缺水总量达60亿立方米。

我国水资源在全国范围内分布极其不均，长江以南地区拥有全国五分之四的水量，但是其国土面积却只占全国面积的三分之一，而面积广阔的北方地区却只拥有不足五分之一的水量，尤其是西北内陆，水资源量只有全国的4.6%。就水资源充足的长江地区而言，现在也面临着严重的水资源问题。在这些地区，河流开始出现断流，湖泊面积开始逐年减少，我国最大的淡水湖洞庭湖由于围垦，其面积已由20世纪50年代的3696m²萎缩至现在的2690m²。而且，我国面临着严重的水土流失，面积已达到全国国土面积的38%，近一半河段和九成的城市水域受到不同程度的污染。水环境的恶化破坏了生态系统，而生态系统的破坏又进一步加剧了水资源的紧缺。

地球上的水，尽管数量巨大，而能直接被人们生产和生活利用的，却少得可怜。首先，海水又咸又苦，不能饮用，不能浇地，也难以用于工业。其次，淡水只占总水量的2.6%左右，其中的绝大部分（占99%），被冻结在远离人类的南北两极和冻土中，无法利用，只有不到1%的淡水，它们散布在湖泊里、江河中和地底下。与全世界总水体比较起来，淡水量很少。而其中又有绝大部分用于工业以及农业，只有少部分用于生活用水，而饮用水仅占生活用水的一部分。可以供人们使用的饮用水数量并非太多，而在这其中，可作为饮用水的水源还受到人类活动的威胁，或是消失干涸，或是污染，威胁到人类的健康。

呈现在人们面前的世界各国饮用水资源现状不容乐观。据统计，在全球范围内，缺水国家100多个，13亿人缺少饮用水，10亿人饮用水不符合卫生标准，导致全球每年至少有1000万人由于饮用了不干净的水而得病。在全世界最为缺水的40多个国家中，居民每天只能饮用两加仑水的不在少数。而且随着世界经济的发展，经济发展所带来的污染物，如工业废水等被排放到河流湖泊中造成大面积的污染，尤其是在第三世界国家，由于受经济条件的限制，治理和防治水平远远不能满足要求，导致许多国家将污水、废水直接排放到自然河流湖泊当中，导致污染进一步扩大。饮用水水源地遭到破坏，饮用水来源就失去了安全屏障，这必将导致饮用水安全危机的大大加深。据统计，我国2000年污水排放总量620

亿吨，约80%未经任何处理直接排入江河湖库，90%以上的城市地表水体、97%的城市地下含水层受到污染，淡水湖泊处于中度污染水平，75%以上湖泊出现富营养化。进入21世纪，随着我国环境治理力度加大，水质恶化的势头有所控制，但全国水环境整体恶化的趋势还没有根本扭转。

我国的饮用水供给主要是地表水和地下水，对我国饮用水资源的研究就是对具有饮用功能的地表水和地下水的研究。首先是地表饮用水资源，从流域来看，全国七大流域水资源总量为18967.8亿立方米，地下水资源总量为5295.34亿立方米，重复水量为4379.09亿立方米，水资源总量为19884.55亿立方米。占全国水资源总量的65.4%，流域内用水总量为全国用水总量的82%。因此，可近似代表全国地表水资源总量。按国际现行标准，人均水资源量2000 $m^3$ 就处于缺水边缘；人均水资源量1000 $m^3$ 为人类生存起码需求。对照国际标准，全国七大流域人均水资源量除珠江和长江两大流域外，其余五大流域均在缺水警戒线之下，说明我国饮用水严重紧缺。

其次是地下水，水资源分布不均是我国水资源的第二个特点，饮用水资源分布亦如此。我国地下水的分布极不均衡，南方地下水资源较为丰富，约占全国地下水资源总量的71%，而占全国国土面积60%的北方地区地下水资源仅占到29%，全国多年平均地下水资源量约为8288亿立方米，其中有6762亿立方米分布于山丘区，1874亿立方米分布于平原区，山区与平原区的重复交换量约为348亿立方米。在长江以南地区，由于河流、湖泊较多，甚至河网密集，所以在南方大部分地区一般不会出现突出的饮用水缺乏的问题，然而，2011年春夏之交我国的南方地区遭遇干旱缺水，致使湖泊变草原的情形仍令人触目惊心，凸显出我国缺水问题的日益严重与紧迫。而在北方地区，干旱少雨，河流湖泊稀少，饮用水的供给大都靠水库蓄水，若遇大旱灾害，供水就会出现短缺。甚至在西北一些缺水的地区，人们只能靠天吃水，只有将雨水收集起来，澄清后饮用，遇到天不下雨，只能到数百里以外的地方挑水，饮用水无法保障。

进入21世纪，我国水资源供需矛盾进一步加剧。据预测2030年全国总需水量将达10000亿立方米，全国将缺水4000亿～4500亿立方米。也就是说，在今后30年中，水资源供水量要增加4000亿～4500亿立方米，完成这项任务非常艰巨。水资源是量与质的高度统一，水的污染降低了水资源的质量，由于污水排放量和毒性的增加，污水排放前又未能全部妥善处理，更加剧了水资源的紧缺。

解决农村社区饮用水问题是2015年实现联合国千年发展目标会议上最大的主题。在全球范围内，只有27%的农村人口有水管道直接通向他们的家庭，而24%依靠没有改善的水源。全球无法获得改良水源的8.84亿人口中，7.46亿人（84%）生活在农村地区。从表1-2中人们更能感觉到全民使用安全饮用水任务的艰巨。

表1-2　世界各国安全饮用水人口覆盖率统计数据　　　　单位:%

| 国　家 | 覆盖率 | 国　家 | 覆盖率 | 国　家 | 覆盖率 | 国　家 | 覆盖率 | 国　家 | 覆盖率 |
|---|---|---|---|---|---|---|---|---|---|
| 阿尔巴尼亚 | 97 | 阿尔及利亚 | 89 | 阿塞拜疆 | 78 | 巴　西 | 87 | 智　利 | 93 |
| 中　国 | 75 | 古　巴 | 91 | 埃　及 | 97 | 印　度 | 84 | 印度尼西亚 | 78 |
| 伊　朗 | 92 | 伊拉克 | 85 | 肯尼亚 | 57 | 韩　国 | 92 | 巴基斯坦 | 90 |
| 墨西哥 | 88 | 摩尔多瓦 | 92 | 摩洛哥 | 80 | 莫桑比克 | 57 | 苏　丹 | 67 |
| 秘　鲁 | 80 | 菲律宾 | 86 | 新加坡 | 100 | 南　非 | 86 | 津巴布韦 | 83 |
| 叙利亚 | 80 | 土耳其 | 82 | 乌干达 | 52 | 委内瑞拉 | 83 |  |  |

注: 联合国儿童基金会（United Nations International Children's Emergency Fund, 简称 UNICEF）统计
数据同时表明, 发达国家安全饮用水人口覆盖率统计数据为100%。

## 1.2.2　饮用水水源选择

饮用水安全的保障首先要从源头做起, 第一步就是选择好的饮用水水源地。众所周知, 饮用水的供水水源地主要是来自河流湖泊地表水和地下水。水源地的选择就需要在详尽调查分析供水水源以及周边自然、人文、经济社会状况的基础上, 综合考虑该水域的水纹状况、水域功能、水质现状、污染状况及污染趋势等多种因素, 将水源地设置在水量和水质有保证和易于实施水环境保护的水域及周边地区。

### 1.2.2.1　水源地水质要求

地表水水源地的水源水质应该符合我国《中华人民共和国地表水环境质量标准》(GB 3838—2002)。该标准对我国的地表水按照用途进行分级, 并且对各级别需要符合的标准进行了详细的说明。根据该标准, 依据地表水水域环境功能和保护目标, 按功能高低地表水依次划分为五类: Ⅰ类主要适用于源头水、国家自然保护区; Ⅱ类主要适用于集中式生活饮用水地表水源地一级保护区、珍稀水生生物栖息地、鱼虾类产卵场、仔稚幼鱼的索饵场等; Ⅲ类主要适用于集中式生活饮用水地表水源地二级保护区、鱼虾类越冬场、洄游通道、水产养殖区等渔业水域及游泳区; Ⅳ类主要适用于一般工业用水区及人体非直接接触的娱乐用水区; Ⅴ类主要适用于农业用水区及一般景观要求水域。

由上述分类可见, 作为人们饮用水水源地的地表水需好于Ⅲ类。这样的水源除了要符合该标准里地表水环境质量标准基本项目标准限值外, 还要符合集中式生活饮用水地表水源地补充项目标准限值、集中式生活饮用水地表水源地特定项目标准限值。

地下水水源地应该符合《中华人民共和国地下水环境质量标准》(GB/T 14848—1993)。该标准也对不同用途的地下水进行分类, 并制定出相应的数据标准作为依据。标准规定, 根据我国地下水水质现状、人体健康基准值及地下水质

量保护目标，并参照生活饮用水、工业、农业用水水质最高要求，将地下水质量划分为五类。Ⅰ类主要反映地下水化学组分的天然低背景含量。适用于各种用途；Ⅱ类主要反映地下水化学组分的天然背景含量。适用于各种用途；Ⅲ类以人体健康基准值为依据。主要适用于集中式生活饮用水水源及工、农业用水；Ⅳ类以农业和工业用水要求为依据。除适用于农业和部分工业用水外，适当处理后可作生活饮用水；Ⅴ类不宜饮用，其他用水可根据使用目的选用。

各地在选择水源地时，要对该水源地水质按照标准进行水质评价，只有符合以上标准的流域才能成为饮用水水源地。

### 1.2.2.2　水源地自然环境、水土环境要求

水源地周边的自然生态环境和水土环境，是在选择水源地时必须要考虑的因素。良好的自然生态环境可以帮助水源地增加水的涵养量，增强水体对抗污染的自我恢复能力，并且可以进行更好的水源地生态恢复，保证水源地能够持续供水。水土流失是我国的一大严重问题，水土流失对于水源地来说是一个极大的安全隐患，水土流失会将大量河沙带入水源地，缩小水源地水容量，并且将大量污染物带入水中，导致水质的污染。在选择水源地时，应对周边环境进行考察，减少自然环境对水源地的潜在威胁。

### 1.2.2.3　水源地的经济社会状况要求

水源地的经济社会状况，主要是要考虑水源地周边的污染排放量以及污染趋势。对于水源地的污染主要是工业和城镇生活废污水以及工业污水，因此在选择水源地时不能将水源地选择在城镇工业区或者城镇生活区附近，在考虑输水成本的同时配合城市发展的规划，选择离生活、生产中心较远的郊区，以免水源地遭受污染。

### 1.2.2.4　地表水水源地枯水流量要求

选择地表水为给水水源时，水源的枯水流量保证率需根据城市的性质和规模确定，并须符合国家有关标准和规定。当水源的枯水流量不能满足需求时，需采取多水源调节或调蓄等措施。

### 1.2.2.5　地下水取水量选择

选择地下水为给水水源时，地下水饮用水的水源开采需根据水文地质勘查，其取水量应小于允许开采量。

据《2005 中国环境状况公报》公布，国家环境监测网对全国七大水系的 411 个地表水监测断面中，Ⅰ～Ⅲ类、Ⅳ～Ⅴ类和劣Ⅴ类水质的断面比例分别为 41%、32% 和 27%。其中，珠江、长江水质较好，辽河、淮河、黄河、松花江水质较差，海河污染严重。主要污染指标为氨氮、五日生化需氧量、高锰酸盐指数和石油类。

在对全国的 10 座大型水库监测中，石门水库（陕西）为Ⅱ类水质；千岛湖

（浙江）、丹江口水库（湖北）、密云水库（北京）和董铺水库（安徽）为Ⅲ类水质；于桥水库（天津）为Ⅳ类水质，松花湖（吉林）为Ⅴ类水质；门楼水库（山东）、大伙房水库（辽宁）和崂山水库（山东）为劣Ⅴ类水质。其中，千岛湖为贫营养状态，于桥水库为轻度富营养状态，其他 7 座大型水库均为中营养状态，石门水库因数据不全未做富营养状态评价。

在对 113 个环保重点城市监测中，泰安、曲靖和铜川水量不足未统计，其他 110 个重点城市的 360 个集中式饮用水源地的监测结果表明，重点城市集中式饮用水源地总体水质良好。113 个环保重点城市月均监测取水总量为 16.1 亿吨，达标水量为 12.9 亿吨，占 80%；不达标水量为 3.2 亿吨，占 20%。河流型主要污染指标为粪大肠菌群，湖库型主要污染指标为总氮。

### 1.2.3　饮用水水源保护

对饮用水水源的保护是饮用水安全的第一步。从全球范围来看，对饮用水水源的保护主要有三个制度，即饮用水水源保护区制度、地下水水源保护制度和饮用水水源污染事故和灾害紧急处置制度。

#### 1.2.3.1　饮用水水源保护区制度

饮用水水源保护区，既是一个地理概念又是一个法律概念，它指的是为了保护水源洁净安全，在公共饮用水系统水源的流域区或者是水源流域区的一部分地区，由国家行政部门对其进行划定，并颁布相应的特殊保护法律或规定，防止污染和破坏措施，并监督该区域相关措施的施行。各国均颁布了法律以规范这个制度并保障其实施。

饮用水水源保护区制度实施的第一步是饮用水水源保护区的划分，这也是饮用水水源保护区制度中最为重要的一个制度。这个制度里包括水源保护区划分依据与原则、水源保护区划分体系、水源保护区划分方案与规范以及水源保护区划分程序。

##### A　水源保护区划分依据

水源保护区划分依据一般有三种，即法律法规、水功能区划和水质标准。首要依据就是法律法规，各个国家基本都制定了相应的法律来规定，如美国国会 1986 年对《饮用水法》增补一项关于水源保护区的规定。法国 1964 年《水法》规定"特别水域管理区"。德国《水管理法》也明确规定：从公共福利事业出发，为了现有的或将来的公共供水利益，保护某些水源免受有害影响，可以建立水源保护区。英国 1974 年《污染控制法》还授权水管局为防止所辖水域遭受污染而划定一定的区域，在该区域内有权禁止或限制特定的行为。

我国对水源保护区的划分依据零散的见于各个法律法规当中，《中华人民共和国水法》第 33 条和第 34 条，《中华人民共和国水污染防治法》第 12 条，《水污染防治法实施细则》第 20 至第 23 条,《饮用水水源保护区污染防治管理规定》第 3 条、第 4 条和第 6 条,以及 2007 年国家环保总局颁布的《饮用水水源保护区划分技术规范》,这是对我国如何划分饮用水水源保护区在技术层面确定的法规。其次是水功能区划依据,即把水源地按照不同的水功能进行划分,按照各个功能区的特点,纳污能力来控制污染物总量,实现各个功能的水源地都能满足其用水功能对水质的要求。最后是水质标准,保护水源地供水功能,各国执行的主要都是该地的环境标准。我国主要标准包括《中华人民共和国地表水环境质量标准》(GB 3838—2002)、《中华人民共和国地下水环境质量标准》(GB/T 14848—1993)、《城市居民生活用水量标准》(GB/T 50331—2002)、《生活饮用水卫生标准》(GB 5749—2006)等。

B 水源保护区划分原则

饮用水水源保护区的划分应在调查分析饮用水水源地及其周边自然、社会经济状况的基础上,考虑该水域的类型、水文状况、污染负荷、污染趋势、水质现状、水域功能等因素上进行划分。主要有以下 6 个原则:(1)区分水源地类型,针对水源地划分保护区区分其类型:河流型、湖泊型、水库型、地下水型这些类型的水源地都有自己的特点,应针对其特点,划分不同的保护区;(2)与该水域水功能相结合。水源地的水并非只承担一种水功能,水功能也有分级标准,在划定保护区时要充分考虑水功能的级别标准,以保证饮用水水质为目标,以最高级别的水功能标准作为该水源保护区的水质标准;(3)水量和水质保护并重。既要保证饮用水的水质,也要兼顾水源地的取水量,在取水量有保证的地区,饮用水水源保护区的划分应以保护水源水质为核心;(4)水源地划分方法应在符合国家法律、法规规定的基础上,考虑该地区的水工程管理、河道管理等实际情况;(5)可持续发展的目光。水源保护区划分应当与当地的经济社会发展状况相适应,既要考虑现在用水的需求,也要考虑到未来发展用水的需要,协调经济和饮用水水源保护的关系;(6)因地制宜,便于公众监管。饮用水水源保护区的划分力求简单明了,既要便于主管部门管理,也要便于公众参与保护区的监督管理。

C 水源保护区划分体系

饮用水水源保护区一般由二级体系构成,它的构成包括保护区和准保护区。保护区是指在饮用水取水点附近划定一定范围的水域和陆域,这个区域靠近水源取水点,将它划分出来可以防止和抵御那些对水源产生的直接和显著的不良影响因素。在这个范围内,大量产生"三废"污染的工矿企业、交通以及各种破坏生态资源的人类活动是被完全禁止的;准保护区是在保护区外划定一定范围的水域和陆域作为准保护区,这个区域的存在是为了防止和预防对水源产生间接和潜在的不良影响因素。这个区域可以说是一个缓冲带,在这个区域内对人为活动进行控制，对活动的强度、方式和范围进行限制。这种构建体系使得直接取水区和专用供水区处于保护区的中心地带，而它们的外围根据水质的要求进行渐进式的防备，而且缓冲区的存在可以防止出现突发性的水源污染情况，一旦此种情况发生，缓冲区就使人们有充足的时间和空间采取紧急措施。

D　水源保护区划分方案与规范

从技术层面上看，2007年国家环保总局颁布的《饮用水水源保护区划分技术规范》，是我国划分水源地保护区比较成熟的一个法规。根据规定，我国饮用水水源保护区划分按照不同类型的水源地来进行，主要有以下方案。

a　河流型水源地

（1）一级保护区的划分。

首先是水域范围的确定。一般河流型水源地，应用二维水质模型计算，得到一级保护区范围。在技术条件有限的情况下，可采用类比经验方法确定一级保护区水域范围，同时开展跟踪监测。若发现划分结果不合理，应及时予以调整。一般河流水源地，一级保护区水域长度为取水口上游不小于1000m，下游不小于100m范围内的河道水域。潮汐河段水源地，一级保护区上、下游两侧范围相当，范围可适当扩大。一级保护区水域宽度为5年一遇洪水所能淹没的区域。通航河道：以河道中泓线为界，保留一定宽度的航道外，规定的航道边界线到取水口范围即为一级保护区范围；非通航河道：整个河道范围。

其次是陆域范围。一级保护区陆域范围的确定，以确保一级保护区水域水质为目标，采用以下分析比较确定陆域范围；陆域沿岸长度不小于相应的一级保护区水域长度；陆域沿岸纵深与河岸的水平距离不小于50m；同时，一级保护区陆域沿岸纵深不得小于饮用水水源卫生防护带。

（2）二级保护区的划分。

水域范围。通过模型分析计算方法，确定二级保护区范围。在技术条件有限的情况下，采用类比经验方法确定二级保护区水域范围，同时开展跟踪验证监测。若发现划分结果不合理，应及时予以调整。一般河流水源地，二级保护区长度从一级保护区的上游边界向上游（包括汇入的上游支流）延伸不得小于2000m，下游侧外边界距一级保护区边界不得小于200m。潮汐河段水源地，二级保护区不宜采用类比经验方法确定。二级保护区水域宽度：一级保护区水域向外10年一遇洪水所能淹没的区域，有防洪堤的河段二级保护区的水域宽度为防洪堤内的水域。

陆域范围。二级保护区陆域范围的确定，以确保水源保护区水域水质为目标，采用以下分析比较确定；二级保护区陆域沿岸长度不小于二级保护区水域河长。二级保护区沿岸纵深范围不小于1000m，具体可依据自然地理、环境特征和环境管理需要确定；对于流域面积小于100km² 的小型流域，二级保护区可以是整个集水范围；当面污染源为主要水质影响因素时，二级保护区沿岸纵深范围，主要依据自然地理、环境特征和环境管理的需要，通过分析地形、植被、土地利用、地面径流的集水汇流特性、集水域范围等确定；当水源地水质受保护区附近点污染源影响严重时，应将污染源集中分布的区域划入二级保护区管理范围，以利于对这些污染源的有效控制。

准保护区的划分根据流域范围、污染源分布及对饮用水水源水质影响程度，需要设置准保护区时，可参照二级保护区的划分方法确定准保护区的范围。

b　湖泊、水库饮用水水源保护区的划分

（1）一级保护区的划分。

水域范围。小型水库和单一供水功能的湖泊、水库应将正常水位线以下的全部水域面积划为一级保护区。大中型湖泊、水库采用模型分析计算方法确定一级保护区范围。当大、中型水库和湖泊的部分水域面积划定为一级保护区时，应对水域进行水动力（流动、扩散）特性和水质状况的分析、二维水质模型模拟计算，确定水源保护区水域面积，即一级保护区。在技术条件有限的情况下，采用类比经验方法确定一级保护区水域范围，同时开展跟踪验证监测。若发现划分结果不合理，应及时予以调整。小型湖泊、中型水库水域范围为取水口半径300m范围内的区域。大型水库为取水口半径500m范围内的区域。大中型湖泊为取水口半径500m范围内的区域。

陆域范围。一级保护区陆域范围为湖泊、水库沿岸陆域一级保护区范围，以确保水源保护区水域水质为目标，采用以下分析比较确定。小型湖泊、中小型水库为取水口侧正常水位线以上200m范围内的陆域，或一定高程线以下的陆域，但不超过流域分水岭范围。大型水库为取水口侧正常水位线以上200m范围内的陆域。大中型湖泊为取水口侧正常水位线以上200m范围内的陆域。

（2）二级保护区的划分。

水域范围。通过模型分析计算方法，确定二级保护区水域范围。在技术条件有限的情况下，采用类比经验方法确定二级保护区水域范围，同时开展跟踪验证监测。若发现划分结果不合理，应及时予以调整。小型湖泊、中小型水库一级保护区边界外的水域面积设定为二级保护区。大型水库以一级保护区外径向距离不小于2000m区域为二级保护区水域面积，但不超过水面范围。大中型湖泊一级保护区外径向距离不小于2000m区域为二级保护区水域面积，但不超过水面范围。

陆域范围。二级保护区陆域范围确定，应依据流域内主要环境问题，结合地形条件分析确定。

准保护区一般按照湖库流域范围、污染源分布及对饮用水水源水质的影响程度来划分，二级保护区以外的汇水区域可以设定为准保护区。准保护区的划定，小型湖库一级保护区以外的区域可以设定为准保护区，大中型湖库二级保护区以外的湖库流域面积可以划定为准保护区，特大型湖库二级保护区以外的湖库流域面积可以划定为准保护区。

c　地下水饮用水水源保护区的划分方法

地下水饮用水源保护区的划分，应在收集相关的水文地质勘查、长期动态观测、水源地开采现状、规划及周边污染源等资料的基础上，用综合方法来确定。地下水水源分为岩溶水、深层承压水、浅层水，划分方法也有所区别。（1）岩溶水。保护区：水井群外围各单口水井半径 50 ~ 100m 圆外切线所包含的区域。准保护区：从集水区到水井群的范围；（2）深层承压水。保护区：水井群外围各单口水井半径 30 ~ 50m 圆外切线所包含的区域。准保护区：不设准保护区；（3）浅层水中小型水源地。保护区：水井群外围各单口水井半径 30 ~ 50m 圆外切线所包含的区域。准保护区：保护区外围 60 ~ 100m 的范围；（4）浅层水大型非傍河水源地。保护区：水井群外围各单口水井半径 50 ~ 100m 圆的外切线所包含的区域。准保护区：构建数学模型来划分；（5）浅层水大型傍河水源地。保护区：水井群外围各单口水井半径 50 ~ 100m 圆的外切线所包含的区域。准保护区：水域保护区按照地下水水流向取水井群上游 1000m 内、下游 100m 内的河流长度，宽度为该河流河宽。

E　水源保护区划分程序

我国现在没有明确的将水源保护区划分程序进行法律规范。我国应当制定专门的法律法规，将水源保护区划分的程序变成一项司法程序，将建设水源保护区制度化、规范化、程序化。在现实生活中，学界有关水源保护区划分程序的研究结果多被地方政府借鉴，学界认为水源保护区划分程序应包括：

第一步立项，即向有关国家机关申请建立水源保护区，申请部门一般为该水源地自来水厂或者其他地方行政部门，受理单位应该为专业的负责机构，如水务局或者环保部门。

第二步资料收集与评价，在项目被批准后，由有关部门组织专门调查组对该区域的自然、社会、经济和环境状况及发展规划进行调查，当然包括在该区域的水利工程设施等。调查组应包括一定数量的各方面的专家学者对收集的资料进行分析论证。评价包括：水质评价、污染源评价、现有水源保护区成果分析评价以及水利工程评价。

第三步方案的确定，由相关国家部门会同各方面专家制定出水源保护区划分方案，包括文字方案和图形方案。

第四步方案初步公布征求公众意见。方案由政府初步公布，接受水源地公众的质询，举行听证会让居民团体参与评审。

最后，方案公布。由相关部门报批，地方政府作为地方法规公布，保证方案的效力。

#### 1.2.3.2  地下水水源的特殊保护制度

地下水作为水源有着与地表水不同的特点，它流动较慢，水质参数变化慢，一旦污染就很难恢复，因此除了建立地下水水源保护区外还应该有专门的保护制度，主要涉及地下水采水量控制制度和地下水污染控制制度。

首先是地下水采水量控制制度。地下水的补足较之地表水而言是缓慢且较为复杂的，超量采水必然导致该地区的地下水蓄水量不足，对居民饮用水造成不利影响。规定在地下水水源保护区设立地下饮用水源一般超采区和严重超采区。在地下饮用水源一般超采区严格控制取水水量，不得任意扩大取水量，禁止在没有任何回灌措施的地下饮用水源严重超采区取水，如果因特殊情况需要取水，必须经过相关部门的严格审批程序。

其次是地下水污染控制制度。在地下水水源保护区设立净化区，在该区建立良好的生态环境，以涵养水分、净化水源，减少对补给水源的污染。通过污染监督控制带的建立，随时监控可能的污染动向，防止突发性地下水污染事故的出现。在立法上强调地下水污染的监控、评价和净化制度，通过地下水水源污染评价，获得地下水水源的污染程度情况报告，进行针对性的治理，让轻度受污染的水源水质逐渐恢复清洁，对污染较重的水源地采取合理的控制、防污染措施。

#### 1.2.3.3  饮用水源污染事故和灾害紧急处置制度

A  世界各地因饮用水污染引发的问题

a  饮用水与儿童腹泻

生活饮用水的污染可导致儿童腹泻，尤其是营养不良、抗感染能力差的儿童。2000～2003 年期间，在撒哈拉以南的非洲地区，每年有 769000 名 5 岁以下儿童死于腹泻病；在南亚，68.30 万 5 岁以下儿童死于腹泻病；在拉丁美洲，由于 80% 的污水被排到河里没有做任何处理，饮用水不卫生造成每天有 100 名儿童死于腹泻。

b  饮用水污染带来的危害

饮用水水源的污染会给人类的生命和健康带来灾难性的影响。首先是身体的急性和慢性中毒。水体受化学有毒物质污染后，通过饮水或食物链便可能造成中毒。该中毒危害极大，水体中的污染物很大一部分不会降解，而且还会通过食物链而一步步富集，这个过程叫做"生物体内积累"。污染物通过这种积累，从污染源到食物链的最后一环——人体，污染物的浓度会成几何倍数增加，最多可能提高 100 万倍，人体吸收的污染将会比原来在水体中的污染更为严重。

其次是致癌作用。某些有致癌作用的化学物质可以在悬浮物、底泥和水生生物体内蓄积。长期饮用含有这类物质的水，或食用体内蓄积有这类物质的生物就可能诱发癌症。据国际卫生组织报道，被污染的水中，有害物质已达 756种，其中有 20 种被确认为致癌物质。诸如水体中常见的致突变污染物如氯化甲烷、丙烯腈等，可引起生物体遗传物质发生突然的、可遗传的效应；石棉、砷、镍、铬等无机物和亚硝胺、苯胺等有机污染物作用于机体可诱发肿瘤的形成；甲基汞、五氯酚钠等致畸污染物可通过妊娠中的母体干扰正常胎儿发育过程，使胎儿发育异常而出现先天性畸形，也可直接作用于生殖细胞，影响生殖机能和出生缺陷。

最后是发生以水为媒介的传染病。人畜粪便等生物性污染物污染水体，可能引起细菌性肠道传染病，某些寄生虫病也可通过水传播，这些就包括饮用不洁水或食用被水污染的食物可引起伤寒、霍乱、细菌性痢疾、阿米巴痢疾、甲型肝炎等传染性疾病。

c　水污染事故

由水引发的疾病绝非耸人听闻，诸多水污染致病的事故足以证明这一点。日本四大公害事故的水俣病事故就是个典型代表，20 世纪 50 年代在日本九州岛南部熊本县的水俣湾附近发现了一种奇怪的病，被人们称为"水俣病"，这种病起初出现在猫的身上，病猫步态不稳，抽搐麻痹，甚至跳海死去，被称为"自杀猫"。随后此地发现了患同样病症的人，患者开始只是口齿不清，步态不稳，面部痴呆，进而耳聋眼瞎，全身麻木，最后精神失常，一会儿酣睡，一会儿兴奋异常，身体弯曲并不时高叫，直至死亡。短短几年，先后有近 1 万人不同程度的患有此病。这就是震惊世界的日本"水俣病"事件，它是一起恶性环境污染事故，这个污染事故导致了先天性水俣病，这是世界上第一起因水体污染诱发的先天缺陷，是由于水体中含有的甲基汞导致人体中毒引起，当人类饮用含有甲基汞的水源或原居于受污染水源的生物时，甲基汞等有机汞化合物通过鱼虾进入人体，被肠胃吸收，侵害脑部和身体其他部分，造成生物累积最终酿成悲剧。

另一起著名的水污染事件也发生在日本，也是一起饮用水水源被污染导致人体患病的公害事件。这个事件发生在日本富山县神通川流域。在日本富山县，当地居民同饮一条叫做神通川河的水，并用河水灌溉两岸的庄稼。后来日本三井金属矿业公司在该河上游修建了一座炼锌厂，炼锌厂排放的废水中含有大量的镉，整条河都被炼锌厂的含镉污水污染了，河两岸的稻田用这种被污染的河水灌溉，有毒的镉经过生物的富集作用，使产出的稻米含镉量很高。人们长年吃这种被镉污染的大米，喝被镉污染的神通川水，久而久之，造成了慢性镉中毒，引发全身骨骼疼痛，发展到后期人的骨骼软化，身体萎缩，骨骼出现严重畸形，严重时，一些轻微的活动或咳嗽都可以造成骨折，最终导致人死亡，这就是所谓的痛痛病，其实是因为水体含镉导致的镉中毒。

触目惊心的数字和事例把水污染这一全球性的公共危机鲜活地摆在了人们的面前，如果不及时地采取各种措施，人们的生活质量甚至生命质量必然会面临着灾难性的影响。

B　饮用水源污染事故和灾害紧急处置制度

饮用水水源作为公民获得安全饮用水的源泉，一经污染和破坏将对人体的健康造成不可估量的损害，特别是突发性的饮用水水源污染事故，如果没有紧急处置制度，其带来的灾难性后果往往是无法预料的，因此必须建立预警和危险事件紧急处置制度。当出现和发生危害或可能危害饮用水源，并对人体健康引起或可能引起重大危害时，必须紧急启动应急预案，实施应急行动。

饮用水源污染事故和灾害的紧急处置制度，包括预警和应急两个方面。

预警制度主要是指饮用水源保护管理部门应预先制定饮用水源监测预报方案和事故与灾害应急方案，加强信息检测、传递、分析处理和对可能发生饮用水源事故的地点、程度等情况的预测，并组织实施，努力减少对饮用水源生态利益的影响和人们生命财产的损失。它包括：（1）对有关饮用水源保护监督管理部门的事故调查、监测、处理、报告和通报及应急措施进行规定，预防污染事故的发生。在事故发生之初立即采取措施予以有效阻止，同时及时通报可能受到污染、破坏和危害的单位和个人，避免或减少对人体健康、生命安全的危害和经济损失；（2）对发生或可能发生跨行政区域危害的饮用水源污染事故的通报制度作出规定。实行饮用水源的联合保护，上游地区发生污染事故通报下游地区，使下游地区能及时采取措施，预防或减少对人体健康、生命安全的损害和财产的损失。

应急制度的主要内容为：（1）明确规定水资源污染事故和灾害应急抢险救灾工作实行各级人民政府行政首长负责制，统一指挥和组织有关部门、单位，动员社会力量，各部门、单位和个人必须服从应急抢险救灾指挥机构的指挥，执行应急抢险救灾的紧急措施；（2）实行水资源污染事故和灾害防治应急预案制度，以保证抢险救灾应急活动顺利、有效进行；（3）为保证灾害、灾情报告的准确、具体、可靠，为抢险救灾应急提供实时真实情况，保证社会稳定，应当实行水资源污染事故和灾害预报的统一发布制度；（4）实行抢险救灾强制应急措施制度，包括险（灾）情确认，划定灾区范围，调集抢险救灾人员，临时征用装备物资，组织人员疏散安置和财产转移，实行交通管制和水域隔离、关闭、封锁，开辟备用水源和应急供水，控制和消除污染等措施；（5）规定抢险救灾强制应急的善后工作的指导原则。

# 第2章 我国饮用水安全保障体系

饮用水安全保障体系是不能将所有地区归为一体进行探讨的，尤其是在我国农村和城市的状况差异巨大的情况下，要区分农村和城市，分别探讨和介绍两者在饮用水安全保障方面的不同特点。虽然要区分讨论，但是饮用水安全保障体系是一个统一的整体，这个体系首先是由规划、法规、办法、标准这些规范来构建的，其次才是从这个体系中区分开城市和农村的不同要求。

## 2.1 我国饮用水安全保障体系

我国饮用水安全保障法规体系构建因素如图 2-1 所示。

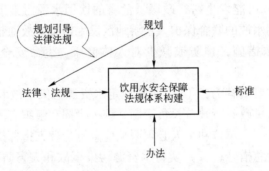

图 2-1　饮用水安全保障法规体系构建因素图

### 2.1.1 饮用水规划政策

#### 2.1.1.1 饮用水规划政策概述

饮用水规划是指对饮用水进行比较全面、长远的发展计划，是对未来饮用水的整体性、长期性、基本性问题的思考、考量和设计的整套行动方案。由此可见，规划不同于计划，其内涵远大于计划，更不是计划所能代替的。规划源于西方管理理论，有其科学的理论基础与实践基础，国外已有成功的范例。饮用水规划的确立在我国还有更为重要的法律意义。

#### 2.1.1.2 饮用水规划的法律意义

从政治的角度看，规划本质上是国家的政策，是执政者今后一个时期管理社会经济的纲领。从法律的角度来看，作为政策的规划与法律是两个不同的事物，法理学认为政策与法律既有联系又有区别。其联系体现在政策是法律的渊源之一，政策可以上升为法律。政策对法律的制定与实施有直接的影响，尤其是在环境保护法律方面，政策为法律的制定与实施开辟了道路。因为政策的实施依靠行政手段，而法律则依靠法律制裁手段。在我国转型时期，行政手段的运用也有其积极作用，尤其是在我国以经济发展为中心的大背景下，解决经济发展与环境保护之间的矛盾更需要政策的指导，从而为相关环保法律的制定与实施排除障碍。可以说，在我国现阶段，政策为法律提供了正当性基础，政策是制定相关法律的重要依据，对政策的解读有助于更深入地领会相关法律的含义。作为环境保护方面的饮用水规划是这方面的典范。

### 2.1.1.3 我国的饮用水安全规划

我国饮用水安全规划主要以行政规章和规范性文件为主，主要见于《国务院办公厅关于加强饮用水安全保障工作的通知》(国办发 [2005] 45 号)、《全国城市饮用水安全保障规划 (2006—2020 年)》(以下简称《规划》)、《全国城市饮用水水源地环境保护规划 (2008—2020 年)》等。水利、卫生、发展改革、建设、环保等政府相关部门结合各自职责，并依据国务院的总的工作安排，分别制定了相关的城市农村的饮水安全规划和饮用水水源保护规划。

A　《全国城市饮用水安全保障规划 (2006—2020 年)》

a　《规划》的制定背景

我国城市饮用水安全存在饮用水水源受到不同程度的污染、水量供给不足、质量监测及检测能力不足、应急能力较低、水资源的统一管理和调度存在机制上的障碍等问题。针对我国城市饮用水安全面临的严峻形势，国务院办公厅下发了《国务院办公厅关于加强饮用水安全保障工作的通知》，国家发展和改革委员会、原水利部、建设部、卫生部、国家环保总局联合编制了《全国城市饮用水安全保障规划 (2006—2020 年)》，该《规划》已经于 2007 年 10 月 23 日由国务院五部委局以发改委第 [2007] 2798 号文联合印发。

b　《规划》的主要内容

(1) 确立城市饮用水安全保障目标：至 2020 年，全面改善设市城市和县级城镇的饮用水安全状况，建立起比较完善的饮用水安全保障体系，满足 2020 年全面实现小康社会目标对饮用水安全的要求。

(2) 明确了主要建设任务：加强饮用水水源地保护和水污染防治，开展饮用水水源保护区划分及保护工程建设等。根据城市水源特点、供水设施状况和城市发展需求，重点进行城市供水设施改造与建设。建立和完善城市饮用水水源地水质和水量、供水水质和卫生监督监测体系及信息系统，建设全过程的饮用水安全监测体系，制订应急预案。

B　《全国城市饮用水水源地环境保护规划 (2008—2020 年)》

饮用水安全的核心问题还在于饮用水源安全。近几年发生的沱江水污染事件、松花江水污染事件、云南阳宗海砷污染事故等重大突发环境事件，证明了饮用水源安全的重要地位。环境保护部门全面调查评估了我国655个设市城市及县级政府所在地城镇4002个集中式饮用水水源地水质和环境管理状况，按照"以防为主、防治结合、统筹规划、综合治理，突出重点、分步实施，创新机制、加强监管，明确职责、强化考核"的水源环境保护原则，会同国家发展和改革委员会、住房和城乡建设部、水利部和卫生部五部委联合印发了《全国城市饮用水水源地环境保护规划（2008—2020年)》。这是我国第一部饮用水水源地环境保护规划。

a 《全国城市饮用水水源地环境保护规划（2008—2020年)》的阶段目标

《全国城市饮用水水源地环境保护规划（2008—2020年)》以2005年为基准年，总体规划期为2008～2020年，分为近、中、远期三个阶段，其中近期为规划的重点阶段。第一阶段（近期）：2008～2010年，全部取缔饮用水水源一级保护区内排污口，基本遏制饮用水水源地环境质量下降的趋势。第二阶段（中期）：2011～2015年，将不达标饮用水水源地排污总量大幅削减，水源地水质得到一定改善。第三阶段（远期）：2016～2020年，饮用水水源水质明显改善，稳定达标。

b 《全国城市饮用水水源地环境保护规划（2008—2020年)》的主要工作任务

该项规划为解决水源地污染问题，提出了水源地环境保护工作的主要任务。一是在水源地一级保护区周围建设隔离防护设施，主要包括采用围栏或围网进行保护的物理隔离和选择适宜树木种类建设防护林的生物隔离两种形式；二是一级保护区内的综合整治，主要针对直接影响水质的污染源，采用清拆、关闭、搬迁等措施；三是针对二级保护区内的点源污染，采取关闭排污口、企业搬迁等措施；四是二级保护区内非点源整治，主要针对保护区内的农业等非点源污染；五是水源生态修复与建设；六是构建科学、合理的水源地监测体系。

C 其他相关规划

除以上的专门性的规划，还有《国民经济和社会发展第十一个五年规划纲要》、《国家环境保护"十一五"规划》以及各个地方性的饮用水安全保障规划等，这都涉及饮用水安全保障，这些规划一起为我国的饮用水安全保障工作的顺利开展提供了蓝图。进入"十二五"期间，在原有饮用水安全规划的基础上，结合我国饮用水新问题，新的饮用水规划的编制工作正在积极开展。

## 2.1.2 我国的饮用水法规

### 2.1.2.1 法规概述

法规的概念有广义与狭义之分。狭义的法规概念仅指行政法规和地方性法规，而广义的法规概念则是法律规范的简称，它包括法律、法令、条例、规则、章程等国家机关制定的规范性文件。本文采用广义上的法规概念。

据此，法规的体系是指一系列的规范性法律文件所构成的有机整体。具体而言，依据法律效力等级层次的高低排序，法律法规依次为由全国人民代表大会制定并修改的中华人民共和国宪法及其他基本法律，由全国人民代表大会常务委员会制定并修改的其他法律，由国务院制定并修改的行政法规，由省、直辖市人民代表大会及其常务委员会制定并修改的地方性法规，由民族自治地方的人民代表大会常务委员会制定并修改的自治条例，由国务院各部委制定的部门规章和地方政府制定的地方规章等。

### 2.1.2.2 我国现有的饮用水安全保障法规体系

国家高度关注饮用水安全问题，不仅中央制定了大量的法律、法规和规章，而且地方也制定了一定的地方性法规和地方政府规章。这些规范性文件相互联系、相互配合，构成了我国的饮用水安全法规的有机整体。其内容涉及饮用水源的选择到饮用水的生产等整个饮用水全过程，包括饮用水水源保护制度、饮用水突发事件预警与应急制度、节约用水制度、法律责任制度等等。可见，我国已经建立起了有关饮水安全的基本法律框架，这为我国的饮用水安全走向规范化、法制化打下了良好的基础。我国饮用水安全保障法规体系效力比较如图 2-2 所示。

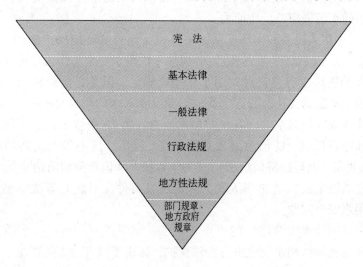

图 2-2　饮用水安全保障法规体系效力比较图

A　饮用水安全相关法律

在法律方面，与饮用水安全相关的有《中华人民共和国水法》（以下简称《水法》）、《中华人民共和国水污染防治法》（以下简称《水污染防治法》）等。其中，《水法》（2002 年）是关于水资源的综合性法律，从宏观上规定了我国水资源实行流域管理与行政区域管理相结合的体制。《水法》对饮用水的管理与保护作出了相应的规定。《水法》第 21 条确立了生活用水优先原则，即开发、利用水资源，应当首先满足城乡居民生活用水，并兼顾农业、工业、生态环境用水以及航运等需要。第 33 条规定："国家建立饮用水水源保护区制度。省、自治区、直辖市人民政府应当划定饮用水水源保护区，并采取措施，防止水源枯竭和水体污染，保证城乡居民饮用水安全。"第 34 条规定："禁止在饮用水水源保护区内设置排污口。在江河、湖泊新建、改建或者扩大排污口，应当经过有管辖权的水行政主管部门或者流域管理机构同意，由环境保护行政主管部门负责对该建设项目的环境影响报告书进行审批。"第 54 条规定了各级人民政府应当积极采取措施，改善城乡居民的饮用水条件，第 67 条规定了在饮用水水源保护区内设置排污口的处罚措施。

《水污染防治法》是防治水污染的专项法律，该法针对水污染采取了以下措施：制定了水环境质量标准和污染物排放标准，要求建立起水污染防治规划制度、建设项目环境影响评价制度、城市污水集中处理制度、排污收费制度、生活饮用水地表水源保护区制度等制度。在专门增设的"饮用水水源和其他特殊水体保护"一章中，第 56 条专门规定了我国饮用水水源保护区的内容。同时，修改后的《水污染防治法》还加大了地方政府在水污染防治方面的责任、提升政府及相关主体的水污染应急反应能力。

此外，《中华人民共和国环境保护法》（以下简称《环境保护法》）、《中华人民共和国宪法》（以下简称《宪法》）等也涉及饮用水安全。作为环境保护基本法的《环境保护法》没有直接对饮用水作相应规定，但是它使得饮用水保护获得了环境保护基本法的支持。我国《宪法》第 9 条对水的归属问题作了高度概括性的规定，该条规定我国水的所有权归国家所有。第 26 条规定：国家保护和改善生活环境和生态环境，防治污染和其他公害。同时，《中华人民共和国刑法》、《中华人民共和国循环经济促进法》、《中华人民共和国传染病防治法》、《中华人民共和国食品卫生法》、《中华人民共和国突发事件应对法》等法律也从不同角度关注饮用水安全问题。

总之，我国饮水安全法律的重点实现了从水量控制到水量、水质并重的转变，对城乡居民的饮用水安全进行特殊保护，体现了以人为本的理念。

B　饮用水安全相关法规、规章

为了使有关饮用水安全的法律得到进一步实施，根据我国宪法与法律，中央与地方有权机关制定了饮用水法规、规章。其中，法规可以分为中央政府行政性法规与地方性法规，规章分为部委规章与地方政府规章。根据法律文件效力适用的地域范围，将其归纳为行政法规和部门规章、地方性法规和地方政府规章两类：

a 行政法规和部门规章

国务院制定的行政法规、国务院各部委制定的部门规章在全国范围内有效。国务院制定的与饮用水保护相关的行政法规主要有《中华人民共和国水污染防治法实施细则》、《中华人民共和国城市供水条例》、《取水许可和水资源费征收管理条例》等。

部门规章主要包括建设部制定的《城市供水水质管理规定》、《城市地下水开发利用保护管理规定》，建设部、卫生部制定的《生活饮用水卫生监督管理办法》，原国家计委和建设部制定的《城市供水价格管理办法》，水利部制定的《取水许可申请审批程序规定》等。

这些行政法规和部门规章主要包括以下内容：

一是饮用水污染防治的规定，如国务院制定的《水污染防治法实施细则》对生活饮用水在不同的饮用水水源保护区的水质做出了相应的规定，一级保护区内水质要达到《地面水环境质量标准》二类标准，二级保护区要达到三类标准。从而对饮用水水源保护区水质的保护进行了细化，对饮用水水源保护区的防污措施做了更明确的规定。

二是规定部门职责，例如《生活饮用水卫生监督管理办法》规定了生活饮用水的卫生监管部门与职责。饮用水安全涉及多个环节，其中水利部门是水资源的统一监督管理部门，依法对水资源的保护实施监督管理，统筹考虑城乡饮水安全，统筹考虑应急需要与长远需求，统筹考虑水量水质；建设部门按照《城市供水条例》和建设部"三定"规定，从行业管理的角度，通过对供水企业的管理，负责城市供水安全；卫生部门从保障人体健康的角度，负责生活饮用水和涉及饮用水卫生安全的产品的卫生监督管理，并且对集中式供水发放卫生许可证；环保部门是环境保护特别是水污染防治的统一监督管理部门，从饮用水安全角度分析，主要负责饮用水水源的污染防治工作。

三是对饮用水申请取水的程序等做出了规定，在申请取水过程中，《取水许可和水资源费征收管理条例》规定了取水实行分级许可的管理办法，取水许可应当先满足城乡居民生活用水，并兼顾农业、工业、生态与环境用水等。同时，《城市地下水开发利用保护管理规定》第10条规定，城市地下水超采区和禁止取水区涉及城市规划区和城市供水水源地的，应当由省级人民政府建设行政主管部门会同有关部门共同划定，报同级人民政府批准。第17条规定，取用城市地下水的单位和个人，需要调整取水量时，必须按原审批过程到城市建设行政主管部门重新审核。

b 地方性法规和地方政府规章

地方性法规和地方政府规章包括省级和较大的市的地方性法规和地方政府规章，但其法律效力只限于相应的行政区划。例如《北京市生活饮用水卫生监督管理条例》、《四川省饮用水水源保护管理条例》、《江苏省太湖水污染防治条例》、《内蒙古自治区爱国卫生条例》、《湘江长沙段饮用水水源保护条例》等。这些地方性法规和地方政府规章对饮用水水源保护与污染防治、饮用水卫生监督管理、饮用水的优先地位、饮用水供水与节水等都作了具体细化的规定。它们是我国的饮用水保护法律体系的重要组成部分，为饮用水保护的具体实施增强了可操作性。

虽然我国已经建立了有关饮水安全的法律制度的基本框架，但基于我国饮用水安全保障法规体系的不足，仍呼吁要进一步完善我国饮用水安全保障法规。

（1）更新立法理念，统筹环境与资源立法。我国现行法律在饮用水资源保护的立法上，将饮用水资源的开发利用与保护分开。其中，《水法》主要是从饮用水资源利用方面来保护水资源，《水污染防治法》主要从污染防治的角度出发来保护水资源。环境立法与资源立法相分离的状态不利于对饮用水资源的保护，应统筹环境与资源立法。

（2）规范整合现行法律，制定饮用水专项法规。我国现行法律中，生活饮用水安全的规定散见于《水法》、《水污染防治法》等环境、卫生、建设等法律法规中。这些法律法规均有各自不同的侧重点，所涉及的范围不同，既有相互交叉也有未覆盖的法律盲点。法律法规之间内容不配套、标准不统一的现象比较普遍，并且这些法律文件效力层次较低，甚至相互存在冲突。应在制定饮用水法律的基础上，规范行政法规、部门规章、地方性法规和地方政府规章在内的饮用水资源法律保护。

总之，饮用水安全涉及从水源、水厂、配水管网到二次供水设施等多个环节，涉及供水管理、污染源控制、水资源保护、水源涵养等多项工作。立法应遵循饮用水运行规律，加强各个环节的立法、监督工作。从饮用水由源（水源）到端（用户）的取水、制水、供水、用水的过程这一视角来审视人们保障饮水安全的法律制度。从长远来看，应进一步完善我国的水管理体制，并在理顺体制、统一规范的前提下，出台综合性的《饮用水安全法》，对饮用水安全进行全过程监控，使得饮用水安全保障工作有法可依，以水资源的可持续利用支持经济社会可持续发展。

### 2.1.3 饮用水安全评价相关标准

我国主要采取分类指标进行水安全分析，主要从水供需、水生态环境、自然条件、饮用水安全、粮食安全、水管等6个方面对水安全进行评价。饮用水安全是水安全的重要组成部分，我们在此讨论的即为饮用水安全。饮用水安全评估体系的构建顺序如图2-3所示。

饮用水安全评估体系构建主要包括如图2-3所示的4个程序，其中评价指

图 2-3 饮用水安全评估体系的构建顺序图

标、评价标准和评价方法是关键。

评价指标是建立饮用水安全评估指标体系至关重要的一环，评价指标的确定影响对饮用水的评定，而指标体系的建立方法一般包括：设定指标体系的基本原则与目标；按照对饮用水安全的主要影响因素确立结构框架；将主要影响因素涉及的内容，具体量化为可操作的指标；形成饮用水安全评价标准。在确定指标体系过程中，目标层、准则层、指标层构建的差异性较大，目前并没有统一、公认的评价指标体系，已有的研究都是根据实际的研究区域选定部分指标作为水安全评价指标体系。

至 2011 年，与水源保护和饮水安全直接相关的国家标准 25 个，行业标准 22 个。其中，国家标准主要是《生活饮用水卫生标准》(GB 5749—2006)，行业标准主要是 2001 年卫生部颁布的《生活饮用水水质卫生规范》、2005 年建设部颁布的《城市供水水质标准》(CJ/T 206—2005)、《饮用净水水质标准》(CJ 94—2005)。这些标准构成了饮用水安全评价指标体系。这些标准的具体内容和规范范围我们将在第 3 章中详细阐述。

## 2.1.4 饮用水安全监测与检测制度

饮用水安全监测与检测办法的关系如图 2-4 所示。

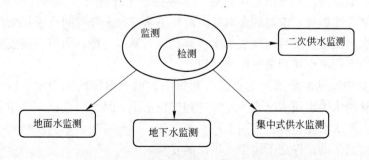

图 2-4 饮用水安全监测与检测办法的关系

监测与检测是保证饮用水安全的重要管理措施，是落实饮用水相关法律法规及标准的关键环节,饮用水安全的监测使得上述规定从静态的文本走向动态的执行,水质检测是水质监测的主要技术手段之一,它们之间是一种包含关系。

### 2.1.4.1 饮用水监测制度

饮用水监测是依法从事环境监测的机构,按照有关的法律法规规定的程序和方法,对饮用水的构成要素进行经常性的、长期性的监督、检测活动。饮用水水质检测是环境监测的组成部分,环境监测规定的任务为水质监测提供了指引。

《全国环境监测管理条例》第 3 条对环境监测的任务作出了如下规定:一是环境质量方面的监测,对组成环境的各项要素进行经常性监测,及时掌握、评价并提供环境质量状况及发展趋势;二是环境污染监督方面的监测,即对各个有关单位排放污染物的情况进行监视性监测,为执行各种环境法规、标准,实施环境管理提供准确、可靠的监测数据;三是环境科研和服务方面的监测,发展环境监测技术,为环境科技的发展积累背景数值和分析依据。

对饮用水水质监测的规定主要散见于《环境监测管理办法》(2007)、《环境保护法》、《环境监测质量保证管理规定(暂行)》、《全国环境监测报告制度(暂行)》、《生活饮用水卫生监督管理办法》(1997)等。我国饮用水监测体系包括以下几方面:

(1)地面水污染监测。"地面水水质监测的样品应具有代表性,能够比较真实、全面地反映水质的卫生质量以及水体被污染的状况,并需考虑河道特点、水流分布、水位、流速、流量、潮汐影响、排污口位置和排污量、自来水厂取水点位置、水面冰冻情况等,还应考虑采样和运送样品方便等条件"。其中,正确布点在污染调查分析中是关键问题。

(2)地下水污染监测。工业三废可以通过土壤渗透,对地下水造成污染。在一级污染地区内,利用该地区原有的水井抽取水样进行检测;在污水灌溉区,应设立一定合理数量、位置的观察井。对地下水进行采样时间可根据实际情况确定。地下水水质检验项目与地表水水质监测项目基本一样,但可根据实际需要增加一些与地下污水密切相关的监测项目。

(3)集中式供水监测。主要是监测集中式供水系统的水源水、进厂水、出厂水以及管网水的水质情况,为监督管理提供依据。具体包括以下环节:水源水质监测;出厂水水质监测;管网末梢水质监测。这是基于供水的自然科学规律进行的科学监测活动,保证了集中式供水的安全。

(4)二次供水监测。二次供水指对来自集中式供水的管道水另行加压、贮存,再送至用户。生活中常见的二次供水设施有贮水池、水塔等。因为二次供水使得供水环节增加了许多,水质受到新的污染可能性也随之增加。因此,要彻底对饮用水安全进行监测，就要加强对二次供水系统的监测。

### 2.1.4.2 饮用水检测制度

饮用水检测制度法律依据如图 2-5 所示。

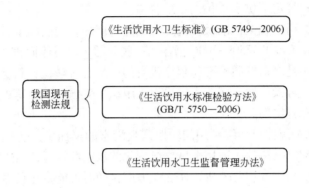

图 2-5 饮用水检测制度法律依据图

供水单位的水质非常规指标选择，由当地县级以上供水行政主管部门和卫生行政部门协商确定。城市集中式供水单位水质检测的采样点选择、检验项目和频率、合格率计算按照《城市供水水质标准》（CJ/T 206—2005）执行。村镇集中式供水单位水质检测的采样点选择、检验项目和频率、合格率计算按照《村镇供水单位资质标准》（SL 308—2004）执行。供水单位水质检测结果应定期报送当地卫生行政部门，报送水质检测结果的内容和办法由当地供水行政主管部门和卫生行政部门商定。当饮用水水质发生异常时应及时报告当地供水行政主管部门和卫生行政部门。各级卫生行政部门应根据实际需要定期对各类供水单位的供水水质进行卫生监督、监测。当发生影响水质的突发性公共事件时，由县级以上卫生行政部门根据需要确定饮用水监督、监测方案。卫生监督的水质监测范围、项目、频率由当地市级以上卫生行政部门确定。

生活饮用水水质检验应按照《生活饮用水标准检验方法》（GB/T 5750—2006）执行，饮用水检测就是以饮用水标准为依据，对水质进行检验。我国目前的水质检测法规主要有《生活饮用水卫生标准》（GB 5749—2006）、《生活饮用水标准检验方法》（GB/T 5750—2006）、《生活饮用水卫生监督管理办法》等法律规范，以《生活饮用水标准检验方法》（GB/T 5750—2006）最为具体。

《生活饮用水标准检验方法》（GB/T 5750—2006）共有 13 个部分，包括总则、水样采集与保存、水质分析质量控制、感官性状与物理指标、无机非金属指标、有机物综合指标、农药指标、消毒副产物指标、消毒剂指标、微生物指标、放射性指标等内容。覆盖了 300 种水质检验方法，检验指标增加到 142 项，其中，有机物指标由 2 项增至 44 项、农药指标由 2 项增至 20 项。《生活饮用水标准检验方法》（GB/T 5750—2006）的修订，借鉴了国际标准的成功范例。例如，为多数指标提供了两种以上的检验方法，大大提高了可操作性；在仪器分析方法中，引入多种方法，增加了共沉淀法、巯基棉富集法、吹脱捕集、固相萃取和固相微萃取法等；规定了供水单位的水质自检。

由于我国饮用水相关标准及检验方法制定速度慢，与国际上标准制定相比仍不够规范，使得 GB/T 5750—2006 仍存在一些问题。但总体而言，新标准检验方法的制定和颁布是严格按照标准化程序进行的，具有科学性；新标准的制订紧密结合国情，具有可操作性；借鉴了世界卫生组织、美国、欧盟等的饮用水标准及检验规定，具有先进性。

"必须将水资源的可持续利用问题摆到政治家的桌面上。各国科学家一致呼吁政治家能够推出灵活的、适用全球气候变化的水资源管理政策，对这种政策应该进行风险评估和成本利益分析，使之能够应付随时可能发生的各种灾难。与此同时，各国应在保养纯净水水源、污水处理和降水回收利用等各个环节上，对随时出现的新发明、新创造予以接纳和推广"。以政策为先导，构建相应的饮用水安全保障法规、加大对饮用水标准的研究，做好日常的监测、检测工作，饮用水安全保障的政策法规体系就是政治家们努力的重要成果。

## 2.2 我国城市饮用水安全保障

### 2.2.1 城市饮用水安全现状

城市饮用水安全因素如图 2-6 所示。

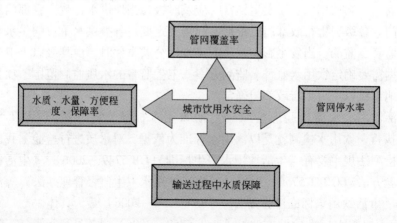

图 2-6 城市饮用水安全因素

城市饮用水安全的概念有别于农村饮用水安全的概念，虽然水量保障和水质达标是饮用水安全的两项基本要求，但是对于城市饮用水除了要考虑水量、水质以外，还要考虑管网覆盖率、管网停水率、管网水质、管网末梢水质的问题，其中输送过程中的水质的保障非常重要。

城市饮用水与农村饮用水相比有突出的特点，具体包括：

（1）城市饮用水范围集中、规模大。城市经济高度发达，城市是引领发展的龙头，城市是尖端科技、人才的汇聚地。城市的饮用水安全保障意义重大。城市饮用水供水范围为城市居民日常生活用水以及城市公共设施用水。供水方式主要为集中式供水，集中取水、统一净化处理和消毒后，将地表水或者地下水水源由输水管网送到用户处。在城市集中式供水模式中，单个水源地的供水规模一般大于1000人，供水量大、人口稠密度高，供水范围集中、公共设施密集导致污染源复杂。这与农村饮用水一般分散取水不同，一旦发生污染或出现安全问题，速度快、影响人口多。

（2）城市饮用水有严格的水源选择标准。城市供水水源主要来自河流湖泊地表水和地下水，城市饮用水水源地选择应该考虑并分析其周边自然环境、经济社会状况，综合其水域的水文状况、水功能、水质现状、污染状况即趋势等多种因素。供水水源应设置在水量、水质有保证和易于实施水环境保护的水域及周边区域。选用地表水为给水水源时，水源的枯水流量保证率需根据城市性质和规模确定，并须符合国家有关标准和规定。当水源的枯水流量不能满足要求时，需采取多水源调节或调蓄等措施。同时，地下饮用水水源的开采需根据水文地质勘察，其取水量应小于允许开采量。缺乏淡水资源的沿海或海岛城市将海水淡化处理后作为饮用水的须符合国家相关规定。

（3）城市饮用水依靠完整而严密的供水系统。城市供水系统一般由水源地、输水系统、水厂、调节及增压构筑物以及居民供水管网组成，城市饮用水水源的原水需要经过一套完整而严密的供水系统最终送达用户端，该系统环节分为取水、输水、水处理和配水四个部分。

在供水系统中，城市饮用水处理环节是关键，经澄清、消毒、除臭和除味、除铁、软化达标后才能进入供水管网。在配水过程中，还需要安全的输水管道，避免二次受到污染。城市集中供水有别于农村分散取水，由于处理量大、管网复杂、二次污染等因素，其受到饮用水供水系统威胁的可能性远大于农村。

饮用水安全保障问题在城市不容乐观，我国城市大部分人口同样受到不健康饮用水的威胁，我国城市自来水属低标准安全水，从水源来看，大部分城市河段不适宜作饮用水源，城市地下水也存在不同程度污染；从供水环节来看，成品自来水在供水管网、储水水塔中也可能二次污染。当前城市饮用水安全现状和主要问题是：饮用水水源受到不同程度的污染，水量供给不足，净水处理技术相对落后，供水管网漏失率较高，水质监测及检测能力不足，应急能力较低，水资源的统一管理和调度存在体制和机制上的障碍。

### 2.2.2  城市饮用水安全保障措施

按照《城市饮用水安全保障规划（2006—2020 年）》，我国将在 2020 年建立完善的城市饮用水水源地水质和水量、供水水量和卫生监督监测体系及信息系统，建立全过程的饮用水安全监测体系，制订应急预案。同时，对在规划出台以前涉及城市饮用水安全问题的法律法规，进行修订和完善。如《中华人民共和国水法》对城市饮用水作了原则规定，《水污染防治法》（2008 年修订）增加了保障饮用水安全的规定；还制订完善了《取水许可和水资源费征收管理条例》、《取水许可申请审批程序规定》、《城市地下水开发利用保护管理规定》、《城市供水条例》、《城市供水企业资质管理规定》、《城市水质管理规定》、《城市供水价格管理办法》、《城市节约用水管理规定》等法规。

为了尽早尽快地实现城市饮用水安全保障规划的目标，也为了使《城市饮用水安全保障规划（2006—2020 年）》能够得到切实贯彻和实施，国家还提出切实加强领导、落实责任分工，完善法律标准、强化监督管理，加大投入力度、拓宽融资渠道，理顺价格机制、完善财税政策，编制专项规划、落实建设任务，加大运行管理、确保发挥效益，加强科技研究、提高科技含量，加强宣传教育、开展舆论监督等八项保障措施，但是保障措施也有不足，需要不断地完善，以下几点尤为重要。

（1）对城市饮用水的输送设备监管的完善。自来水厂在城市饮用水安全保障中占有重要的位置，但是我国对自来水厂的监管却是不足的，由于缺少对自来水厂网管铺设、使用的监测，造成自来水水质产生二次污染，时常有泥沙等污垢沉积在里面，或者因管道的质量问题导致化学物质重新出现在达标水质中。加大旧城管网改造、增加水质检测力量、加大水质检测频率，以保证出厂水水质完全符合《国家生活饮用水卫生标准》不容忽视。

（2）城市饮用水水源地保护应该给予更多的重视。城市饮用水的来源与农村饮用水的来源不同，需要考虑饮用水水源保护区问题，要合理确定饮用水水源保护区，严格禁止破坏涵养林和水资源保护设施的行为，因地制宜地进行水源安全防护、生态修复和水源涵养等工程建设。水源地水质测试和选址，要严格按照《中华人民共和国地表水环境质量标准》（GB 3838—2002）、《中华人民共和国地下水环境质量标准》（GB/T 14848—1993）的规定执行。要严厉惩治破坏水源地和混乱选择水源地的行为；责令排污企业限期达标排放或搬迁排污超标的企业和单位。严格控制审批在城市水源地新设的工业单位，避免城市水源地遭到破坏。分清权责、区分水源地选址责任与城市水源地的保护责任，保障城市水源地水质持续达标。

（3）尽快建立城市饮用水储备体系和应急机制。建立健全水资源战略储备体系对于城市饮用水安全保障起到壁垒的作用，一旦城市饮用水出现问题，城市居民没有农村居民的多样解决办法，更易造成社会混乱，物价飞涨。因此各大中城市应当建立特枯干年或连续干旱年的供水安全储备，规划建设城市备用水源，特定区域间的水资源配置和供水联合调度方案。准备好城市饮用水安全保障的应急预案。技术、物资、人员的安排和调度都应该被纳入到应急预案中去，同时落实值班、报告、处理、责任制度。当原水、供水水质发生重大变化或供水水量严重不足时，供水单位必须立即采取措施并报请当地人民政府及时启动应急预案。

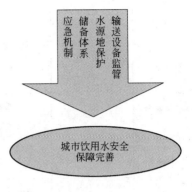

图 2-7　城市饮用水安全完善措施

城市饮用水安全完善措施如图 2-7 所示。

### 2.2.3　我国城市饮用水安全评价指标体系

城市饮用水安全评价指标体系如图 2-8 所示。

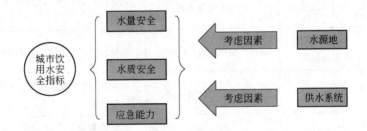

图 2-8　城市饮用水安全评价指标体系图

通过这样系统全面的评估以后，城市饮用水安全状况和影响城市饮用水的主要因素和环节就能够被识别出来，以便于管理者针对城市饮用水安全中存在的主要问题和主要矛盾，进行相应的规划和管理，以保障城市饮用水的安全和可靠，以及城市饮用水安全保障体系的建设。

#### 2.2.3.1　城市饮用水水源地安全评价指标体系

我国城市饮用水安全评估体系，目前为止没有如同《农村饮用水安全评价指标体系》一样的标准文件规定，但是对于上面提到的不同阶段已有评价指标体系。在目前的研究中较为流行的城市饮用水安全评估指标体系，是在对《全国农村饮用水安全工程"十一五"规划》和《全国城市饮用水水源地安全状况评价》及《饮用水源保护区划分技术细则》的研究基础上，依据 AHP 方法构建的评级指标体系，体系内容见表 2-1。

表 2-1　城市饮用水水源地安全评价指标体系表

| 目标层 | 准则层 | 指标层 | 安 全 释 义 |
|---|---|---|---|
| 水量安全 | 水源水量 | 枯水年来水量保证率 | 表征水源地来水量的变化情况<br>河道：2004 水平年枯水流量/设计枯水流量×100%<br>湖库：现状水平年枯水年来水量/设计枯水年来水量×100% |
| | | 地下水开采率 | 表征地下水水量保证程度 |
| | | 水源工程供水能力 | 反映水源工程的运行状况 |
| | | 供需比 | 反映供水设施能力满足居民用水需求情况 |
| | 供水系统能力 | 城市现状水平年综合生活缺水率 | 反映城市供水实际缺水情况 |
| 水质安全 | 水源水质 | 水质状况指数 | 从一般污染物、有毒污染物和富营养物状况三方面表征水源水质的综合情况 |
| | 供水系统水质 | 管网水质合格率 | 表征水厂出厂水灾管网中的水质综合状况 |
| | 末梢水质及水性疾病 | 末梢水水质合格率 | 表征人群直接饮用水水质状况 |
| 风险及应急能力、安全 | 水质风险 | 水质风险综合指标数 | 表征水源地、供水系统、末梢水质风险综合情况 |
| | 水量风险 | 水量风险综合指数 | 表征水源地、供水系统水量风险综合情况 |
| | 应急能力 | 应急能力指数 | 表征备用和应急水量工程力能、应急供水手段和应急水源编制与实施三方综合情况 |

### 2.2.3.2　城市饮用水水源地安全评价等级

城市饮用水水源地安全评价以安全性指数 1、2、3、4、5 五级表达，各类型水源地的安全性评价指标、指数及标准，水质/有毒物/富营养化的评价项目、标准及指数可参考《饮用水源保护区划分技术细则》。

《城市供水水质标准》是城市饮用水安全评价指标体系的重要组成部分，在水源水质和供水水质方面提供了强制的合格标准，我们将在第 3 章介绍。在城市饮用水安全评价指标体系中风险及应急能力也是至关重要的，发生重大事件时，城市公共集中式供水企业或自建设施供水单位，是否能够及时采取有效措施；当发生不明原因的水质突然恶化及水源性疾病暴发事件时，供水企业是否能立即采取应急措施，都是城市饮用水安全评级体系的内容。

## 2.3 我国农村饮用水安全保障

农村面积大、城乡差距大，这是我国的基本国情，因此农村饮用水的安全问题是我国政府高度重视并亟待解决的问题。农村饮用水安全解析图如图 2-9 所示。

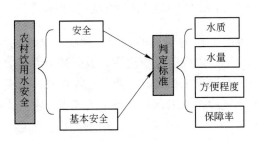

图 2-9 农村饮用水安全解析图

根据《农村饮用水安全卫生指标体系》所规定的农村饮用水安全卫生指标，农村饮用水安全可分为安全和基本安全两个档次，由水质、水量、方便程度和保证率四项指标构成。四项指标只要有一项不达标就不能说饮用水安全或基本安全。

### 2.3.1 农村饮用水安全现状

2005 年水利部农水司的一项调查结果表明，我国农村饮用水不安全人口约为 3.23 亿左右，其中 9084 万人受到水污染的影响。2006～2010 年间，我国政府通过实施农村饮水安全工程建设，解决了 2.2 亿农村人口的饮水安全问题，提前6 年实现了联合国千年发展目标的承诺。

全国农村饮用水源问题仍比较突出，我国农村多采取分散取水，由于基础设施差，不能集中对饮用水进行处理，农村这样的场景很常见，在饮用水附近10m地方有粪坑、固体垃圾等。在进行农作物培养时缺少科技知识，大面积不当使用农药化肥，雨水冲刷使得地下水质恶化；农村引入工业过程中忽视环保问题，工业生产排废不经过处理，大面积的水资源受到威胁。我国农村饮用水安全现状令人担忧，农村饮用水安全保障面临的是范围广、设施差、意识薄弱、管理难等大问题。

农村引起饮用水不安全因素如图 2-10 所示。

### 2.3.2 农村饮用水安全保障措施

我国农村饮用水问题，是一个关乎社会稳定和国家安全的大问题。面对农村饮用水安全的众多问题国家和各级地方政府都做了重要部署。

国家相关部委依据我国《宪法》、《水法》，新修订了《水污染防治法》，将

图 2-10　引起饮用水不安全的因素

"农业和农村水污染防治"作为单独的一节，列在了"水污染防治措施"一章中。我国农村饮水安全工程以政府投资为主，吸引社会力量参与，加强对农村应用水的环境管理，鼓励农民投工投劳，但要防止加重农民负担。

国务院、卫生部等机构相继出台相关政策法规引导农村饮用水安全建设，出台的《关于加强农村环境保护工作意见》，系统提出了加强农村饮水安全工作，把保障饮用水水质作为农村环境保护工作的首要任务。卫生部在 2008 年 1 月和 5 月分别印发了《全国农村饮用水水质卫生监测技术方案》和《农村饮水安全工程卫生学评价技术细则（试行）》，力图促进农村的饮用水水质监测和卫生评估。

各地方也出台了地方法规、规章，根据各地实际情况实施具体办法，在具备开通自来水的农村铺设自来水管网，较偏远的地区则依靠国家补贴政策鼓励农民钻打深水井。另外沼气池的推广也为控制农村饮用水污染问题做出了巨大的贡献，既解决了农村能源问题，也进一步减少了因固体垃圾、农作物残留物、人畜粪便而造成的农村饮用水污染。

农村饮水安全保障是一个长期的工作，取得效果需要持久的工作支撑，在这个解决民生的过程中难免会遇到困难，目前，农村饮用水安全保障工作就遇到了很多问题。

（1）有关农村环境保护的法律法规有待完善。相关法律、法规缺乏系统性和实际可操作性，导致在解决农村饮用水安全保障过程中的利益冲突时，加之现行法律不够完善，难以避免地出现无法可依或无所适从的情况。

（2）农村饮用水安全检测措施难以落实。徒法不足以自行，我国农村饮用水安全的法律法规的实施，如果没有切实可行的监测措施，实施效果也难以得到保证。

（3）责任制度不够明确与宣传力度不够深入。我国农村饮用水的安全保障要靠责任明确的强制力来执行，要避免多头管理，互推责任。还应当鼓励农民自身投入到饮用水安全保障计划中去，让农民切实体会到饮用水不健康带来的危险。

（4）农村饮用水安全工程需要当地农民的积极配合。农民的饮用水安全意识是促进饮用水安全保障措施切实实施的重要因素，要在农民群众中加强宣传的力度和深度，引导农民积极配合饮用水安全的有关政策、配合贯彻各项保障措施的实施。

农村饮用水安全保障不但需要从法规政策方面入手，在实施的过程中要注重监督，具体实施办法要依据各地情况灵活安排，同时需要国家与政府的良好规划和积极引导，激发农民热情。

### 2.3.3 我国农村饮用水安全评价指标体系

农村饮用水安全评价体系分为安全和基本安全两个档次，由水质、水量、方便程度和供水保证率四项指标组成。

#### 2.3.3.1 水质

水质应符合国家《生活饮用水卫生标准》(GB 5749—2006) 要求的为安全；符合《农村实施〈生活饮用水卫生标准〉准则》要求的为基本安全。

A 安全水质要求

《生活饮用水卫生标准》(GB 5749—2006) 是顺应社会、环境的变化，在《生活饮用水卫生标准》(GB 5749—1985) 的基础上修改的，根据《生活饮用水卫生标准》(GB 5749—2006) 第 4 章要求，水质符合以下规定的农村饮用水为安全：

(1) 生活饮用水中不得含有病原微生物。

(2) 生活饮用水中化学物质不得危害人体健康。

(3) 生活饮用水中放射性物质不得危害人体健康。

(4) 生活饮用水的感官性状良好。

(5) 生活饮用水应经消毒处理。

(6) 生活饮用水水质应符合表 2-2 和表 2-3 的要求。集中式供水出厂水中消毒剂限值、出厂水和管网末梢水中消毒剂余量均应符合表 2-4 要求。

表 2-2  水质常规指标及限值

| 指　　标 | 限　　值 |
|---|---|
| (1) 微生物指标[①] | |
| 总大肠菌群/MPN·$(100mL)^{-1}$ (或 CFU·$(100mL)^{-1}$) | 不得检出 |
| 耐热大肠菌群/MPN·$(100mL)^{-1}$ (或 CFU·$(100mL)^{-1}$) | 不得检出 |
| 大肠埃希氏菌/MPN·$(100mL)^{-1}$ (或 CFU·$(100mL)^{-1}$) | 不得检出 |
| 菌落总数/CFU·$mL^{-1}$ | 100 |
| (2) 毒理指标 | |
| 砷/mg·$L^{-1}$ | 0.01 |
| 镉/mg·$L^{-1}$ | 0.005 |
| 铬(六价)/mg·$L^{-1}$ | 0.05 |
| 铅/mg·$L^{-1}$ | 0.01 |
| 汞/mg·$L^{-1}$ | 0.001 |

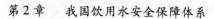

续表 2-2

| 指 标 | 限 值 |
|---|---|
| 硒/mg·L$^{-1}$ | 0.01 |
| 氰化物/mg·L$^{-1}$ | 0.05 |
| 氟化物/mg·L$^{-1}$ | 1.0 |
| 硝酸盐(以 N 计)/mg·L$^{-1}$ | 10<br>地下水源限制时为 20 |
| 三氯甲烷/mg·L$^{-1}$ | 0.06 |
| 四氯化碳/mg·L$^{-1}$ | 0.002 |
| 溴酸盐(使用臭氧时)/mg·L$^{-1}$ | 0.01 |
| 甲醛(使用臭氧时)/mg·L$^{-1}$ | 0.9 |
| 亚氯酸盐(使用二氧化氯消毒时)/mg·L$^{-1}$ | 0.7 |
| 氯酸盐(使用复合二氧化氯消毒时)/mg·L$^{-1}$ | 0.7 |
| (3) 感官性状和一般化学指标 | |
| 色度(铂钴色度单位) | 15 |
| 浑浊度/NTU(散射浊度单位) | 1<br>水源与净水技术条件限制时为 3 |
| 臭和味 | 无异臭、异味 |
| 肉眼可见物 | 无 |
| pH 值 | 不小于 6.5 且不大于 8.5 |
| 铝/mg·L$^{-1}$ | 0.2 |
| 铁/mg·L$^{-1}$ | 0.3 |
| 锰/mg·L$^{-1}$ | 0.1 |
| 铜/mg·L$^{-1}$ | 1.0 |
| 锌/mg·L$^{-1}$ | 1.0 |
| 氯化物/mg·L$^{-1}$ | 250 |
| 硫酸盐/mg·L$^{-1}$ | 250 |
| 溶解性总固体/mg·L$^{-1}$ | 1000 |
| 总硬度(以 CaCO$_3$ 计)/mg·L$^{-1}$ | 450 |
| 耗氧量(COD$_{Mn}$法,以 O$_2$ 计)/mg·L$^{-1}$ | 3<br>水源限制,原水耗氧量大于 6mg/L 时为 5 |
| 挥发酚类(以苯酚计)/mg·L$^{-1}$ | 0.002 |
| 阴离子合成洗涤剂/mg·L$^{-1}$ | 0.3 |
| (4) 放射性指标[②] | 指导值 |
| 总 α 放射性/Bq·L$^{-1}$ | 0.5 |
| 总 β 放射性/Bq·L$^{-1}$ | 1 |

注:引自《生活饮用水卫生标准》(GB 5749—2006)中表 1。
① MPN 表示最可能数;CFU 表示菌落形成单位。当水样检出总大肠菌群时,应进一步检验大肠埃希氏菌或耐热大肠菌群;水样未检出总大肠菌群,不必检验大肠埃希氏菌或耐热大肠菌群。
② 放射性指标超过指导值,应进行核素分析和评价,判定能否饮用。

表2-3  水质非常规指标及限值

| 指　　标 | 限　值 |
| --- | --- |
| (1) 微生物指标 | |
| 　贾第鞭毛虫/个·(10L)$^{-1}$ | <1 |
| 　隐孢子虫/个·(10L)$^{-1}$ | <1 |
| (2) 毒理指标 | |
| 　锑/mg·L$^{-1}$ | 0.005 |
| 　钡/mg·L$^{-1}$ | 0.7 |
| 　铍/mg·L$^{-1}$ | 0.002 |
| 　硼/mg·L$^{-1}$ | 0.5 |
| 　钼/mg·L$^{-1}$ | 0.07 |
| 　镍/mg·L$^{-1}$ | 0.02 |
| 　银/mg·L$^{-1}$ | 0.05 |
| 　铊/mg·L$^{-1}$ | 0.0001 |
| 　氯化氰（以 CN$^-$ 计）/mg·L$^{-1}$ | 0.07 |
| 　一氯二溴甲烷/mg·L$^{-1}$ | 0.1 |
| 　二氯一溴甲烷/mg·L$^{-1}$ | 0.06 |
| 　二氯乙酸/mg·L$^{-1}$ | 0.05 |
| 　1,2-二氯乙烷/mg·L$^{-1}$ | 0.03 |
| 　二氯甲烷/mg·L$^{-1}$ | 0.02 |
| 　三卤甲烷（三氯甲烷、一氯二溴甲烷、二氯一溴甲烷、三溴甲烷的总和） | 该类化合物中各种化合物的实测浓度与其各自限值的比值之和不超过1 |
| 　1,1,1-三氯乙烷/mg·L$^{-1}$ | 2 |
| 　三氯乙酸/mg·L$^{-1}$ | 0.1 |
| 　三氯乙醛/mg·L$^{-1}$ | 0.01 |
| 　2,4,6-三氯酚/mg·L$^{-1}$ | 0.2 |
| 　三溴甲烷/mg·L$^{-1}$ | 0.1 |
| 　七氯/mg·L$^{-1}$ | 0.0004 |
| 　马拉硫磷/mg·L$^{-1}$ | 0.25 |
| 　五氯酚/mg·L$^{-1}$ | 0.009 |
| 　六六六(总量)/mg·L$^{-1}$ | 0.005 |
| 　六氯苯/mg·L$^{-1}$ | 0.001 |
| 　乐果/mg·L$^{-1}$ | 0.08 |
| 　对硫磷/mg·L$^{-1}$ | 0.003 |
| 　灭草松/mg·L$^{-1}$ | 0.3 |
| 　甲基对硫磷/mg·L$^{-1}$ | 0.02 |
| 　百菌清/mg·L$^{-1}$ | 0.01 |

续表 2-3

| 指　　标 | 限　值 |
|---|---|
| 呋喃丹/mg·L$^{-1}$ | 0.007 |
| 林丹/mg·L$^{-1}$ | 0.002 |
| 毒死蜱/mg·L$^{-1}$ | 0.03 |
| 草甘膦/mg·L$^{-1}$ | 0.7 |
| 敌敌畏/mg·L$^{-1}$ | 0.001 |
| 莠去津/mg·L$^{-1}$ | 0.002 |
| 溴氰菊酯/mg·L$^{-1}$ | 0.02 |
| 2,4-滴/mg·L$^{-1}$ | 0.03 |
| 滴滴涕/mg·L$^{-1}$ | 0.001 |
| 乙苯/mg·L$^{-1}$ | 0.3 |
| 二甲苯/mg·L$^{-1}$ | 0.5 |
| 1,1-二氯乙烯/mg·L$^{-1}$ | 0.03 |
| 1,2-二氯乙烯/mg·L$^{-1}$ | 0.05 |
| 1,2-二氯苯/mg·L$^{-1}$ | 1 |
| 1,4-二氯苯/mg·L$^{-1}$ | 0.3 |
| 三氯乙烯/mg·L$^{-1}$ | 0.07 |
| 三氯苯(总量)/mg·L$^{-1}$ | 0.02 |
| 六氯丁二烯/mg·L$^{-1}$ | 0.0006 |
| 丙烯酰胺/mg·L$^{-1}$ | 0.0005 |
| 四氯乙烯/mg·L$^{-1}$ | 0.04 |
| 甲苯/mg·L$^{-1}$ | 0.7 |
| 邻苯二甲酸二(2-乙基己基)酯/mg·L$^{-1}$ | 0.008 |
| 环氧氯丙烷/mg·L$^{-1}$ | 0.0004 |
| 苯/mg·L$^{-1}$ | 0.01 |
| 苯乙烯/mg·L$^{-1}$ | 0.02 |
| 苯并（a）芘/mg·L$^{-1}$ | 0.00001 |
| 氯乙烯/mg·L$^{-1}$ | 0.005 |
| 氯苯/mg·L$^{-1}$ | 0.3 |
| 微囊藻毒素-LR/mg·L$^{-1}$ | 0.001 |
| （3）感官性状和一般化学指标 | |
| 氨氮(以 N 计)/mg·L$^{-1}$ | 0.5 |
| 硫化物/mg·L$^{-1}$ | 0.02 |
| 钠/mg·L$^{-1}$ | 200 |

　　注：引自《生活饮用水卫生标准》(GB 5749—2006) 中表 3。

表2-4 饮用水中消毒剂常规指标及要求

| 消毒剂名称 | 与水接触时间 | 出厂水中限值 | 出厂水中余量 | 管网末梢水中余量 |
|---|---|---|---|---|
| 氯气及游离氯制剂（游离氯）/mg·L$^{-1}$ | 至少30min | 4 | ≥0.3 | ≥0.05 |
| 一氯胺（总氯）/mg·L$^{-1}$ | 至少120min | 3 | ≥0.5 | ≥0.05 |
| 臭氧（O$_3$）/mg·L$^{-1}$ | 至少12min | 0.3 | | 0.02 如加氯，总氯≥0.05 |
| 二氧化氯（ClO$_2$）/mg·L$^{-1}$ | 至少30min | 0.8 | ≥0.1 | ≥0.02 |

注：引自《生活饮用水卫生标准》（GB 5749—2006）中表2。

（7）农村小型集中式供水和分散式供水的水质因条件限制，部分指标可暂按照表2-5执行，其余指标仍按表2-2、表2-3和表2-4执行。

表2-5 小型集中式供水和分散式供水部分水质指标及限值

| 指　　标 | 限　值 |
|---|---|
| （1）微生物指标 | |
| 菌落总数/CFU·mL$^{-1}$ | 500 |
| （2）毒理指标 | |
| 砷/mg·L$^{-1}$ | 0.05 |
| 氟化物/mg·L$^{-1}$ | 1.2 |
| 硝酸盐（以N计）/mg·L$^{-1}$ | 20 |
| （3）感官性状和一般化学指标 | |
| 色度（铂钴色度单位） | 20 |
| 浑浊度/NTU（散射浊度单位） | 3 水源与净水技术限制时为5 |
| pH值 | 不小于6.5且不大于9.5 |
| 溶解性总固体/mg·L$^{-1}$ | 1500 |
| 总硬度（以CaCO$_3$计）/mg·L$^{-1}$ | 500 |
| 耗氧量（COD$_{Mn}$法，以O$_2$计）/mg·L$^{-1}$ | 5 |
| 铁/mg·L$^{-1}$ | 0.5 |
| 锰/mg·L$^{-1}$ | 0.3 |
| 氯化物/mg·L$^{-1}$ | 300 |
| 硫酸盐/mg·L$^{-1}$ | 300 |

注：引自《生活饮用水卫生标准》（GB 5749—2006）中表4。

（8）当发生影响水质的突发性公共事件时，经市级以上人民政府批准，感官性状和一般化学指标可适当放宽；

（9）当饮用水中含有表2-6所列指标时，可参考此表限值评价。

表2-6　生活饮用水水质参考指标及限值

| 指　　标 | 限　值 |
|---|---|
| 肠球菌/CFU·(100mL)$^{-1}$ | 0 |
| 产气荚膜梭状芽孢杆菌/CFU·(100mL)$^{-1}$ | 0 |
| 二(2-乙基己基)己二酸酯/mg·L$^{-1}$ | 0.4 |
| 二溴乙烯/mg·L$^{-1}$ | 0.00005 |
| 二噁英(2,3,7,8-TCDD)/mg·L$^{-1}$ | 0.00000003 |
| 土臭素(二甲基萘烷醇)/mg·L$^{-1}$ | 0.00001 |
| 五氯丙烷/mg·L$^{-1}$ | 0.03 |
| 双酚A/mg·L$^{-1}$ | 0.01 |
| 丙烯腈/mg·L$^{-1}$ | 0.1 |
| 丙烯酸/mg·L$^{-1}$ | 0.5 |
| 丙烯醛/mg·L$^{-1}$ | 0.1 |
| 四乙基铅/mg·L$^{-1}$ | 0.0001 |
| 戊二醛/mg·L$^{-1}$ | 0.07 |
| 甲基异莰醇-2/mg·L$^{-1}$ | 0.00001 |
| 石油类(总量)/mg·L$^{-1}$ | 0.3 |
| 石棉(>10μm)/万个·L$^{-1}$ | 700 |
| 亚硝酸盐/mg·L$^{-1}$ | 1 |
| 多环芳烃(总量)/mg·L$^{-1}$ | 0.002 |
| 多氯联苯(总量)/mg·L$^{-1}$ | 0.0005 |
| 邻苯二甲酸二乙酯/mg·L$^{-1}$ | 0.3 |
| 邻苯二甲酸二丁酯/mg·L$^{-1}$ | 0.003 |
| 环烷酸/mg·L$^{-1}$ | 1.0 |
| 苯甲醚/mg·L$^{-1}$ | 0.05 |
| 总有机碳(TOC)/mg·L$^{-1}$ | 5 |
| 萘酚-β/mg·L$^{-1}$ | 0.4 |
| 黄原酸丁酯/mg·L$^{-1}$ | 0.001 |
| 氯化乙基汞/mg·L$^{-1}$ | 0.0001 |
| 硝基苯/mg·L$^{-1}$ | 0.017 |
| 镭226和镭228/pCi·L$^{-1}$ | 5 |
| 氢/pCi·L$^{-1}$ | 300 |

注：《生活饮用水卫生标准》(GB 5749—2006)中的附录表A.1。

### B 基本安全水质要求

农村生活饮用水水质不得超过表 2-7 规定的限值。

表 2-7 生活饮用水水质分级要求

| 项 目 | 一 级 | 二 级 | 三 级 |
|---|---|---|---|
| (1) 感官性状和一般化学指标 | | | |
| 色度 | 15，并不呈现其他异色 | 20 | 30 |
| 浑度 | 3，特殊情况不超过 5 | 10 | 20 |
| 肉眼可见物 | 不得含有 | 不得含有 | 不得含有 |
| pH 值 | 6.5 ~ 8.5 | 6 ~ 9 | 6 ~ 9 |
| 总硬度（以碳酸钙计）/mg·L$^{-1}$ | 450 | 550 | 700 |
| 铁/mg·L$^{-1}$ | 0.3 | 0.5 | 1 |
| 锰/mg·L$^{-1}$ | 0.1 | 0.3 | 0.5 |
| 氯化物/mg·L$^{-1}$ | 250 | 300 | 450 |
| 硫酸盐/mg·L$^{-1}$ | 250 | 300 | 400 |
| 溶解性总固体/mg·L$^{-1}$ | 1000 | 1500 | 2000 |
| (2) 毒理学指标 | | | |
| 氟化物/mg·L$^{-1}$ | 1 | 1.2 | 1.5 |
| 砷/mg·L$^{-1}$ | 0.05 | 0.05 | 0.05 |
| 汞/mg·L$^{-1}$ | 0.001 | 0.001 | 0.001 |
| 镉/mg·L$^{-1}$ | 0.01 | 0.01 | 0.01 |
| 铬（六价）/mg·L$^{-1}$ | 0.05 | 0.05 | 0.05 |
| 铅/mg·L$^{-1}$ | 0.05 | 0.05 | 0.05 |
| 硝酸盐（以氮计）/mg·L$^{-1}$ | 20 | 20 | 20 |
| (3) 细菌学指标 | | | |
| 细菌总数/个·mL$^{-1}$ | 100 | 200 | 500 |
| 总大肠菌群/个·L$^{-1}$ | 3 | 11 | 27 |
| 游离余氯(接触30min 后出厂水,不低于)/mg·L$^{-1}$ | 0.3 | 不低于 0.3 | 不低于 0.3 |
| 末梢水不低于/mg·L$^{-1}$ | 0.05 | 不低于 0.05 | 不低于 0.05 |

农村饮用水水质一般要求是在二级以上，但是在特殊条件下，如水源选择和处理条件受限制的地区，允许按三级水质要求处理。

#### 2.3.3.2 水量

根据《农村饮用水安全评价指标体系》的规定，每人每天可获得的水量不低于 40 ~ 60L 为安全；不低于 20 ~ 40L 为基本安全。根据气候特点、地形、水资源条件和生活习惯，将全国分为 5 个类型区，不同地区的具体水量标准可参照表

2-8 确定。

**表 2-8  不同地区农村生活饮用水水量评价指标  单位：L/（人·d）**

| 分 区 | 一 区 | 二 区 | 三 区 | 四 区 | 五 区 |
|---|---|---|---|---|---|
| 安 全 | 40 | 45 | 50 | 55 | 60 |
| 基本安全 | 20 | 25 | 30 | 35 | 40 |

一区包括：新疆，西藏，青海，甘肃，宁夏，内蒙古西北部，陕西、山西黄土高原丘陵沟壑区，四川西部

二区包括：黑龙江，吉林，辽宁，内蒙古西北部以外地区，河北北部

三区包括：北京，天津，山东，河南，河北北部以外地区，陕西关中平原地区，山西黄土高原丘陵沟壑区以外地区，安徽、江苏北部

四区包括：重庆，贵州，云南南部以外地区，四川西部以外地区，广西西北部，湖北、湖南西部山区，陕西南部

五区包括：上海，浙江，福建，江西，广东，海南，安徽、江苏北部以外地区，广西西北部以外地区，湖北、湖南西部山区以外地区，云南南部

注：本表不含香港、澳门和台湾。

### 2.3.3.3  方便程度

根据《农村饮用水安全评价指标体系》的规定，人力取水往返时间不超过 10min 为安全，取水往返时间不超过 20min 为基本安全。

### 2.3.3.4  供水保证率

根据《农村饮用水安全评价指标体系》的规定，供水保证率不低于 95% 为安全，不低于 90% 为基本安全。

# 第3章 饮用水水质标准

## 3.1 国外相关饮用水水质标准

饮用水水质标准是为维持人体正常的生理功能，对饮用水中有害元素的限量、感官性状、细菌学指标及制水过程中投加的物质含量等所作的规定。美国首先提出了饮用水标准。我国在1956年首次制定《饮用水水质标准》，后经多次修订，1973年颁布了《生活饮用水卫生规程》，1985年颁布了《生活饮用水卫生标准》。

目前，全世界具有国际权威性、代表性的饮用水水质标准有三部：世界卫生组织（WHO）的《饮用水水质准则》、欧盟（EC）的《饮用水水质指令》以及美国环保局（USEPA）的《国家饮用水水质标准》，其他国家或地区的饮用水标准大都以这三种标准为基础或重要参考，来制定本国国家标准。如东南亚的越南、泰国、马来西亚、印度尼西亚、菲律宾、我国的香港特区，以及南美的巴西、阿根廷，还有南非、匈牙利和捷克等国家都是采用WHO的《饮用水水质准则》；欧洲的法国、德国、英国（英格兰、威尔士、苏格兰）等欧盟成员国和我国的澳门则均以EC《饮用水水质指令》为指导；而其他一些国家如澳大利亚、加拿大、俄罗斯、日本同时参考WHO、EC、USEPA标准；我国和我国的台湾省则有自行的饮用水标准。

### 3.1.1 世界卫生组织饮用水水质准则

WHO《饮用水水质准则》的立法目标主要在三个方面。第一，控制微生物的污染极端重要。消毒副产物对健康有潜在的危险性，但较之消毒不完善对健康的风险要小得多；第二，短时间水质指标检测值超过指导值并不意味着此种饮用水不适宜饮用；第三，在制定化学物质指导值时，既要考虑直接饮用部分，也要考虑沐浴时皮肤或通过呼吸接触易挥发性物质的摄入部分。WHO《饮用水水质准则》的主要目标就是为各国建立本国的水质标准奠定基础，通过将水中有害成分消除或降低到最小，确保饮用水的安全。

2004年世界卫生组织《饮用水水质准则》第3版（以下简称《准则》）面世，该标准分为5章，包括：导言（介绍基本原则和饮用水安全管理的作用及职责）、安全饮用水框架准则、目标、水安全计划、监督。修订后的准则第3版中附有一系列的文献，这些文献描述了如何评价和管理导致微生物危害的相关风险，解释了确保饮用水安全的要求，其中包括了确保饮用水安全最低要求的程序和特定准则值，并描述了使用哪些方法来应用这些准则和如何运用这些准则值。《准则》第 3 版还包括了关于可严重危害人体健康的微生物和化学物质的一览表。《准则》第 3 版收入的饮用水微生物安全性指导意见的篇幅比过去增加了许多，同时也借鉴了前两个版本中使用的原则，如多重防线方法和水源保护的重要原则。《准则》第 3 版配发的文件同时描述了如何满足微生物安全性的要求，并就确保实现这种安全性的规范提供了指导性意见。《准则》第 3 版对许多化学物质的信息已经进行了修改，其中包括以前没有提到的化学物质，同时讨论了一些关键的利益相关者在确保饮用水安全中应发挥的作用和应承担的责任。为了对大型管道供水与小型社区供水开展安全管理，需要有不同的工具和方法来提供支持，《准则》第 3 版描述了不同方法的主要特点。

世界卫生组织的《饮用水水质准则》通过滚动修订的方式不断更新，定期发布增补或取代现有文献中包含的信息，世界卫生组织在 2011 年 6 月宣布《饮用水水质准则》(第 4 版) 已经完成，不久将公开其具体内容，相信其会对饮用水安全做出更为详细的、全面的规定。

### 3.1.2　欧盟饮用水水质指令

欧盟 1998 年修订的《饮用水水质指令》(98/93/EEC) 列出了 48 项水质指标，包括微生物学指标 (2 项)、化学物质指标 (26 项)、指示指标 (18 项)、放射性指标 (2 项)。以此作为欧共体各国制定本国水质标准的重要参考，并要求各成员国在 2003 年 12 月 25 日前，确保饮用水水质达到该指令的规定 (溴仿、铅和三卤甲烷除外)。

新指令 98/83/EC 在 80/778/EEC 的基础上作了较大修订，新增了 19 项，删去了 36 项，项目指标值发生变化的有 17 项。修订主要集中在以下几个方面：(1) 微生物方面，新指令用埃希氏大肠杆菌、肠道球菌 2 项取代 80/778/EC 中的总大肠杆菌群、粪型大肠杆菌等 5 项指标，并强调在用户龙头处应达到 0 个/100mL 的指标值；(2) 感官参数如铝、铁、锰、色度、浊度、嗅和味在 80/778/EC 中属于强制性指标，而 98/83/EC 取消了这些强制性限制，并把这些项目定义为指示参数，制定了铝、铁、锰的标准值，但对色度、浊度、嗅和味只作了"用户可接受且无异常"的规定；(3) 总硬度和碱度这两项指标在 80/778/EC 中作了规定，但在新指令中被去掉；(4) 铅的指标值从 $50\mu g/L$ 降至 $10\mu g/L$，并要求在 15 年内 (即 2013 年 12 月以前) 更换含铅配水管；(5) 农药：单项农药和总农药值维持不变 ($0.1\mu g/L$ 和 $0.5\mu g/L$)，但个别种类农药的指标值更加严格 ($0.03\mu g/L$)；(6) 新标准增加的参数，如丙烯酰胺、苯、苯并 (a) 芘、溴酸盐、1,2-二氯乙烷、环氧氯丙烷、氟化物、三卤甲烷、三氯乙烯和四氯乙烯、氯乙烯等。

### 3.1.3 美国国家饮用水水质标准

美国饮用水水质标准将饮用水规程分为两个级别，国家一级饮用水规程是法定强制标准，此标准适用于公用给水系统，一级标准限制了那些有害公众健康的已知的或者公用给水系统中出现的有害污染物浓度，从而保护饮用水水质。二级饮用水规程（NSDWRs 或二级标准），为非强制性准则，用于控制水中对美容（皮肤，牙齿变色），或对感官（如嗅、味、色度）有影响的污染物浓度。美国环保局（EPA）为给水系统推荐二级标准，二级标准是关于牙齿、美容方面的，但没有规定必须遵守，然而，各州可选择性采纳，作为强制性标准。

美国《安全饮用水法》将公共供水系统定义为一个一年至少 60 天通过水管提供给至少 25 人或者 15 个服务链接的系统，对这些系统会通过一些专门的强制措施以确保其达到饮用水水质标准。美国使用严格的数据控制，确定是否有污染物要考虑同行评审的科学数据，如环境污染发生了多长时间，多少人接触过污染，对健康影响的程度等等。美国现行饮用水水质标准中的主要致病物质包括：贾第虫、因袍子虫、砷、氟。美国水质标准适用两个浓度值，即污染物最大浓度目标值、污染物最大浓度值。污染物最大浓度目标值并不要求强制执行，它的制定是为了保障足够的安全余量，即在该浓度下，不会对人体产生任何已知的或者未知的伤害。污染物最大浓度值是强制指标，在制定时要求尽可能地接近最大浓度目标值，在制定最大浓度值时要考虑水处理技术、工艺等方面的因素。美国饮用水水质标准指标包括：微生物 7 项、消毒剂和消毒副产物指标 7 项、无机物指标 16 项、有机物指标 53 项、放射性核素指标 4 项。

美国饮用水质标准在目前世界上属于最安全的饮用水标准之一，无论在制定方法和制定原则方面都是值得各国借鉴的。

## 3.2 我国饮用水标准

我国饮用水标准体系繁杂，没有如同美国《安全饮用水法》一样的上位法律规定。我国饮用水标准有国家标准、卫生部标准、地方标准。至 2009 年，与水源保护以及饮水安全直接相关的国家标准 25 个、行业标准 22 个。其中，国家标准主要是《生活饮用水卫生标准》（GB 5749—2006）。行业标准主要是 2001 年卫生部颁布的《生活饮用水水质卫生规范》、2005 年建设部颁布的《城市供水水质标准》（CJ/T 206—2005）、《饮用净水水质标准》（CJ 94—2005）及其他相关设施的标准，且这些标准共存并未相互替代。

## 3.2.1 生活饮用水卫生标准

1954 年我国卫生部拟订了一个自来水水质暂行标准草案，有 16 项指标，于 1955 年 5 月在北京、天津、上海等 12 个大城市试行，这是新中国成立后最早的一部管理生活饮用水水质的标准。1976 年国家卫生部组织制定了我国第一个国家饮用水标准，共有 23 项指标，定名为《生活饮用水卫生标准》（编号为 TJ 20—76）。1985 年卫生部对《生活饮用水卫生标准》进行了修订，指标增加至 35 项，编号改为 GB 5749—1985，于 1986 年 10 月起在全国实施。随着经济的发展，水源短缺严重，城市饮用水水源污染日益加剧，1985 年发布的《生活饮用水卫生标准》（GB 5749—1985）已不能满足保障人民群众健康的需要。为此，卫生部和国家标准化管理委员会对原有标准进行了修订，联合发布新的强制性国家《生活饮用水卫生标准》（GB 5749—2006）并于 2007 年 7 月 1 日起正式实施。

至 1949 年以来生活饮用水卫生标准颁布了 6 次，从开始的 16 项指标增加到 106 项，每次标准的修改制定都增加了水质检验项目和提高了水质标准（见表3-1 和表 3-2）。表 3-1 和表 3-2 的数据表明：（1）指标的数量随着时间不断增加，表明我国的监测技术、水平在不断提高，对饮用水安全的要求在不断提高，监测标准也在逐步提高；（2）饮用水标准的重点已经从简单污染物的基础上增加了对复杂有机污染物的控制。

**表 3-1 生活饮用水卫生标准的发展历程**

| 项 目 | 1950 年 | 1955 年 | 1959 年 | 1976 年 | 1985 年 | 2001 年 | 2006 年 |
|---|---|---|---|---|---|---|---|
| 总项目数 | 16 | 16 | 17 | 23 | 35 | 96 | 106 |
| 感官及化学指标 | 11 | 9 | 10 | 12 | 15 | 19 | 20 |
| 毒理学指标 | 2 | 4 | 4 | 8 | 15 | 71 | 74 |
| 细菌学指标 | 3 | 3 | 3 | 3 | 3 | 4 | 4 |
| 放射性指标 |  |  |  |  | 2 | 2 | 6 |

**表 3-2 新旧标准的对比**

| 项 目 | 生活饮用水卫生标准（GB 5749—1985） | 生活饮用水卫生标准（GB 5749—2006） | 变 化 | |
|---|---|---|---|---|
|  |  |  | 指标数量 | 指标值 |
| 感官性状和一般化学指标 | 15 项 | 17 项 | 增加了 2 项，铝和耗氧量 | 浑浊度不超过 1 度变为不超过 3 度 |
| 毒理学指标 | 15 项 | 11 项 | 减少了 4 项，银、苯并（a）芘、DDT、六六六 | Cd 从 0.01 变为 0.005，Pb 从 0.05 变为 0.001，$CCl_4$ 从 0.003 变为 0.0002 |

续表 3-2

| 项 目 | 生活饮用水卫生标准（GB 5749—1985） | 生活饮用水卫生标准（GB 5749—2006） | 变 化 | |
|---|---|---|---|---|
| | | | 指标数量 | 指标值 |
| 细菌学指标 | 3 项 | 4 项 | 增加了 1 项，粪大肠菌群 | |
| 放射性指标 | 2 项 | 2 项 | 没有 | 总 α 放射性从 0.1 变为 0.5 |
| 其 他 | 没有 | 增加了 | 非常规检验项目 62 项，包括减少的 4 项 | |

　　《生活饮用水卫生标准》（GB 5749—2006）适用于城乡供生活饮用的集中式给水（包括各单位自备的生活饮用水）和分散式给水。而对于广大农村居民点的集中式给水和分散式给水需执行《农村实施〈生活饮用水卫生标准〉准则》。

　　与美国相比，我国在饮用水标准的制定时间上较美国晚了 45 年。美国在饮用水水质标准的修改次数上也远远超过了我国；美国制定饮用水水质标准的技术法规完善，而我国尚有较多缺位。我国与欧盟饮用水水质标准的指标分类基本一致，而且在水质上都以无机物指标为主，但是欧盟在水质监测方面比我国先进。

　　参照国际标准，借鉴他国经验，我国的生活饮用水标准经过修订相对完善，《生活饮用水卫生标准》规定指标由原标准的 35 项增至 106 项，其中包括 42 项常规指标和 64 项非常规指标，还对原标准的 8 项指标进行了修订。新标准体现了我国对饮用水水质的重视，反映了我国供水行业将有机物和微生物作为控制重点的趋势。具体而言，《生活饮用水卫生标准》（GB 5749—2006）主要有以下修订：

　　（1）水质指标由《生活饮用水卫生标准》（GB 5749—1985）的 35 项增加至 106 项，增加了 71 项，修订了 8 项；微生物学指标由 2 项增至 6 项；饮用水消毒剂由 1 项增至 4 项；毒理学指标中，无机化合物由 10 项增至 21 项；有机化合物由 5 项增至 53 项，而这些化合物的主要来源是农药和工业污染。放射性指标中，修订了总 α 放射性指标。感官性状和一般理化指标由 15 项增加至 17 项。较早的饮用水卫生标准都将这一类指标排在毒理指标之前。其实，这类污染对人健康的危害要比毒理污染和微生物污染低得多，目前的水处理工艺处理这类污染也较容易，近些年的饮用水卫生标准又都将其放在毒理指标之后。

　　学理上将饮用水中存在的污染物分为三类：生物性污染物、化学性污染物、物理性污染物。新标准内容涵盖了上述内容，且新标准规定的生活饮用水满足了确保感官性状良好、防止水介性传染病的暴发、防止急性与慢性中毒这三项饮用水基本安全要求。

(2) 放宽了对农村小型集中式供水和分散式供水的水质指标限值。我国乡村地区受经济条件、水源及水处理能力等限制,多采用小型集中式供水和分散式供水的方式。为了适应乡村实际供水的需要,在具体的标准制定上就不能与城市饮用水水质要求完全一致,否则饮用水安全标准就不切实际,工作难以展开。在符合我国乡村饮用水实际情况的基础上,乡村饮用水标准与城市的饮用水标准要求有所区别,新标准将其指标数目减少至 14 项,并适当放宽了部分水质指标的限值要求。

(3) 新标准将 106 项指标分为常规指标和非常规指标。常规指标 42 项,非常规指标 64 项。常规指标是常见的或经常被检出的项目;非常规指标则是不常见的,检出率比较低的项目。选择非常规指标应考虑对公众的健康危险度,危险度大的指标应尽快纳入监测指标,从而成为常规指标。

### 3.2.2 生活饮用水水质卫生规范

该规范于 2001 年颁布实施,它规定了生活饮用水及其水源水质卫生要求,适用于城市生活集中式供水(包括自建集中式供水)及二次供水。其内容包括:生活饮用水水质卫生要求、生活饮用水水源水质要求、水质监测。其中饮用水水质卫生监测项目包括:生活饮用水水质非常规检验项目及限值、生活饮用水水质常规检验项目及限值,这种监测分类不同于《生活饮用水卫生标准》。《生活饮用水卫生标准》中水质的监测项包括:农村小型集中式供水和分散式供水部分水质指标及限值、水质非常规指标及限值、饮用水中消毒剂常规指标及要求、水质常规指标及限值。在水源水质方面《生活饮用水水质卫生规范》做了单独规定。《生活饮用水卫生标准》对水质要求:采用地表水为生活饮用水水源时应符合《地表水环境质量标准》(GB 3838—2002)要求,采用地下水为生活饮用水水源时应符合《地下水质量标准》(GB/T 14848—1993)要求。

目前《城市供水水质标准》、《生活饮用水卫生标准》和《生活饮用水水质卫生规范》共存,相互不兼容。这是饮用水标准复杂的重要原因,无法用统一标准或规范去参照执行。因此国家早日出台一个不分行业的全国性饮用水统一标准是极为必要的。

### 3.2.3 城市供水水质标准

2005 年 2 月,建设部颁布了新的《城市供水水质标准》(CJ/T 206—2005)(以下简称《水质标准》),并于 6 月 1 日起开始实施。其目的是为提高城市供水水质,加强水质安全管理,保障人民身体健康。标准主要对供水的水质要求、水质检验项目及其限值作了规定,适用于城市公共集中式供水、自建设施供水和二次供水。《水质标准》参考了最新的（2004 年）世界卫生组织与国际上先进国家和地区（美国、欧盟、日本等）制定的水质标准，本着行业标准应比国家标准更严格的原则，总项目达 101 项，其中常规检测项目 42 项，非常规检测项目 59 项，检测项目共有 93 项，包括一些分量检测。新标准的修订，整体上是不低于卫生部颁布的《生活饮用水水质卫生规范》，同时对一些原有项目还调高了标准，也就实现了饮用水水质标准与世界水平的接轨。但是，此标准仍然属于行业标准，就其本身的权威性而言仍然无法与国家标准相比。

城市供水水质检验项目包括常规检验项目和非常规检验项目，常规检验项目为四类微生物学指标、感官性状和一般化学指标、毒理学指标、放射性指标。非常规检验项目为微生物学指标、感官性状和一般化学指标三类。关于水源水质的规定是确定水源水质标准的依据，且规定当水源水质不符合要求时，不宜作为供水水源。若限于条件需加以利用时，水源水质超标项目经自来水厂净化处理后，应达到《水质标准》的要求。另该《水质标准》规定了水质检验项目和检验频率，对于水源水、出厂水、管网水、管网末梢水都详细列明检验项目和检验频率。该《水质标准》是"全文强制"城市公共集中式供水企业、自建设施供水和二次供水单位应依据本标准和国家有关规定，对设施进行维护管理，确保用户的供水水质符合本标准要求。

### 3.2.4　生活饮用水卫生标准与其他标准的关系

《生活饮用水卫生标准》（GB 5749—2006）与其他标准的关系如图 3-1 所示。

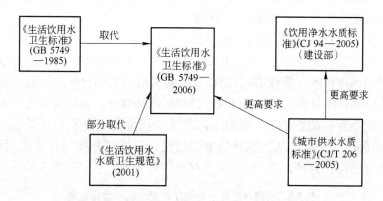

图 3-1　《生活饮用水卫生标准》（GB 5749—2006）和国内其他标准之间的关系

截至 2009 年，我国与水源保护和饮水安全直接相关的国家标准 25 个，行业标准 22 个，虽然《生活饮用水卫生标准》（GB 5749—2006）最为重要，但该标准与其他标准的关系问题也不可忽视，它们共同构成了我国的饮用水标准体系。

#### 3.2.4.1 生活饮用水卫生标准与行业标准

这里的行业标准主要指2001年卫生部颁布的《生活饮用水水质卫生规范》、2005年建设部颁布的《城市供水水质标准》(CJ/T 206—2005)和《饮用净水水质标准》(CJ 94—2005)。对于它们之间的关系，目前学界的看法并未统一。其实问题较为简单，从法律的角度出发，它们之间的关系是法律适用的问题，即“上位法优于下位法，新法优于旧法，特别法优于一般法”。《生活饮用水卫生标准》(GB 5749—2006)与其他行业标准并非是完全取代关系，它们之间有严格的程度区分（见图3-2)。

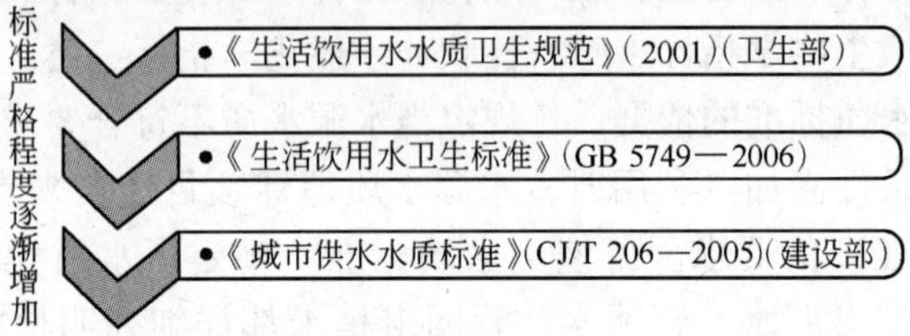


图3-2 国内主要标准的严格程度比对

#### 3.2.4.2 生活饮用水卫生标准与国际标准

国际上具有权威性、代表性的饮用水水质标准主要有三部：世界卫生组织（WHO）的《饮用水水质准则》、欧盟（EC）的《饮用水水质指令》和美国环保署（USEPA）的《国家饮用水水质标准》，其他国家或地区的饮用水标准大都以这三种标准为基础或重要参考来制订的。

我国新的《生活饮用水卫生标准》(GB 5749—2006)，以世界卫生组织(WHO)《饮用水水质准则》和卫生部《生活饮用水水质卫生规范》为基础，参考建设部《城市供水水质标准》，结合我国的国情与实际而制定，既体现国际先进水平的要求，同时也具有可操作性。此次标准的修订，在我国城市供水水质现状和多年积累资料的基础上，吸取了国外水质标准的先进性和科学性，借鉴了WHO和美国环保局（EPA）制定标准的做法，比较符合我国目前的发展需要。在整体指标结构和数量方面，已经基本接近世界先进水平（见表3-3)。

**表3-3 我国水质标准与国际权威水质标准比较表**

| 水质标准 | 颁布时间 | 指标项目总数 | 特点比较 |
|---|---|---|---|
| 《欧盟饮用水水质指令》(98/83/EC) | 1998年 | 48 | 数量少，但严格 |
| 美国环保局《饮用水水质标准》 | 2004年 | 102 | 一级87项，二级15项，标准的制定非常科学 |

| 水质标准 | 颁布时间 | 指标项目总数 | 特点比较 |
|---|---|---|---|
| 世界卫生组织<br>《饮用水水质准则》 | 2004 年 | 144 | 在世界范围内提供技术依据。如微生物、放射性指标等多项指标供选择参考 |
| 《生活饮用水卫生标准》<br>(GB 5749—2006) | 2006 年 | 106 | 42 项常规项目，64 项非常规项目。大幅度增加有机物、微生物、消毒副产物指标 |

### 3.2.4.3 生活饮用水卫生标准的配套标准

生活饮用水标准是终端用水标准，需要一系列标准保证，如水源保护、污水排放等标准的制订和修订，这些都要求有关方面加强对生活饮用水及相关标准的研究。典型的如水源选择和水源卫生防护两部分，需要按照《地表水环境质量标准》(GB 3838—2002) 和《地下水质量标准》(GB/T 14848—1993) 执行，集中式供水单位的卫生要求按《生活饮用水集中式供水单位卫生规范》执行。与《生活饮用水卫生标准》(GB 5749—2006) 同时颁布的《生活饮用水标准检验方法》(GB 5750—2006) 是其配套标准。还有有关饮用水水源的《地表水环境质量标准》(GB 3838—2002) 和《地下水质量标准》(GB/T 14848—1993) 等。它们共同构筑了饮用水安全的保护屏障。

## 3.3 我国瓶（桶）装饮用水相关标准

### 3.3.1 饮用天然矿泉水国家标准

矿泉水是矿产资源，受《中华人民共和国矿产资源法》调整，作为食品受《中华人民共和国食品卫生法》、《中华人民共和国产品质量法》、《中华人民共和国标准化法》等法律调整。由中华人民共和国卫生部、原地质矿产部、轻工总会制定了《饮用天然矿泉水》(GB 8537—1995) 国家标准（以下简称国标 GB 8537—1995）。当其他规程、规范、标准内容中出现与该标准内容中的规定不一致时，以该标准为准。

饮用天然矿泉水是在特定的地质条件下的产物，它是直接取自天然的或人工钻孔而得的地下含水层的水，含有更多的矿物质盐和特殊的化学成分，并保持原有的纯度，不受任何种类的污染。《饮用天然矿泉水》从技术、认可与批准、生产及检验、标志、包装、运输、贮存等环节对饮用天然矿泉水均有规范。另外，天然矿泉水不是简单的水，而是国家矿产资源，它的开采需要获得国土资源部门核发的采矿许可证。

2008 年 12 月，国家质检总局和国家标准化管理委员会发布《饮用天然矿泉水》(GB 8537—2008)和《饮用天然矿泉水检验方法》两个行业标准，并都已经开始实施。《饮用天然矿泉水》(GB 8537—2008)代替了以前的国标《饮用天然矿泉水》(GB 8537—1995)，新标准变以前的"全文强制"为"条文强制"，标准提供一部分供参考的标准，一部分强制实施的标准。完善了对天然矿泉水的规定，对天然矿泉水进行了补充定义，如，含气天然矿泉水、强化气天然矿泉水、无气天然矿泉水、人工充气天然矿泉水；将界限指标中的"溴化物"删除，限量指标增加3项（"锑"、"锰"、"镍"、"溴酸盐"），修改3项（"镉"、"砷"、"硼"）；删除4项（锂、锶、碘化物和锌）；污染物指标增加2项（阴离子合成洗涤剂、矿物油）；微生物指标增加3项（粪链球菌、绿脓杆菌和产气荚膜杆菌）；删除1项（菌落总数）；新国标还规定，不得用容器将原水运至异地进行灌装；对预包装饮用天然矿泉水应标示水源点名称。

《饮用天然矿泉水》(GB 8537—2008)对水源、水质要求严格，水源地要经过水源地勘察、防护、监测，其标准按照 GB/T 13722 执行。水质方面按照感官、理化两大项分类，严格限定了界限指标、限量指标、污染物指标和微生物指标。

矿泉水必须经国家或省（自治区、直辖市）饮用天然矿泉水技术评审组认可、政府主管部门批准方可开发。国家饮用天然矿泉水技术评审组由卫生、轻工和地矿主管部门派员组成。挂靠单位为国土资源部地质环境司，负责办理批准发证工作。下设办公室负责日常管理工作。国家饮用天然矿泉水技术评审组负责跨省销售和出口矿泉水的技术鉴定。凡是申请开采矿泉水的单位或者个人，都必须按照国家规定做调查并形成报告以便国家有关单位参考审批，报告中需说明矿泉水是否与地表水体、其他含水层有水力联系，开发后是否会受到影响，是否有潜在污染的可能性。如有以下情况不予审批：(1)未按国标 GB/T 13722 附录 A 的规定提交矿泉水水源评价报告；(2)矿泉水点（井、泉）无地理位置及坐标；(3)矿泉水的补给、径流、排泄等水文地质条件叙述不清楚；(4)矿泉水未附正式水文地质图或比例尺不符合要求的；(5)矿泉水可开采量每昼夜不足 50t 或水源地水位持续下降且难以恢复的；(6)水质检验报告不符合国标 GB/T 13722 附录 B 的要求；矿泉水水样编号、采样地点和泉（井）点编号混乱；采样、收样和分析日期填写不全；检验单位公章不清晰；检验人员未签字者；(7)动态资料观测项目不全，数据不准；(8)引用其他标准、宣传疗效、保健作用或与其他矿泉水对比的；(9)报告中有矿泉水开发经济预测分析内容的；(10)在城市、乡镇、厂矿等居民集中区，难以建立卫生防护区的矿泉点。

《饮用天然矿泉水》(GB 8537—2008)对矿泉水的检验规定包括出厂检验和形式检验，进行矿泉水水质检验的单位，必须是经政府主管部门批准、持有省、部级计量认证部门颁发的计量认可和实验室认证单位。在一个水文年的水质全分析，要由不同部门（地矿、卫生、轻工）的至少两个单位为主要检验单位。水质检验必须按国标 GB 13722 附录 B 规定的项目进行检验。除放射性和微生物检验报告可作为单独附件外，其他项目必须按 GB 13722 附录 B 的格式进行填写。检验报告必须盖有检验单位公章和有化验人员签字。国标中大肠菌群指标规定为0 个/100mL，系指不得检出。微生物检验必须由县（不含县）、直辖市区（含区）以上的卫生防疫站检验。

凡在 1996 年 8 月 1 日以前鉴定并建厂投产的矿泉水厂，按老标准《饮用天然矿泉水》（GB 8537—1987）要求检验水源。矿泉水生产单位或个人在建厂的同时，必须建立卫生防护区，并设固定的区界标志。卫生防护区须经地矿、卫生、轻工主管部门指派专家现场踏勘确认后，方可实施。每年至少进行一次水质全分析，将水质检验结果报送国家、省（自治区、直辖市）矿泉水技术审定机构备案。

矿泉水开发与生产时，出现下列情况鉴定证书无效，不能继续开采矿泉水：（1）不按矿泉水鉴定证书指定的地点异地开发者；（2）鉴定通过之日起，三年内未进行水质复检和建厂者；（3）建厂之日起，拒绝建立卫生防护区和进行长期动态监测者；（4）水量、水质检验结果与技术评审时水量、水质结果不符者。

## 3.3.2　瓶（桶）装饮用水卫生标准

中华人民共和国卫生部于 2003 年 9 月 24 日发布了《瓶（桶）装饮用水卫生标准》（GB 19298—2003），2004 年 5 月 1 日执行。

该标准规定了瓶（桶）装饮用水的指标要求，食品添加剂、生产加工过程的卫生要求，贮存、包装、运输、标识要求和检验方法。它适用于经过过滤、灭菌等工艺处理并装在密封容器中可直接饮用的水，不适用于饮用天然矿泉水和瓶（桶）装饮用纯净水。

该指标除了在水源、感官指标、理化指标、卫生物指标上有规定外，对食品添加剂也做了要求，食品添加剂的品种和使用量应符合《食品添加剂使用卫生标准》（GB 2760—2007）的规定。

瓶（桶）装饮用水的具体指标见表 3-4、表 3-5 和表 3-6。

表 3-4　感官指标

| 项　目 | 指　标 | 要　求 |
|---|---|---|
| 色　度 | ≤10 | 不得呈现其他异色 |
| 浊　度 | ≤3 | — |
| 臭和味 | | 无异味异臭 |
| 肉眼可见物 | — | 不得检出 |

**表3-5　理化指标**

| 项　目 | 单　位 | 指　标 |
|---|---|---|
| 亚硝酸盐（$NO_2^-$） | mg/L | 0.005 |
| 耗氧量（$O_2$） | mg/L | 2 |
| 铅（Pb） | mg/L | 0.01 |
| 总砷（As） | mg/L | 0.05 |
| 铜（Cu） | mg/L | 1 |
| 镉（Cd） | mg/L | 0.01 |
| 余　氯 | mg/L | 0.05 |
| 挥发酚（以苯酚计） | mg/L | 0.002 |
| 三氯甲烷 | mg/L | 0.02 |
| 总 α 放射性 | Bq/L | 0.1 |
| 总 β 放射性 | Bq/L | 1 |

**表3-6　微生物指标**

| 项　目 | 指　标 |
|---|---|
| 菌落总数/CFU·$mL^{-1}$ | 50 |
| 大肠菌群/MPN·（100mL）$^{-1}$ | 3 |
| 霉菌/CFU·$mL^{-1}$ | 10 |
| 酵母/CFU·$mL^{-1}$ | 10 |
| 致病菌（沙门氏菌、志贺氏菌、金黄色葡萄球菌） | 不得检出 |

### 3.3.3　瓶（桶）装饮用纯净水卫生标准

《瓶（桶）装饮用纯净水卫生标准》（GB/T 17324—2003）规定，瓶装饮用水系以符合生活饮用水卫生标准的水为原料，通过电渗析法、离子交换法、反渗透法、蒸馏法及其他适当的加工方法制得，密封于容器中且不含任何添加物可直接饮用的水。该标准适用于瓶装饮用纯净水。

《瓶（桶）装饮用纯净水卫生标准》（GB/T 17324—2003）是全国冷饮食品卫生标准协作组 1993 年在广州会议上提出，之后制定的。该标准规定了瓶装饮用纯净水的卫生要求和检验方法，从而为食品卫生监督机构对瓶装饮用纯净水、检测提供了统一的要求。标准包括范围、引用标准、卫生要求、检验方法、附录 A《瓶装饮用纯净水卫生导则》等部分，每个部分又包括若干具体规定。该标准规定了瓶装饮用纯净水的定义、卫生要求及检验方法。

该标准也在感官标准、理化标准、微生物标准方面做了规定，不同的是该标准在对瓶（桶）装饮用纯净水的生产做了详细规定，在该标准的附录 A 中列出了九条原则规定来规范生产过程中的卫生问题。包括新建、扩建、改建生产单位的设计、车间处理、设备制成条件。要求瓶子不能回收使用（桶除外），业务员需注意个人卫生。同时要求纯净水单位要进行自身卫生管理。

瓶（桶）装饮用纯净水的具体指标见表3-7、表3-8和表3-9。

表3-7　感官指标

| 项　目 | 指标 | 要　求 |
|---|---|---|
| 色　度 | ≤5 | 不得呈现其他异色 |
| 浊　度 | ≤1 | — |
| 臭和味 | — | 无异味异臭 |
| 肉眼可见物 | — | 不得检出 |

表3-8　理化指标

| 项　目 | 单　位 | 指标 |
|---|---|---|
| 亚硝酸盐（$NO_2^-$） | mg/L | 0.005 |
| 耗氧量（$O_2$） | mg/L | 2 |
| 铅（Pb） | mg/L | 0.01 |
| 总砷（As） | mg/L | 0.05 |
| 铜（Cu） | mg/L | 1 |
| 镉（Cd） | mg/L | 0.01 |
| 余　氯 | mg/L | 0.05 |
| 挥发酚（以苯酚计） | mg/L | 0.002 |
| 三氯甲烷 | mg/L | 0.02 |
| 四氯化碳 | mg/L | 0.001 |
| 总α放射性 | Bq/L | 0.1 |
| 总β放射性 | Bq/L | 1 |

表3-9　微生物指标

| 项　目 | 指标 | 项　目 | 指标 |
|---|---|---|---|
| 菌落总数/CFU·mL$^{-1}$ | 50 | 霉菌/CFU·mL$^{-1}$ | 10 |
| 大肠菌群/MPN·（100mL）$^{-1}$ | 3 | 酵母/CFU·mL$^{-1}$ | 10 |

# 3.4　我国管道直饮水国家标准

## 3.4.1　管道直饮水系统技术规程

直饮水的出现，是我国国民经济发展到一定水平的必然产物。由于人民物质文化生活水平的提高，人们对饮水质量提出了更高的要求。虽然，目前我国供水（自来水）水质符合我国的国家标准《生活饮用水卫生标准》（GB 5749—2006），但是对照国际先进水平，我国目前的供水水质尚有一定的差距。在水源受到污染的情况下，由于传统净水工艺的局限，饮用水水质安全性难以保证，考虑到饮水质量关系到人们的健康和生命安全，我国制定了《管道直饮水系统技术规程》（2006）。该规程为符合管道直饮水工程设计和促进行业的健康发展，为加强饮水净水的卫生安全性，维护管理以及正确合理设计、施工管道直饮水系统提供了法律保障。

管道直饮水系统（Dedicated Drinking Water System）是指原水经过深度处理达到饮用净水水质标准，通过管网供给居民直接饮用的饮水系统。即是将原水进行深度净化处理，依据原水水质，经过技术经济比较，确定处理后出水应该达到的水质指标。在这个过程中水处理工艺流程应合理、优化并尽量达到制水成本最低。

《管道直饮水系统技术规程》采取"条文强制"原则，只有一部分规范要求强制执行，该规程为确保管道直饮水的供水水质、水量和水压，使系统卫生安全、技术先进、经济合理，提供了法律规范。该规程适用于居住建筑、公共建筑等的管道直饮水系统的设计、施工、验收、运行和管理。该规程涉及的主要技术内容包括：（1）总则；（2）术语、符号；（3）水质、水量和水压；（4）水处理；（5）系统设计；（6）系统计算与设备选择；（7）净水机房；（8）水质检验；（9）控制系统；（10）施工安装；（11）工程验收；（12）运行维护和管理。

该规程中的强制规定包括：（1）管道直饮水系统用户端的水质应符合国家现行标准《饮用净水水质标准》（CJ 94—2005）的规定；（2）管道直饮水系统必须独立设置；（3）新建、改建、扩建管道直饮水工程、原水水质发生变化、改变水处理工艺、停产后重新恢复生产的都应按国家现行标准《饮用净水水质标准》（CJ 94—2005）的全部项目进行检验；（4）塑料管严禁明火烘弯；（5）管道直饮水系统试压合格后应对整个系统进行清洗和消毒。其他规定都是非强制条款，作为供水单位达标参考。

管道直饮水所涉及的另一个重要部分是管道直饮水系统采用的管材、设备、辅助材料，这些材料的优劣及其合格率会影响到饮用水在运输过程中的质量变化，以及居民使用的方便度，因此这些材料的标准应符合国家现行有关标准，卫生性能应该符合现行《生活饮用水输配水设备及防护材料的安全评价标准》（GB/T 17219—1998）。

### 3.4.2　生活饮用水管道分质直饮水卫生规范

该规范的目标是加强生活饮用水管道分质直饮水的卫生监督管理。该规范包括管道直饮水水质、水质检验、工程建设和设备、供水单位管理、从业人员等方面的卫生要求。

管道直饮水分为普通管道直饮水、管道直饮净水、管道直饮反渗透水和其他类型的管道直饮水。管道直饮水属于集中供水，其水源水应选择符合卫生标准要求、管道直饮净水用户龙头出水必须符合《饮用净水水质标准》（CJ 94—2005）和《生活饮用水卫生标准》（GB 5749—2006）的要求。管道直饮反渗透水（纯水），用户龙头出水水质必须符合《生活饮用水水质处理器卫生安全与功能评价规范——反渗透处理》的要求。其他类型的直饮水应严格按照国家有关卫生规定及该规范的规定，保证供水水质达到卫生安全的要求。

该规范除了对水质提出了要求，另在管道直饮水水质检验、管道直饮水工程和设备的卫生、管道直饮水供水单位的卫生、从业人员的卫生方面提出了要求。《管道直饮水系统技术规程》的很多方面既是在此规范的基础上发展而来，也是对该规范的细化。

## 3.5 饮用水水质标准发展趋势

### 3.5.1 世界饮用水水质标准的发展趋势

#### 3.5.1.1 对微生物指标的认识越来越深刻

世界卫生组织在日内瓦召开的修改《饮用水水质标准》会议中，就明确了修订的主导思想首先是：控制饮用水微生物的污染极端重要。饮用水中微生物引起的危害被普遍认为是威胁饮水安全的首要问题，控制微生物对饮用水安全的影响极其重要，需要高度重视微生物引起的安全风险。而当前饮水中微生物引起的危害仍被认为是威胁饮水安全的首要问题，必须充分认识微生物污染的严重性。2004 年世界卫生组织（WHO）制定的《饮用水水质准则》（第 3 版）中明确提出：无论在发展中国家还是发达国家，与饮用水有关的安全问题大多来自于微生物，并将微生物问题列为首位，其后依次是消毒、化学物质问题、放射性问题和可接受性问题。

在水质指标方面，微生物指标在许多国家水质标准中还不常见，但在美国、英国等少数发达国家已将隐孢子虫、贾第鞭毛虫、军团菌、病毒等指标，列为重要的控制项目，此外美国还把浑浊度列入微生物学指标。这种趋势以美国、英国为代表。

#### 3.5.1.2 对消毒剂及其副产物对人体健康的影响越来越重视

世界卫生组织的《饮用水水质准则》中将消毒问题列于第 2 位，仅次于微生物问题，优先于化学物问题、放射性问题和可接受性问题。美国 EPA 的《国家饮用水水质标准》中明确规定：饮水必须经过消毒。在饮水处理上，消毒对多种病原体，尤其是细菌，作用显著，但是越来越多的研究表明，在杀灭细菌，保证微生物安全的同时，消毒又带来了新的问题，那就是消毒过程中所产生的副产物对人体健康的影响问题，美国率先开展了消毒副产物方面的研究工作，确认了加氯消毒会产生有机卤化物而产生的健康风险，并专门制定了《消毒与消毒副产物条例》，对饮用水的消毒过程中可能存在的健康风险进行处理，在2001年3月颁布的水质标准中，要求自2002年1月起，饮用水中的总三卤甲烷浓度由0.1 mg/L降为0.08mg/L，并增加了卤乙酸的浓度不超过0.06mg/L的规定。水源污染迫使水厂增加消毒剂量和消毒品种类，这样大量的消毒剂及其反应物存在于水中或进入人体，将对人体产生什么影响，近年来已引起了人们的关注。这方面的指标的调整将是饮用水标准发展的一个重要趋势。

### 3.5.2 我国水质标准的发展趋势

饮用水的安全性对人体健康至关重要。了解和把握国际水质的现状与趋势，对我们重新审视和修订已沿用多年的现行国家饮用水水质标准，满足新形势下我国城乡居民对饮水水质新的需求有重要意义。我国的供水水质问题是饮用水安全的当务之急，而保证供水水质的主要手段就是严格制订和强制实施水质标准。从我国的国情出发，我国水质标准的发展方向可归结为以下几个方面：

第一，顺应国际趋势，提高我国水质的微生物学指标；我国应对微生物引发的人体健康风险给予高度重视，尤其是对隐孢子虫等肠道致病原生动物应作为重点。

第二，应继续重视对有毒有害物质标准的制定，制订标准应更为严格。

第三，应适当提高感官性指标；在达到用户可接受程度的基础上，还应从对健康的影响来理解和认识感官性指标。

第四，在制订水质标准中要开展风险效益分析。对标准中拟增减或修改的项目，应作详细调查，提供改善指标的可行净水措施，并进行效益和投入的分析，这样制订的标准才更合理，更具可行性和科学性。

# 第4章 饮用水水质分析和监测

## 4.1 水质分析基本知识

水的质量简称水质，是指水和其中所含的杂质共同表现出来的综合特性。描述水质量的参数就是水质指标，通常用水中杂质的种类、成分和数量来表示，以此作为衡量水质的标准。水质指标项目繁多，因用途的不同而各异。其中有的水质指标从名称就可以看出具体的杂质成分，如汞、镉、砷、硝酸根、氰化物、DDT、六六六等；有的水质指标反映了若干杂质成分的共同影响结果，如碱度、硬度等；有的水质指标则是许多污染杂质的综合性指标，如浑浊度、生化需氧量、化学需氧量等等。

### 4.1.1 水样的采集和保存

#### 4.1.1.1 水样的采集

供物理、化学检验用的水样的采集需根据欲测项目决定。采集的水样应均匀、有代表性以及不改变其理化特性。水样量根据欲测项目多少而不同，采集2-3L即可满足通常水质理化分析的需要。采集水样的容器，可用硬质玻璃瓶或聚乙烯瓶。一般情况下，两种都可应用。当容器对水样中某种组分有影响时，则应选择合适的容器。采样前先将容器洗净，采样时用水样冲洗3次，再将水样采集于瓶中。采集自来水时，应先放水数分钟，使积留于水管中的杂质流去，然后将水样收集于瓶中。采集地面水的水样时，可将采样器浸入水中，使采样瓶口位于水面下20~30cm，然后拉开瓶塞，使水进入瓶中。

供卫生细菌学检验用的水样的采集方法：采集前所用容器必须按照规定的办法进行灭菌，并需保证水样在运送、保存过程中不受污染。在采集自来水样时，先用酒精灯将水龙头烧灼消毒。然后把水龙头完全打开，放水5~10min后再取样。在取地面水时，应距水面10~15cm深处取样。取样前应将采样器作灭菌处理。

采集含有余氯的水样时，应在水样瓶未消毒前按每500mL水样加2mL计加入1.5%硫代硫酸钠溶液。

#### 4.1.1.2 水样的保存

各种水质的水样，从采集到分析这段时间里，由于物理的、化学的和生物的作用会发生各种变化。为了使这些变化降低到最小的程度，必须在采样时根据水样的不同情况和要求测定的项目，采取必要的保护措施，并尽可能快地进行分析（表4-1）。

表4-1　不同监测项目水样的采集、保存方法

| 项　目 | 采样容器 | 保存方法 | 保存期 | 采样量[①]/mL |
|---|---|---|---|---|
| 色、嗅、味 | G. | 4℃保存 | 24h | 250 |
| pH 值 | G. P. | 4℃保存 | 现场测定或6h 内测定 | 250 |
| 浑浊度 | G. P. | 4℃保存 | | 100 |
| 总硬度 | G. P. | $HNO_3$，$pH \leqslant 2$ | | 150 |
| 铁、锰 | G. P. | $HNO_3$，$pH \leqslant 2$ | | 200 |
| 细菌总数 | G. | | 4h 内 | 300 |
| 总大肠菌群 | G. | | 4h 内 | 50 |
| 余　氯 | G. | | 现场测定 | 50 |
| 氨　氮 | G. P. | $H_2SO_4$，$pH \leqslant 2$ | 24h | 50 |
| $NO_2^- $-N | G. P. | 0 ~ 4℃避光保存 | 24h | 50 |
| $NO_3^- $-N | G. P. | 0 ~ 4℃避光保存 | 24h | 50 |
| 耗氧量 | G. | 每升水样加 0.8mL 浓硫酸，4℃保存 | 24h | 150 |
| 氯化物 | G. P. | | | 100 |
| 微生物 | G. | 加入硫代硫酸钠至 0.2 ~ 0.5g/L 除去残余氯，4℃保存 | 12h | 250 |
| 生　物 | G. P. | 当不能现场测定时用甲醛固定，4℃保存 | 12h | 250 |

注：G. 为硬质玻璃瓶；P. 为聚乙烯瓶（桶）。
① 为单项样品的最少采样量。

保存措施可采用下列方法：

（1）选择适当材料的容器。

（2）控制溶液的 pH 值。加酸保存可防止金属形成沉淀和抑制细菌对一些项目的影响，加碱可防止氰化物等组分挥发。

（3）加入化学试剂抑制氧化还原反应和生化作用。

（4）冷藏或冷冻以降低细菌活性和化学反应速度。

需要加保存剂的水样一般应先将保存剂加入瓶中。

## 4.1.2　水质监测指标分类及意义

### 4.1.2.1　水质监测指标分类

水质参数是用于表示水环境质量优劣程度和变化趋势的特征指标，在评价水

体污染程度时，选取的参数可分为物理、化学和生物参数三种。物理性参数大部分反映特定的水质状况或水质的一个侧面。如水的浑浊度、透明度、色度、嗅、味、水温等。化学性参数大多反映水体的单项特征，如微量有害化学元素的含量、农药及其他无机或有机化合物的含量等。生物性参数可综合反映水体的质量情况。

饮用水水质监测指标可分为：感官性状和一般化学指标、毒理学指标、细菌学指标和与消毒有关的指标，具体如表 4-2 所示。

表 4-2　饮用水水质监测指标分类

| 指 标 类 型 | 监 测 指 标 |
|---|---|
| 感官性状和一般化学指标 | 色度（倍）、浑浊度（NTU）、嗅和味（描述）、肉眼可见物、pH 值、铁（mg/L）、锰（mg/L）、氯化物（mg/L）、硫酸盐（mg/L）、溶解性总固体（mg/L）、总硬度（以 $CaCO_3$ 计，mg/L）、耗氧量（mg/L）、氨氮（mg/L） |
| 毒理学指标 | 砷（mg/L）、氟化物（mg/L）、硝酸盐（以 N 计，mg/L） |
| 细菌学指标 | 菌落总数（CFU/mL）、总大肠菌群（MPN/100mL）、耐热大肠菌群（MPN/100mL） |
| 与消毒有关的指标 | 应根据水消毒所用消毒剂的种类选择监测指标，如游离余氯（mg/L）、臭氧（mg/L）、二氧化氯（mg/L）等 |

#### 4.1.2.2　水质监测指标含义

#### A　感官性状和一般化学指标

饮用水水质监测的感官性状和一般化学指标如表 4-3～表 4-14 所示。

表 4-3　色度

| | |
|---|---|
| 定　义 | 当水中存在某些物质时，表现出一定颜色的程度 |
| 来　源 | 溶于水的腐殖质、有机物或无机物质所产生的颜色 |
| 分　类 | 可分为真色和表色两种，真色是指去除悬浮物后水的颜色，表色为未去除悬浮物的水所具有的颜色 |
| 测定方式 | 铂钴标准比色法、稀释倍数法、分光光度法 |
| 意　义 | 是评价感官质量的一个重要指标 |
| 标准限值 | 饮用水水质标准规定色度不超过硬 15 度 |
| 超标危害 | 水中带色物质本身没有明显的健康危害 |
| 处理方式 | 洁净的江河水色度通常在 15～25 度左右，湖泊水可达 50～60 度甚至更高。自来水厂通常采用混凝、沉淀和过滤工艺可去除色度 |

#### 表4-4　浑浊度

| | |
|---|---|
| 定　义 | 指水中悬浮物对光线透过时所发生的阻碍程度 |
| 来　源 | 由于水中含有悬浮及胶体状态的泥沙、黏土、细微的有机物和无机物、可溶性带色有机物以及浮游生物和其他微生物，使得原本无色、无味、透明的水产生浑浊现象 |
| 测定方式 | 分光光度法、目视比浊法、浊度计测定法 |
| 意　义 | 是衡量水质良好程度的重要指标之一 |
| 标准限值 | 饮用水水质标准规定色度不超过硬3度 |
| 超标危害 | 高于10度时人会感到水质混浊。低的浑浊度对去除可能存在于水中的某些化学物质和细菌、病毒，提高消毒效果有积极作用 |
| 处理方式 | 自来水厂通常采用混凝、沉淀和过滤工艺可去除色度 |

#### 表4-5　臭和味

| | |
|---|---|
| 定　义 | 嗅气和尝味 |
| 来　源 | 水生植物或微生物的繁殖和衰亡、有机物腐败分解、溶解气体 $H_2S$ 等、溶解的矿物盐或混入的泥土、饮用水消毒过程的余氯等 |
| 测定方式 | 嗅气味和尝味法 |
| 意　义 | 是衡量水质良好程度的重要指标之一 |
| 超标危害 | 臭和味超标会给人一种厌恶的感觉 |

#### 表4-6　pH值

| | |
|---|---|
| 定　义 | 氢离子浓度倒数的对数 |
| 来　源 | 跟水接触的岩石和土壤的酸碱程度有关 |
| 测定方式 | 玻璃电极法 |
| 标准限值 | pH值在6.5~8.5之间 |
| 超标危害 | pH值过高或过低会腐蚀管道系 |
| 处理方式 | 自来水厂通常采用澄清和消毒工艺过程控制pH值 |

#### 表4-7　铁

| | |
|---|---|
| 定　义 | 铁是一种化学元素，化学符号是Fe，它的原子序数是26，是人体的必需元素 |
| 来　源 | 铁以多种形式存在于天然水，可能以胶粒或可见的颗粒悬浮液体中，或与其他矿物或有机物以络合物存在 |
| 测定方式 | 火焰原子吸收分光光度法、邻菲啰啉分光光度法 |
| 标准限值 | 饮用水水质标准规定限值为0.3mg/L |
| 超标危害 | 铁能促进管网中铁细菌的生长，在管网内壁形成黏性膜。会使衣服、器皿着色和形成令人反感的沉淀或异味 |

**表4-8 锰**

| 定义 | 锰是地壳中较为丰富的元素之一，化学符号是 Mn，常和铁结合在一起 |
| --- | --- |
| 来源 | 锰一般和铁是相生相伴的，地面水和地下水中锰的质量浓度可以达到每升几毫克 |
| 测定方式 | 高碘酸钾分光光度法、火焰原子吸收分光光度法、甲醛肟光度法 |
| 意义 | 高浓度锰会对人体健康造成影响 |
| 标准限值 | 锰基于健康的质量浓度限值为 0.4mg/L |
| 超标危害 | 锰的质量浓度超过 0.1mg/L，会使饮用水发出令人不快的味道，并使器皿和洗涤的衣服着色。锰浓度偏高会在水管内壁形成一层被覆物，并随水流流出，造成黑色沉淀 |

**表4-9 氯化物**

| 定义 | 在无机化学领域里是指带负电的氯离子和其他元素带正电的阳离子结合而形成的盐类化合物。几乎所有的水中都存在氯化物。水中的氯化物是水中最稳定的组分之一，常与钠结合，较少与钾、钙、镁结合 |
| --- | --- |
| 来源 | 包括天然矿物沉积物、海水入侵、农业或灌溉排水、城市采用氯化物盐类融化冰雪后的径流、生活污水、工业废水等 |
| 测定方式 | 硝酸银滴定法、硝酸汞滴定法、离子色谱法 |
| 意义 | 大多数河流和湖泊水的氯化物浓度低于 50mg/L，当水中的氯化物含量明显升高时，则预示水质受到了污染 |
| 标准限值 | 饮用水水质标准规定限值为250mg/L |
| 超标危害 | 饮用水中过高氯化物增加铸铁、钢及其他金属管道的腐蚀速度，味觉敏感的人在氯化物低至 150mg/L 时就可觉察；当大于250mg/L 时可产生明显的咸味 |
| 处理方式 | 一般来说，常规的水处理过程无法去除氯化物，须采用脱盐工艺 |

**表4-10 硫酸盐**

| 定义 | 是金属元素阳离子（包括铵根）和硫酸根相化合而成的盐类 |
| --- | --- |
| 来源 | 其主要来源是地层矿物质的硫酸盐，多以硫酸钙、硫酸镁的形态存在；石膏、其他硫酸盐沉积物的溶解；海水入侵，亚硫酸盐和硫代硫酸盐等在充分曝气的地面水中氧化，以及生活污水、化肥、含硫地热水、矿山废水、制革、纸张制造中使用硫酸盐或硫酸的工业废水等可以使饮用水中硫酸盐含量增高 |
| 测定方式 | 重量法、火焰原子吸收分光光度法、铬酸钡光度法、离子色谱法 |
| 标准限值 | 目前饮用水的标准中没有一个基于其毒性的限值。在考虑了硫酸盐可能对口感和胃肠道造成的影响，我国《生活饮用水卫生标准》（GB 5749—2006）中小型集中式供水和分散式供水中硫酸盐的标准定为不超过 300mg/L |
| 超标危害 | 在大量摄入硫酸盐后出现的最主要的生理反应是腹泻、脱水和胃肠道紊乱 |

**表 4-11　溶解性总固体**

| 定　义 | 溶解性总固体（TDS）是溶解在水里的无机盐和有机物的总称。其主要成分有钙、镁、钠、钾离子和碳酸离子、碳酸氢离子、氯离子、硫酸离子和硝酸离子 |
| --- | --- |
| 来　源 | 饮用水中溶解性总固体主要包括氯化物、硫酸盐、碳酸盐、钠、镁和钙 |
| 测定方式 | 重量法等 |
| 标准限值 | 各国生活饮用水水质标准规定 TDS 的限值在 1000mg/L，我国《生活饮用水卫生标准》（GB 5749—2006）小型集中式供水和分散式供水中溶解性总固体的限制标准为 1500mg/L |
| 超标危害 | 饮用水中过多的溶解固体可能导致味道差和腐蚀或沉积覆盖配水系统，水中高浓度的溶解性总固体可造成水味不良和给水设备结垢 |

**表 4-12　总硬度**

| 定　义 | 硬度主要是指水中钙、镁离子的含量。硬度分为碳酸盐硬度及非碳酸盐硬度。碳酸盐硬度主要是由钙、镁的重碳酸盐所形成，也能含有少量的碳酸盐，经过加热煮沸可以沉淀除去，也称为暂时性硬度。非碳酸盐硬度是由钙、镁的硫酸盐或氯化物所形成，用加热煮沸的方法不能除去，也称为永久性硬度。碳酸盐硬度和非碳酸盐硬度的总和称为总硬度 |
| --- | --- |
| 来　源 | 水中的钙、镁离子主要来源于土壤和岩石中的钙镁盐类的溶解。当水中二氧化碳含量较多时，能促进钙、镁的溶解 |
| 测定方式 | 络合滴定法等。 |
| 标准限值 | 各国生活饮用水水质标准规定总硬度的限量值在 450mg/L，我国标准规定小型集中式供水和分散式供水中总硬度的限制标准为 550mg/L |
| 超标危害 | 硬度过高的水会引起肠胃不适、导致锅炉和热水系统形成水垢、不利于人们生活中的洗涤和烹饪 |
| 处理方式 | |

**表 4-13　有机物含量综合指标——耗氧量**

| 定　义 | 用生化需氧量（英文缩写 BOD）和化学需氧量（英文缩写 COD）来间接表示水中有机物污染的指标。只有当某些有机物具有毒性，需要加以控制时才分别测定其含量 |
| --- | --- |
| 分　类 | BOD—生化需氧量，指水中有机物由于微生物的生化作用进行氧化分解，使之无机化或气体化时所消耗水中溶解氧的总数量。<br>COD—化学需氧量，是以化学方法测定水样中需要被氧化的还原性物质的量。水样在一定条件下，以氧化 1L 水样中还原性物质所消耗的氧化剂的量为指标，折算成每升水样全部被氧化后，需要的氧的毫克数，以 mg/L 表示。它反映了水中受还原性物质污染的程度。<br>TOD—总需氧量，在高温下燃烧后，有机物中的主要元素是 C、H、O、N、S，将分别产生 $CO_2$、$H_2O$、$NO_2$ 和 $SO_2$，所消耗的氧量称为总需氧量 TOD，TOD 的值一般大于 COD 的值。<br>TOC—总有机碳，通过测定废水中的总含碳量可以表示有机物含量 |

| | |
|---|---|
| 来　源 | 水中还原性物质包括有机物、亚硝酸盐、亚铁盐、硫化物等 |
| 测定方式 | 稀释与接种法、高锰酸钾法、重铬酸盐法，另外还有新兴的生物传感器法和测压法等 |
| 意　义 | $COD_{Cr}$ 能够比较完全地表示水中有机物的含量 |
| 标准限值 | 化学需氧量标准限值为 10mg/L，生化需氧量标准限值为 2mg/L |
| 超标危害 | |
| 处理方式 | |

表 4-14　氨氮

| | |
|---|---|
| 定　义 | 氨氮是指水中以游离氨（$NH_3$）和铵离子（$NH_4$）形式存在的氮 |
| 来　源 | 水中氨氮主要来源于生活污水中含氮有机物，含氮有机物经氨化菌分解生成氨，其次是来源于某些工业废水，再次是缺氧条件下硝酸盐在反硝化菌作用下还原为氨 |
| 测定方式 | 纳氏试剂比色法、水杨酸分光光度法 |
| 意　义 | 水中氨氮是影响感官水质指标因素之一 |
| 标准限值 | WHO《饮用水水质准则》（第 2 版）：氨在水中的嗅阈值约为 1.5mg/L，铵离子在水中的味阈值为 35mg/L |
| 超标危害 | 在供水系统中氨氮的存在会降低消毒效果，造成过滤除锰失败，引起嗅和味的问题。氨只有在摄入量超过人体解毒能力时才对健康人体有毒性。氨本身不是一种致癌物质，但氨在水处理过程（特别是滤池过滤）和管道中，经亚硝化菌作用，生成亚硝酸盐 |
| 处理方式 | |

## B　毒理学指标

饮用水水质监测的毒理学指标如表 4-15 ~ 表 4-17 所示。

表 4-15　氟化物

| | |
|---|---|
| 定　义 | 指含氟为 −1 氧化态的二元化合物 |
| 来　源 | 氟化物广泛存在于自然水体中 |
| 测定方式 | 氟试剂分光光度法、离子选择电极法、离子色谱法 |
| 标准限值 | 在《生活饮用水卫生标准》（GB 5749—2006）规定的限值为 1.0mg/L，在小型集中式供水和分散式供水的水质为 1.2mg/L |
| 超标危害 | 适量的氟被认为是对人体有益元素，有利于预防龋齿发生。摄入量过多对人体有害，可致急、慢性中毒（慢性中毒的主要表现为氟斑牙和氟骨症） |

**表 4-16　砷**

| 定　义 | 元素符号 As，原子序数 33 |
|---|---|
| 来　源 | 饮用水中砷主要存在于地下水中，来自天然存在的矿物和自矿石溶出 |
| 测定方式 | 二乙基二硫代氨基甲酸银分光光度法、冷原子荧光法 |
| 标准限值 | 《生活饮用水卫生标准》（GB 5749—2006）规定：砷的限值是 0.01mg/L，在小型集中式供水和分散式供水中砷的限值为 0.05mg/L |
| 超标危害 | 资料尚不能证明砷是人体必需的元素。砷是饮水中一种重要的污染物，是少数几种会通过饮用水使人致癌的物质之一 |

**表 4-17　硝酸盐**

| 定　义 | 由金属离子和硝酸根离子组成的化合物 |
|---|---|
| 来　源 | 硝酸盐和亚硝酸盐是自然存在的离子，是氮循环的组成部分 |
| 测定方式 | 酚二磺酸分光光度法、紫外分光光度法、离子色谱法 |
| 标准限值 | 饮用水中的硝酸盐氮含量不得超过 10mg/L；在特殊情况下（在某些地区，地下水中含硝酸盐含量高），允许限值为 20mg/L |
| 超标危害 | 一般认为，若地面水中亚硝酸盐和氨的水平升高，表明已发生污水污染。高浓度的硝酸盐，特别是饮用水中的亚硝酸盐，可导致高铁血红蛋白症。婴幼儿、儿童和孕妇是高铁血红蛋白症的易感者 |

C　微生物指标

水源水、饮用水中往往含有一定量的细菌、病毒和病原原生动物等病原体，而经由水传播疾病的暴发大多数情况是由病原体引起。因此，对水体进行细菌学指标检测是保证水质、保护人民健康的必然要求。《生活饮用水卫生标准》（GB 5749—2006）规定的常规检验微生物指标共 4 项，其中菌落总数可以作为评价水质清洁程度和考核净化效果；大肠菌群指示水体中存在肠道传染病的可能性。总大肠菌群主要包括 4 个菌属：埃希氏菌属、柠檬酸菌属、克雷伯菌属和肠杆菌属。这些菌属可以在人、牲畜粪便中检出，有的也可以在营养丰富的水体中检出，即在非粪便污染的情况下，也有检出这些细菌的可能性。耐热大肠菌群组成与大肠菌群组成相同，但主要组成是埃希菌属，在此菌属中与人类生活密切相关的仅有一个种，即大肠埃希氏菌。柠檬酸菌属、克雷伯菌属和肠杆菌属所占数量较少。作为粪便污染的指示菌，大肠埃希氏菌检出的意义最大，其次是粪大肠菌群。

饮用水水质监测的微生物指标如表 4-18 ~ 表 4-20 所示。

**表 4-18　菌落总数**

| | |
|---|---|
| 定　义 | 菌落总数就是指在一定条件下（如需氧情况、营养条件、pH 值、培养温度和时间等）每克（每毫升）检样所生长出来的细菌菌落总数 |
| 测定方式 | 细菌菌落总数（CFU）是指 1mL 水样在营养琼脂培养基中，于 37℃培养 24h 后所生长的腐生性细菌菌落总数 |
| 意　义 | 水中菌落总数可以作为评价水质清洁程度和考核净化效果的指标 |
| 标准限值 | 我国《生活饮用水卫生标准》（GB 5749—2006）规定菌落总数的限值是 100CFU/mL，在小型集中式供水和分散式供水中菌落总数的限值为 500CFU/mL |
| 处理方式 | 我国各地出厂的水质只要认真进行净化和消毒，都能达到此标准要求 |

**表 4-19　总大肠菌群**（MPN/100mL）

| | |
|---|---|
| 定　义 | 需氧及兼性厌氧、在 37℃能分解乳糖产酸产气的革兰氏阴性无芽孢杆菌 |
| 分　类 | 一般认为该菌群细菌可包括大肠埃希氏菌、柠檬酸杆菌、产气克雷白氏菌和阴沟肠杆菌等 |
| 来　源 | 大肠菌群分布较广，主要来自人和温血动物粪便，还可能来自植物和土壤 |
| 测定方式 | 多管发酵法、滤膜法 |
| 意　义 | 总大肠菌群是评价饮用水卫生质量的重要微生物指标之一 |
| 标准限值 | 我国《生活饮用水卫生标准》（GB 5749—2006）规定，任意 100mL 水样中不得检出总大肠菌群 |

**表 4-20　耐热大肠菌群**（粪大肠菌群）

| | |
|---|---|
| 定　义 | 粪大肠菌群是大肠菌群的一种，又名耐热大肠菌群。是生长于人和温血动物肠道中的一组肠道细菌，随粪便排出体外，约占粪便干重的 1/3 以上，故称为粪大肠菌群 |
| 来　源 | 耐热大肠菌群来源于人和温血动物粪便，是水质粪便污染的重要指示菌。检出耐热大肠菌群表明饮水已被粪便污染，有可能存在肠道致病菌和寄生虫等病原体的危险 |
| 测定方式 | 多管发酵法、滤膜法 |
| 意　义 | 粪大肠菌群细菌在卫生学上具有重要的意义 |
| 标准限值 | 我国《生活饮用水卫生标准》（GB 5749—2006）规定每 100mL 水样中不得检出耐热大肠菌群 |

另外还有消毒副产物，即消毒剂与原水中的有机或无机组分可发生反应，形成低浓度的化合物的统称，也是水质分析的重要指标。

## 4.2 水质指标测定方法和标准

### 4.2.1 水质分析方法

水质分析方法如图 4-1 所示，可分为化学分析、仪器分析和物理特性、在线分析等。根据水质监测指标和使用场合的不同，进行不同分析方法的选择。

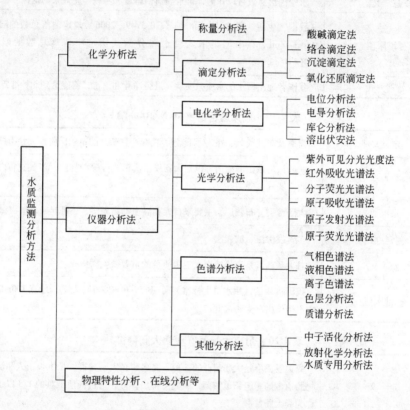

图 4-1 水质分析方法分类

### 4.2.2 水质分析标准

水质分析标准可分为饮用水水质标准和水源水质标准两大类，分别适用于《生活饮用水卫生标准》（GB 5749—2006）、《地表水环境质量标准》（GB 3838—2002）和《地下水质量标准》（GB/T 14848—1993）。

《生活饮用水卫生标准》（GB 5749—2006）中规定的常规和非常规饮用水指标分别为 28 项和 64 项，分为微生物学指标、毒理学指标、感官性状和一般化学指标、放射性指标等。

《地表水环境质量标准》（GB 3838—2002）中标准项目共计 109 项，其中地表水环境质量标准基本项目24项、集中式生活饮用水地表水源地水质补充项目5项（表4-21）、集中式生活饮用水地表水源地特定项目80项（表4-22）。依据地表水水域环境功能和保护目标，按功能高低依次划分为5类：Ⅰ类主要适用于源头水、国家自然保护区；Ⅱ类主要适用于集中式生活饮用水地表水源地一级保护区、珍稀水生生物栖息地、鱼虾类产场、仔稚幼鱼的索饵场等；Ⅲ类主要适用于集中式生活饮用水地表水源地二级保护区、鱼虾类越冬场、洄游通道、水产养殖区等渔业水域及游泳区；Ⅳ类主要适用于一般工业用水区及人体非直接接触的娱乐用水区；Ⅴ类主要适用于农业用水区及一般景观要求水域。

《地下水质量标准》（GB/T 14848—1993）中规定了39项水质指标，根据地下水各指标的含量特征，将水质分为5类，是地下水质量评价的基础。

**表4-21 集中式生活饮用水地表水源地水质项目分析方法**

| 序号 | 项 目 | 分 析 方 法 | 最低检出限/mg·L⁻¹ | 方法来源 |
|------|-------|-------------|-------------------|----------|
| 1 | 水 温 | 温度计法 | | GB 13195—1991 |
| 2 | pH 值 | 玻璃电极法 | | GB 6920—1986 |
| 3 | 溶解氧 | 碘量法 | 0.2 | GB 7489—1987 |
| | | 电化学探头法 | | GB 11913—1989 |
| 4 | 高锰酸盐指数 | | 0.5 | GB 11892—1989 |
| 5 | 化学需氧量 | 重铬酸盐法 | 10 | GB 11914—1989 |
| 6 | 五日生化需氧量 | 稀释与接种法 | 2 | GB 7488—1987 |
| 7 | 氨 氮 | 纳氏试剂比色法 | 0.05 | GB 7479—1987 |
| | | 水杨酸分光光度法 | 0.01 | GB 7481—1987 |
| 8 | 总 磷 | 钼酸铵分光光度法 | 0.01 | GB 11893—1989 |
| 9 | 总 氮 | 碱性过硫酸钾消解紫外分光光度法 | 0.05 | GB 11894—1989 |
| 10 | 铜 | 2,9-二甲基-1,10-邻菲罗啉分光光度法 | 0.06 | GB 7473—1987 |
| | | 二乙基二硫代氨基甲酸钠分光光度法 | 0.01 | GB 7474—1987 |
| | | 原子吸收分光光度法（螯合萃取法） | 0.001 | GB 7475—1987 |
| 11 | 锌 | 原子吸收分光光度法 | 0.05 | GB 7475—1987 |
| 12 | 氟化物 | 氟试剂分光光度法 | 0.05 | GB 7483—1987 |
| | | 离子选择电极法 | 0.05 | GB 7484—1987 |
| | | 离子色谱法 | 0.02 | HJ/T 84—2001 |

第 4 章　饮用水水质分析和监测

续表4-21

| 序号 | 项目 | 分析方法 | 最低检出限/mg·L$^{-1}$ | 方法来源 |
|---|---|---|---|---|
| 13 | 硒 | 2,3-二氨基萘荧光法 | 0.00025 | GB 11902—1989 |
| | | 石墨炉原子吸收分光光度法 | 0.003 | GB/T 15505—1995 |
| 14 | 砷 | 二乙基二硫代氨基甲酸银分光光度法 | 0.007 | GB 7485—1987 |
| | | 冷原子荧光法 | 0.00006 | ① |
| 15 | 汞 | 冷原子吸收分光光度法 | 0.00005 | GB 7468—1987 |
| | | 冷原子荧光法 | 0.00005 | ① |
| 16 | 镉 | 原子吸收分光光度法（螯合萃取法） | 0.001 | GB 7475—1987 |
| 17 | 铬（六价） | 二苯碳酰二肼分光光度法 | 0.004 | GB 7467—1987 |
| 18 | 铅 | 原子吸收分光光度法（螯合萃取法） | 0.01 | GB 7475—1987 |
| 19 | 氰化物 | 异烟酸-吡唑啉酮比色法 | 0.004 | GB 7487—1987 |
| | | 吡啶-巴比妥酸比色法 | 0.002 | |
| 20 | 挥发酚 | 蒸馏后4-氨基安替比林分光光度法 | 0.002 | GB 7490—1987 |
| 21 | 石油类 | 红外分光光度法 | 0.01 | GB/T 16488—1996 |
| 22 | 阴离子表面活性剂 | 亚甲蓝分光光度法 | 0.05 | GB 7494—1987 |
| 23 | 硫化物 | 亚甲基蓝分光光度法 | 0.005 | GB/T 16489—1996 |
| | | 直接显色分光光度法 | 0.004 | GB/T 17133—1997 |
| 24 | 粪大肠菌群 | 多管发酵法、滤膜法 | | ① |
| 25 | 硫酸盐 | 重量法 | 10 | GB 11899—1989 |
| | | 火焰原子吸收分光光度法 | 0.4 | GB 13196—1991 |
| | | 铬酸钡光度法 | 8 | ① |
| | | 离子色谱法 | 0.09 | HJ/T 84—2001 |
| 26 | 氯化物 | 硝酸银滴定法 | 10 | GB 11896—1989 |
| | | 硝酸汞滴定法 | 2.5 | ① |
| | | 离子色谱法 | 0.02 | HJ/T 84—2001 |
| 27 | 硝酸盐 | 酚二磺酸分光光度法 | 0.02 | GB 7480—1987 |
| | | 紫外分光光度法 | 0.08 | ① |
| | | 离子色谱法 | 0.08 | HJ/T 84—2001 |

| 序号 | 项 目 | 分 析 方 法 | 最低检出限/mg·L$^{-1}$ | 方法来源 |
|---|---|---|---|---|
| 28 | 铁 | 火焰原子吸收分光光度法 | 0.03 | GB 11911—1989 |
| | | 邻菲罗啉分光光度法 | 0.03 | ① |
| 29 | 锰 | 高碘酸钾分光光度法 | 0.02 | GB 11906—1989 |
| | | 火焰原子吸收分光光度法 | 0.01 | GB 11911—1989 |
| | | 甲醛肟光度法 | 0.01 | ① |

① 暂采用《水和废水监测分析方法》(第3版),中国环境科学出版社,1989 年,待国家标准发布后,执行国家标准。

**表 4-22 集中式生活饮用水地表水源地特定项目分析方法**

| 序号 | 项 目 | 分 析 方 法 | 最低检出限/mg·L$^{-1}$ | 方法来源 |
|---|---|---|---|---|
| 1 | 三氯甲烷 | 顶空气相色谱法 | 0.0003 | GB/T 17130—1997 |
| | | 气相色谱法 | 0.0006 | ① |
| 2 | 四氯化碳 | 顶空气相色谱法 | 0.00005 | GB/T 17130—1997 |
| | | 气相色谱法 | 0.0003 | ① |
| 3 | 三溴甲烷 | 顶空气相色谱法 | 0.001 | GB/T 17130—1997 |
| | | 气相色谱法 | 0.006 | ① |
| 4 | 二氯甲烷 | 顶空气相色谱法 | 0.0087 | ① |
| 5 | 1,2-二氯乙烷 | 顶空气相色谱法 | 0.0125 | ① |
| 6 | 环氧氯丙烷 | 气相色谱法 | 0.02 | ① |
| 7 | 氯乙烯 | 气相色谱法 | 0.001 | ① |
| 8 | 1,1-二氯乙烯 | 吹出捕集气相色谱法 | 0.000018 | ① |
| 9 | 1,2-二氯乙烯 | 吹出捕集气相色谱法 | 0.000012 | ① |
| 10 | 三氯乙烯 | 顶空气相色谱法 | 0.0005 | GB/T 17130—1997 |
| | | 气相色谱法 | 0.003 | ① |
| 11 | 四氯乙烯 | 顶空气相色谱法 | 0.0002 | GB/T 17130—1997 |
| | | 气相色谱法 | 0.0012 | ① |
| 12 | 氯丁二烯 | 顶空气相色谱法 | 0.002 | ① |
| 13 | 六氯丁二烯 | 气相色谱法 | 0.00002 | ① |
| 14 | 苯乙烯 | 气相色谱法 | 0.01 | ① |
| 15 | 甲 醛 | 乙酰丙酮分光光度法 | 0.05 | GB 13197—1991 |
| | | 4-氨基-3-联氨-5-巯基-1,2,4-三氮杂茂(AHMT)分光光度法 | 0.05 | ① |
| 16 | 乙 醛 | 气相色谱法 | 0.24 | ① |

续表 4-22

| 序号 | 项目 | 分析方法 | 最低检出限/mg·L⁻¹ | 方法来源 |
|---|---|---|---|---|
| 17 | 丙烯醛 | 气相色谱法 | 0.019 | ① |
| 18 | 三氯乙醛 | 气相色谱法 | 0.001 | ① |
| 19 | 苯 | 液上气相色谱法 | 0.005 | GB 11890—1989 |
| | | 顶空气相色谱法 | 0.00042 | ① |
| 20 | 甲苯 | 液上气相色谱法 | 0.005 | GB 11890—1989 |
| | | 二硫化碳萃取气相色谱法 | 0.05 | |
| | | 气相色谱法 | 0.01 | ① |
| 21 | 乙苯 | 液上气相色谱法 | 0.005 | GB 11890—1989 |
| | | 二硫化碳萃取气相色谱法 | 0.05 | |
| | | 气相色谱法 | 0.01 | ① |
| 22 | 二甲苯 | 液上气相色谱法 | 0.005 | GB 11890—1989 |
| | | 二硫化碳萃取气相色谱法 | 0.05 | |
| | | 气相色谱法 | 0.01 | ① |
| 23 | 异丙苯 | 顶空气相色谱法 | 0.0032 | ① |
| 24 | 氯苯 | 气相色谱法 | 0.01 | HJ/T 74—2001 |
| 25 | 1,2-二氯苯 | 气相色谱法 | 0.002 | GB/T 17131—1997 |
| 26 | 1,4-二氯苯 | 气相色谱法 | 0.005 | GB/T 17131—1997 |
| 27 | 三氯苯 | 气相色谱法 | 0.00004 | ① |
| 28 | 四氯苯 | 气相色谱法 | 0.00002 | ① |
| 29 | 六氯苯 | 气相色谱法 | 0.00002 | ① |
| 30 | 硝基苯 | 气相色谱法 | 0.0002 | GB 13194—1991 |
| 31 | 二硝基苯 | 气相色谱法 | 0.2 | |
| 32 | 2,4-二硝基甲苯 | 气相色谱法 | 0.0003 | GB 13194—1991 |
| 33 | 2,4,6-三硝基甲苯 | 气相色谱法 | 0.1 | |
| 34 | 硝基氯苯 | 气相色谱法 | 0.0002 | GB 13194—1991 |
| 35 | 2,4-二硝基氯苯 | 气相色谱法 | 0.1 | ① |
| 36 | 2,4-二氯苯酚 | 电子捕获-毛细色谱法 | 0.0004 | ① |
| 37 | 2,4,6-三氯苯酚 | 电子捕获-毛细色谱法 | 0.00004 | ① |
| 38 | 五氯酚 | 气相色谱法 | 0.00004 | GB 8972—1988 |
| | | 电子捕获-毛细色谱法 | 0.000024 | ① |
| 39 | 苯胺 | 气相色谱法 | 0.002 | ① |
| 40 | 联苯胺 | 气相色谱法 | 0.0002 | ① |
| 41 | 丙烯酰胺 | 气相色谱法 | 0.00015 | ① |

| 序号 | 项 目 | 分析方法 | 最低检出限/mg·L$^{-1}$ | 方法来源 |
|---|---|---|---|---|
| 42 | 丙烯腈 | 气相色谱法 | 0.1 | ① |
| 43 | 邻苯二甲酸二丁酯 | 液相色谱法 | 0.0001 | HJ/T 72—2001 |
| 44 | 邻苯二甲酸二（2-乙基己基）酯 | 气相色谱法 | 0.0004 | ① |
| 45 | 水合肼 | 对二甲氨基苯甲醛直接分光光度法 | 0.005 | ① |
| 46 | 四乙基铅 | 双硫腙比色法 | 0.0001 | ① |
| 47 | 吡啶 | 气相色谱法 | 0.031 | GB/T 14672—1993 |
| 47 | 吡啶 | 巴比土酸分光光度法 | 0.05 | ① |
| 48 | 松节油 | 气相色谱法 | 0.02 | ① |
| 49 | 苦味酸 | 气相色谱法 | 0.001 | ① |
| 50 | 丁基黄原酸 | 铜试剂亚铜分光光度法 | 0.002 | ① |
| 51 | 活性氯 | N,N-二乙基对苯二胺（DPD）分光光度法 | 0.01 | ① |
| 51 | 活性氯 | 3,3',5,5'-四甲基联苯胺比色法 | 0.005 | ① |
| 52 | 滴滴涕 | 气相色谱法 | 0.0002 | GB 7492—1987 |
| 53 | 林丹 | 气相色谱法 | $4 \times 10^{-6}$ | GB 7492—1987 |
| 54 | 环氧七氯 | 液液萃取气相色谱法 | 0.000083 | ① |
| 55 | 对硫磷 | 气相色谱法 | 0.00054 | GB 13192—1991 |
| 56 | 甲基对硫磷 | 气相色谱法 | 0.00042 | GB 13192—1991 |
| 57 | 马拉硫磷 | 气相色谱法 | 0.00064 | GB 13192—1991 |
| 58 | 乐果 | 气相色谱法 | 0.00057 | GB 13192—1991 |
| 59 | 敌敌畏 | 气相色谱法 | 0.00006 | GB 13192—1991 |
| 60 | 敌百虫 | 气相色谱法 | 0.000051 | GB 13192—1991 |
| 61 | 内吸磷 | 气相色谱法 | 0.0025 | ① |
| 62 | 百菌清 | 气相色谱法 | 0.0004 | ① |
| 63 | 甲萘威 | 高效液相色谱法 | 0.01 | ① |
| 64 | 溴氰菊酯 | 气相色谱法 | 0.0002 | ① |
| 64 | 溴氰菊酯 | 高效液相色谱法 | 0.002 | ① |
| 65 | 阿特拉津 | 气相色谱法 | | ② |
| 66 | 苯并（a）芘 | 乙酰化滤纸层析荧光分光光度法 | $4 \times 10^{-6}$ | GB 11895—1989 |
| 66 | 苯并（a）芘 | 高效液相色谱法 | $1 \times 10^{-6}$ | GB 13198—1991 |

| 序号 | 项　目 | 分　析　方　法 | 最低检出限/mg·L$^{-1}$ | 方法来源 |
|------|--------|----------------|----------------------|----------|
| 67 | 甲基汞 | 气相色谱法 | $1 \times 10^{-8}$ | GB/T 17132—1997 |
| 68 | 多氯联苯 | 气相色谱法 | | ② |
| 69 | 微囊藻毒素-LR | 高效液相色谱法 | 0.00001 | ① |
| 70 | 黄　磷 | 钼-锑-钪分光光度法 | 0.0025 | ① |
| 71 | 钼 | 无火焰原子吸收分光光度法 | 0.00231 | ① |
| 72 | 钴 | 无火焰原子吸收分光光度法 | 0.00191 | ① |
| 73 | 铍 | 铬菁 R 分光光度法 | 0.0002 | HJ/T 58—2000 |
| | | 石墨炉原子吸收分光光度法 | 0.00002 | HJ/T 59—2000 |
| | | 桑色素荧光分光光度法 | 0.0002 | ① |
| 74 | 硼 | 姜黄素分光光度法 | 0.02 | HJ/T 49—1999 |
| | | 甲亚胺-H 分光光度法 | 0.2 | ① |
| 75 | 锑 | 氢化原子吸收分光光度法 | 0.00025 | ① |
| 76 | 镍 | 无火焰原子吸收分光光度法 | 0.00248 | ① |
| 77 | 钡 | 无火焰原子吸收分光光度法 | 0.00618 | ① |
| 78 | 钒 | 钽试剂（BPHA）萃取分光光度法 | 0.018 | GB/T 15503—1995 |
| | | 无火焰原子吸收分光光度法 | 0.00698 | ① |
| 79 | 钛 | 催化示波极谱法 | 0.0004 | ① |
| | | 水杨基荧光酮分光光度法 | 0.02 | ① |
| 80 | 铊 | 无火焰原子吸收分光光度法 | $4 \times 10^{-6}$ | ① |

① 暂采用《生活饮用水卫生规范》（中华人民共和国卫生部，2001 年），待国家方法标准发布后，执行国家标准。

② 暂采用《水和废水标准检验法》（第 15 版），中国建筑工业出版社，1985 年，待国家方法标准发布后，执行国家标准。

### 4.2.3　水质检验方法

水质的检验方法应符合《生活饮用水检验规范》（中华人民共和国卫生部，2001 年）的规定。

集中式供水单位必须建立水质检验室，配备与供水规模和水质检验要求相适应的检验人员和仪器设备，并负责检验水源水、净化构筑物出水、出厂水和管网水的水质。自建集中式供水及二次供水的水质也应定期检验。采样点的选择和监测，检验生活饮用水的水质，应在水源、出厂水和居民经常用水点采样。城市集中式供水管网水的水质检验采样点数，一般应按供水人口每两万人设一个采样点计算。供水人口超过 100 万时，按上述比例计算出的采样点数可酌量减少。人口在 20 万以下时，应酌量增加。在全部采样点中应有一定的点数，选在水质易受污染的地点和管网系统陈旧部分等处。

每一采样点，每月采样检验应不少于两次，细菌学指标、浑浊度和肉眼可见物为必检项目。其他指标可根据当地水质情况和需要选定。对水源水、出厂水和部分有代表性的管网末梢水至少每半年进行一次常规检验项目的全分析。对于非常规检验项目，可根据当地水质情况和存在问题，在必要时具体确定检验项目和频率。当检测指标超出《生活饮用水检验规范》（中华人民共和国卫生部，2001年）中第 4.2 节的规定时，应立即重复测定，并增加监测频率。连续超标时，应查明原因，并采取有效措施，防止对人体健康造成危害。在选择水源时或水源情况有改变时，应测定常规检测项目的全部指标。具体采样点的选择，应由供水单位与当地卫生监督机构根据本地区具体情况确定。出厂水必须每天测定一次细菌总数、总大肠菌群、粪大肠菌群、浑浊度和肉眼可见物，并适当增加游离余氯的测定频率。自建集中式生活饮用水水质监测的采样点数、采样频率和检验项目，按上述规定执行。选择水源时的水质鉴定，应检测《生活饮用水检验规范》（中华人民共和国卫生部，2001 年）第 4.2 节表 1 中规定的项目及该水源可能受某种成分污染的有关项目。卫生行政部门应对水源水、出厂水和居民经常用水点进行定期监测，并应作出水质评价。

## 4.3 供水单位水质监测

### 4.3.1 水质检测要求

供水单位的水质检测应符合以下要求：（1）供水单位的水质非常规指标选择由当地县级以上供水行政主管部门和卫生行政部门协商确定；（2）城市集中式供水单位水质检测的采样点选择、检验项目和频率、合格率计算按照《城市供水水质标准》（CJ/T 206—2005）执行；（3）村镇集中式供水单位水质检测的采样点选择、检验项目和频率、合格率计算按照 SL 308 执行；（4）供水单位水质检测结果应定期报送当地卫生行政部门，报送水质检测结果的内容和办法由当地供水行政主管部门和卫生行政部门商定；（5）当饮用水水质发生异常时应及时报告当地供水行政主管部门和卫生行政部门。

### 4.3.2 水厂水质分析与监测

#### 4.3.2.1 检验类别、周期

（1）原水、出厂水水质全分析。全分析是指按国家规定的《生活饮用水卫生标准》（GB 5749—2006）的各项指标，进行全面检验。全分析要求地下水不少于每半年一次，地面水每季度或每半年一次。县镇水厂无条件进行全分析的也应委托当地有关水厂或卫生防疫站进行。

（2）原水、出厂水水质简分析。地面水每日一次，地下水每月一次。分析项目一般指色度、浊度、臭和味、肉眼可见物、pH 值、铁、锰、细菌总数、大肠菌、游离性余氯、氨氮、亚硝酸氮、氯化物、耗氧量、总硬度共计 15 项。地下水的余氯、细菌总数、大肠菌三项指标每日一次。

目前无条件进行以上分析的水厂在具备分析条件之前按时委托其他水厂或化验室进行，待有条件后还应负责所在地的各乡、村级水厂的简分析。

（3）出厂水余氯、浊度、pH 值由生产班组负责，每小时一次。

（4）管网水质（余氯）、细菌总数、大肠菌群、浊度四项指标，每星期一次。

### 4.3.2.2　检验方法

按《生活饮用水标准检验法》，水质检验方法包括定性分析检验、定量分析检验两种方法。凡水质化验人员，必须经过专业培训，掌握化验基本知识，并经考试合格方可做化验工作。

### 4.3.2.3　报告制度

（1）生产班组每日将余氯、浊度、pH 值的检验结果报告厂部水质管理人员或水质化验室（员）。

（2）水厂化验室（员）将原水和出厂水水质简分析结果和考核指标按月汇总报告厂部主管领导，如发现问题应随时汇报，并要求采取相应措施，迅速加以解决。

### 4.3.2.4　水厂水源日常水质管理

A　主要工作内容

（1）认真分析和记录取水口附近河水的浊度、pH 值及水的温度，每日一次，在水质变化频繁的季节要适当增加分析次数和内容。

（2）每月或每季对取水口附近河水的水质进行一次取样进行常规分析。分析项目包括浊度、色度、臭和味、肉眼可见物、pH 值、总碱度、氨氮、亚硝酸氮、硬度、溶解氧、耗氧量、细菌总数、大肠菌值，以及本水源有代表性的几个重要理化指标。水库、山塘与湖泊水源还要增加氮、磷。

（3）每季或每半年对取水口附近河水按《生活饮用水卫生标准》（GB 5749—2006）规定的所有项目进行一次全分析。

（4）每年对取水口上游进行水源污染调查。

（5）水库、山塘与湖泊水源每三个月还要对不同深度的水温、浊度进行一次检测，并要掌握藻类与浮游动物含量。在水质变化频繁季节，还要增加检测次数。

B　职责分工

水源水质管理的分工要明确：

（1）每日的浑浊度、pH 值及水温可由进水泵房或净化操作工人进行测定。

（2）常规分析、全分析与其他检测都应由厂化验室负责，没有化验室的由厂部责成水质管理人员委托当地卫生部门或其他有条件的水厂进行。

（3）水源污染调查由厂部负责。

（4）所有分析资料都要指定专人进行分析、整理。发现异常情况，要立即分析研究，查找原因、寻求对策。每年还要写出源水水质分析方面书面总结材料，所有资料都要存档保存。

## 4.4　水源水质分析和监测

### 4.4.1　地表水水质监测

进行监测的水质指标测试时，要求水样采集后自然沉降 30min，取上层非沉降部分按规定方法进行分析。地表水水质监测的采样布点、监测频率应符合《国家地表水环境监测技术规范》（HJ/T 91—2002）的要求。水质项目的分析方法应优先选用《地表水环境质量标准》（GB 3838—2002）中表 4～表 6 规定的方法，也可采用 ISO 方法体系等其他等效分析方法，但须进行适用性检验。集中式生活饮用水地表水源地水质超标项目经自来水厂净化处理后，必须达到《生活饮用水卫生规范》（GB 5749—2006）的要求。省、自治区、直辖市人民政府可以对本标准中未作规定的项目，制定地方补充标准，并报国务院环境保护行政主管部门备案。

#### 4.4.1.1　水源水质分析方法

为进一步做好饮用水源地保护工作，更好地完成国家环境监测任务，2009年 8 月 26 日，中国环境监测总站发布《集中式生活饮用水地表水源地特定项目分析方法》，供各监测站在地表水水质监测工作中参考。

#### 4.4.1.2　水源水质评价

地表水环境质量评价应根据应实现的水域功能类别，选取相应类别标准，进行单因子评价，评价结果应说明水质达标情况，超标的应说明超标项目和超标倍数。丰、平、枯水期特征明显的水域，应分水期进行水质评价。集中式生活饮用水地表水源地水质评价的项目应包括《地表水环境质量标准》（GB 3838—2002）中的基本项目、补充项目以及由县级以上人民政府环境保护行政主管部门从特定项目表中选择确定的项目。

### 4.4.2　地下水水质监测

各地区应对地下水水质进行定期检测。检验方法，按国家标准《生活饮用水标准检验方法》（GB 5750—2006）执行。地下水监测部门，应在不同质量类别的地下水域设立监测点进行水质监测，监测频率不得少于每年二次（丰、枯水期)。监测项目为：pH 值、氨氮、硝酸盐、亚硝酸盐、挥发性酚类、氰化物、砷、汞、铬（六价）、总硬度、铅、氟、镉、铁、锰、溶解性总固体、高锰酸盐指数、硫酸盐、氯化物、大肠菌群，以及反映本地区主要水质问题的其他项目。

## 4.5　输配水管网水质监测

出厂水在通过复杂的管网系统输送到用户的过程中，由于内部或者外部的污染因素水质有可能发生恶化。在管网中设置监测点而监控整个管网的水质状况是保证供水安全的一种有效方法。目前水质监测点的选取一般为消火栓、蓄水池加压站、商业建筑、公共建筑、民用建筑等，其中商业建筑和民用建筑取样频率最高，主要考虑到其取样的方便性，如何合理地选择水质监测点仍然是研究的热点。

# 第5章 饮用水常规处理技术及其发展

饮用水的处理技术可分为水源取水技术、混凝、沉淀、过滤、消毒等常规水处理技术、除铁除锰除藻技术等预处理技术、臭氧活性炭和膜法等深度处理技术，另外还有水处理药剂与消毒技术、水厂排泥水处理技术、输水及管网技术，以及自动控制与信息技术等（图5-1）。本章主要介绍饮用水的常规处理技术及其发展，预处理和深度处理工艺在后续章节中进行介绍。

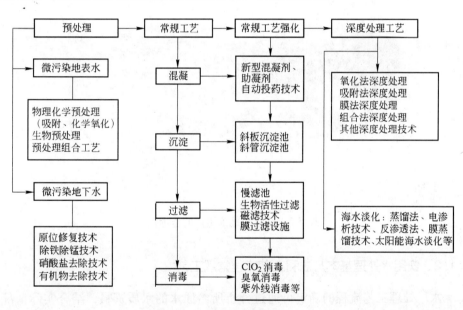

图 5-1　饮用水处理技术分类

对于不受污染的天然地表水源，饮用水的处理对象主要是去除水中悬浮物、胶体和致病微生物，常规混凝→沉淀→过滤→消毒的饮用水处理工艺即可将其处理至饮用水标准。强化常规处理工艺是在维持原有常规处理设施的基础上，通过强化混凝、强化沉淀和强化过滤等措施，提高原水中色度、浊度和有机污染物的去除。由于我国很多自来水厂都采取常规处理工艺，强化常规处理工艺由于工程量和投资较小，是提高饮用水水质的有效方法。

## 5.1　给水处理工艺现状

### 5.1.1　给水系统构成

当天然水杂质含量超标，就必须通过必要的处理方法，使水质达到生活饮用或工业生产所要求的水质标准。其处理方法应根据水源水质和用户对水质的要求确定。饮用水从水源地到终端用户的全过程如图 5-2 所示，包括取水工程、输水工程、水处理设施、配水池、配水管网和给水管。首先必须把水源从江河湖泊中抽取到水厂（不同的地区取水口是不同的，水源直接影响着一个地区的饮水质量）；然后经过沉淀、过滤、消毒、入库（清水库），再由送水泵高压输入自来水管道，最终分流到用户龙头。整个过程要经过多次水质化验，有的地方还要经过二次加压、二次消毒才能进入用户家庭。

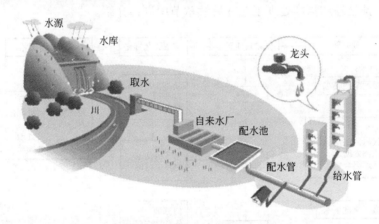

图 5-2　从水源地到用户的全过程

### 5.1.2　饮用水处理基本方法和工艺流程常规工艺

水厂处理工艺流程的确定可通过分析所给原水的水质资料，结合实际情况，根据采用的生活饮用水的水质标准，采用相关工艺流程。图 5-3 所示为典型的采用原水→混合→反应池→沉淀→滤池→清水池→二级泵房→用户的饮用水水处理工艺流程示意图。

### 5.1.3　饮用水处理工艺选择

饮用水的常规处理工艺如图 5-4 所示。

#### 5.1.3.1　原水浊度去除工艺

优化选择水处理工艺流程，是水处理效果好坏的先决条件。如某水厂原水水

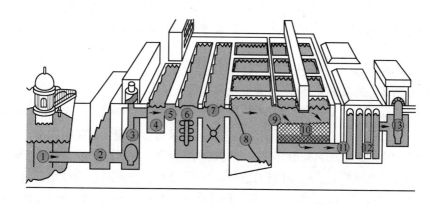

图5-3 某水厂处理工艺

1—取水口；2—集水井；3—取水泵房；4，5—初沉池；6—混合池；7—絮凝池；8—沉淀池；
9—加药设备；10—过滤池；11—消毒设施；12—净水池；13—泵房

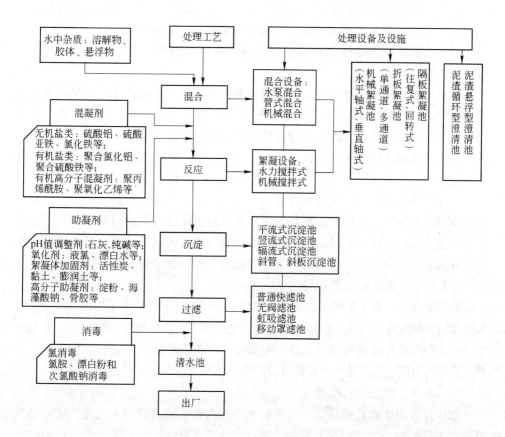

图5-4 饮用水的常规处理工艺

质指标达到《地表水环境质量标准》（GB 3838—2002）中的 II 类水质标准，因此仅需常规处理便可达到生活饮用水水质标准。如原水浊度较大，则在水厂的处理流程设计中应考虑设置预沉池。水厂设计中设置超越预沉池的措施，在原水低浊度时超越预沉池，直接进入后续处理工序。

### 5.1.3.2 混凝药剂和投加方式选择

为了去除水中的悬浮物、胶体杂质，须向水中投加凝聚剂。凝聚剂能生成高价正离子，通过静电引力、范德华引力、共价键、氢键等物理化学吸附作用，中和胶体所带电荷压缩扩散层，使胶体失去稳定性相互凝聚。同时由于凝聚剂溶于水后形成多核多羟基高聚物具有线型结构，对水中的胶体颗粒有强烈吸附作用，而使胶体颗粒相互黏结增大形成絮凝体，另外絮凝体在沉淀过程中还能吸附卷带未被吸附的胶体、中性颗粒及部分溶解物质一同沉淀分离，从而达到使水由浑变清的目的。

凝聚剂的种类很多，给水处理常用的有无机盐类凝聚剂（硫酸铝、三氯化铁、硫酸亚铁）和高分子凝聚剂（聚合氯化铝、聚丙烯酰胺等）两大类。

当只用聚凝剂效果不良时，可加助凝剂以提高混凝效果。常用助凝剂有：

（1）调节改善凝聚剂条件的：石灰、重碳酸钠、氯气等。

（2）改善絮凝体结构的高分子助凝剂：聚丙烯酰胺、活化硅酸、骨胶、三角藻酸钠等。

混凝药剂的种类选择：混凝剂可分为无机混凝剂、有机高分子混凝剂和复合絮凝剂等，需根据原水水质的 pH 值、浊度等特性，原水混凝沉淀时，能生产的矾花，净水效果好坏，对水质有没有影响等方面综合考虑选择。

混合的目的是使凝聚剂迅速均匀地扩散于水中，以创造良好的水解和聚合条件。常用有水泵混合、管道混合、机械搅拌混合池等池型。

混合设备选择：为了使药剂快速而均匀地扩散到水中，使其水解产物与原水中胶体微粒充分作用完成胶体脱稳。混合要求对水流进行快速搅拌，药剂投加在取水泵吸水管或吸水喇叭口处，利用水泵叶轮高速旋转以达到混合目的。混合设施可分为水泵混合、管式混合、水力混合池混合和机械混合四类。

### 5.1.3.3 絮凝池工艺选择

混合完成后，水进入反应设备中，在混合过程中已生成的微小絮凝体继续相互碰撞吸附，颗粒逐渐增大，形成良好沉降性能的矾花。反应池也称絮凝池，絮凝池的任务是创造良好的水利条件，使脱稳胶体相互聚集形成大絮凝体，便于沉淀分离。常用的有隔板反应池、机械搅拌反应池、折板反应池、多级旋流反应池等。

### 5.1.3.4 沉淀工艺选择

水中悬浮固体颗粒依靠重力作用从水中分离出来的过程称为沉淀。相应的构筑物称为沉淀池。沉淀池具有两种功能：一是使水澄清；二是将沉淀物排除的同时连续工作。

沉淀池是应用沉淀作用去除水中悬浮物的一种构筑物。它的形式很多，可分为平流式沉淀池、竖流式沉淀池、辐流式沉淀池、斜管和斜板沉淀池等。根据水厂规模，进水水质条件，出水水质要求，后续过滤采用的形式，地形地质条件，占地面积，造价费用等选择沉淀池工艺。由于斜管沉淀池的沉淀效率高，池体小，占地少，适应水厂规模范围也广等优点，选用较多。

### 5.1.3.5 澄清池工艺选择

澄清是利用具有吸附能力的活性泥渣，使加入凝聚剂的原水中的脱稳杂质与活性泥渣相互碰撞、吸附、凝聚，从而加速固液分离，使水得到澄清。澄清池具有占地少、投资省、生产能力高、处理效果好等优点。

澄清池是一种将絮凝反应过程与澄清分离过程综合于一体的构筑物，主要依靠活性泥渣层达到澄清目的。澄清池基本上可分为泥渣悬浮型澄清池、泥渣循环型澄清池两类，泥渣悬浮型澄清池通常包括悬浮澄清池和脉冲澄清池两种，泥渣循环型澄清池可分为机械搅拌澄清池和水力循环澄清池两类。

### 5.1.3.6 过滤工艺选择

原水经过沉淀或澄清后的出水，不能达到生活饮用水标准，尚需进一步降低出水浊度，必须进行过滤处理。所谓过滤，就是使过滤水流经过一定孔隙率的粒状材料组成的滤床，去除水中悬浮物的过程。这种处理构筑物称为滤池。

过滤不仅在于进一步降低水的浊度，而且能截留附着于悬浮物上的细菌、微生物和病毒，为消毒工艺创造良好条件，便于消毒剂发挥杀菌作用。

在类型上滤池大体分为重力式过滤池、上向式过滤池、膜过滤滤池等，按过滤速度可分为快滤池和慢滤池。滤池选型的首要出发点是保证出水水质，还要考虑工艺流程的高程布置、技术性、经济性等因素。

### 5.1.3.7 消毒方法的选择

天然水中往往含有病原微生物。经过混凝、沉淀和过滤等工艺，可以去除大多数细菌和病毒，但还难以达到生活饮用水的细菌学指标。消毒就是杀死水中各种病原微生物，防止水致病传播，保障人民身体健康。

消毒方法常用物理法（如解热法、紫外线、超声波）和化学法（液氮、漂白粉、氯胺、臭氧等），其中液氯消毒和氯胺消毒应用最广泛。

用氯消毒要注意保持一定的余氯量：

（1）出厂自由性余氯不小于 0.3mg/L；

（2）管网末梢余氯量不小于 0.05mg/L。

## 5.2 常规净水工艺

### 5.2.1 吸水井

吸水井是连通二泵站与清水池之间的构筑物，具有便于水泵吸水管路布置、提高泵站运行可靠性、利于生产调度的功能，平面形状多为矩形。

按井体构造的不同，吸水井类型可分为分离式吸水井和池内式吸水井两种。分离式吸水井调度灵活，吸水管路短，水泵运行安全可靠性高，故常采用。而池内式吸水井布置紧凑，占地少，节省管道配件，但为了满足吸水条件，吸水井底须比清水池底低，因而带来了清水池底板构造的复杂性，增加了施工的难度。

### 5.2.1.1　分离式吸水井

即与清水池分建，靠近二泵站吸水管路一侧而与泵站保持一定距离，平行设置的独立构筑物。尺寸可通过计算确定，为便于吸水井清洗，在平面布置上，应分为两格，中间设有安装阀门的隔墙，阀门的口径应能够通过邻格最大的吸水流量，保证当水管停水时，不减少泵站的供水量。

### 5.2.1.2　池内式吸水井

即在某一清水池的一端用隔墙分出一部分，与清水池合建在一起的吸水井。该井也用安装阀门的隔墙分成两格。吸水井的一端接入来自另一清水池的旁通管。当主体清水池清洗时，关闭进水阀门，吸水井暂由旁通管供水，以便泵站维持正常工作。

在缺乏吸水井有效容积计算的理论依据情况下，专家鄂学民等通过对吸水井类型及其有效容积的分析，推荐了一种先按最小尺寸法确定吸水井容积，再按最小容积法校核的设计方法。

## 5.2.2　配水井

配水井作用主要是稳压配水。为满足水管后序处理工艺流程的标高要求，一般配水井较高，同时配水井尺寸设计应考虑进、出水管、溢流管、放空管及配水堰的合理布置和方便施工。所以在给、排水工程设计中，配水井水力停留时间一般按3~5min计算。设计时，配水井进水管可设有超声波流量计，用于控制水厂进水量。

## 5.2.3　沉砂池

沉砂池是预处理设施的一种，通常设置在细格栅后以去除进水中的砂粒，保证后续处理构筑物及设备的正常运行。为了运行具有灵活性和节省运行费用，在工艺流程上，可考虑原水超越沉砂池的可能性。高浊度期，采用沉砂池对原水进行预沉处理，根据水质的变化，可于配水井投加絮凝剂，或不加药自然沉淀。当水质较好时，可以停用沉砂池。

斜管沉砂池采用较多，排泥采用多斗排泥。排泥斗内及排泥管上设有反冲洗水管，保证排泥干净、彻底，避免排泥管的堵塞。池内设有出水浊度仪，对斜管预沉池出水进行连续在线检测，检测数据送至中控室，以便对斜管预沉池的运行状况进行监控。

### 5.2.4　药剂溶解和投加

#### 5.2.4.1　药剂溶解

混凝剂投加分为固体投加和液体投加两种，我国常采用液体投加，即将固体混凝剂溶解后配成一定浓度的溶液投入水中。溶解设备通常取决于水厂规模和混凝剂品种。大、中型水厂通常建设混凝土溶解池并配以搅拌装置，搅拌装置有机械搅拌、压缩空气搅拌、水泵搅拌和水力搅拌等，其中机械搅拌应用较多。

溶解池、溶液池体积取决于溶液浓度和每日搅拌次数，通过计算确定。对于三氯化铁，因其溶解时会产生热量，且浓度越大相应的温度越高，容易对池子及其搅拌机等设备产生不良影响，所以溶解浓度一般控制在 10% ~15%。混凝剂的投加溶液浓度一般在 5% ~20% 之间，应视具体药剂品种而定。混凝剂每日调制次数应根据水厂规模、生产管理要求、自动化水平以及药剂使用性质等因素来考虑确定，一般以每日不超过三次为宜。近年来由于水厂自控和生产管理要求的提高，每日药剂调制次数减少，有些水厂每日仅调制一次。当使用液体混凝剂时需设置储液池，其体积应设计投加量和货源情况来确定，一般以 15 ~30 天储存量为宜。

溶解池、溶液池数量一般均设置两个或两个以上，其中一个作为备用。溶液池的个数还宜与每日调制次数相配合，一般以每调制一次储满一个溶液池为宜。设计时要考虑适当的残渣排除、放空措施，并在池底高不小于 2% 的坡度。

#### 5.2.4.2　药剂投加

药剂常用的投加方式有泵前投加、高位溶液池重力投加、水射器投加和泵投加。

（1）泵前投加：安全可靠，一般适用取水泵房距水厂较近场合。

（2）高位溶液池重力投加：适用取水泵房距水厂较远场合，安全可靠，但溶液池位置较高。

（3）水射器投加：设备简单，使用方便，溶液池高度不会受太大限制，但效率低，易磨损。

（4）泵投加：不必另设计量设备，适合混凝剂自动控制系统，有利于药剂与水混合。

混凝剂投加量自动控制，可实现最佳投药量即达到既定水质目标的最小混凝剂投量，通常可采用数学模拟法、现场模拟试验法和特性参数法来确定。

### 5.2.5　混凝

#### 5.2.5.1　混合

混合是指投入的混凝剂被迅速均匀地分布于整个水体的过程。在混合阶段中胶体颗粒间的排斥力被消除或其亲水性被破坏，使颗粒具有相互接触而吸附的性能。据有关资料显示,对金属盐混凝剂普遍采用急剧、快速的混合方法,而对高分子聚合物的混合则不宜过分急剧。

给水工程中常用的混合方式有水泵混合、管式混合、机械混合以及管道静态混合器等,其中水泵混合可视为机械混合的一种特殊形式,管式混合和管道静态混合器属水力混合方式。目前国内应用较多的混合方式为管道静态混合器混合和机械混合。水力混合效果与处理水量变化关系密切,故选择混合方式时还应考虑水量变化的因素。

水泵混合效果较好,不需要另外建设混合设施,节省动力,大中小型水厂均可以使用,但是采用三氯化铁作为混凝剂时,若投药量较大,药剂对水泵叶轮有轻微的腐蚀作用。当水泵距离反应池较远时,不宜采用水泵混合。常用于取水泵房靠近水厂处理构筑物的场合,两者间距不大于150m。

机械混合是在池子内安装搅拌设备,以电动机驱动搅拌器使水与药剂混合,搅拌器可以是桨板式、螺旋桨式或透平式,速度梯度 $700 \sim 1000s^{-1}$,时间 $10 \sim 30s$ 以内,机械搅拌的优点是混合效果好,且不受水量变化的影响,适用于各种规模的水厂,缺点是增加机械设备并且相应增加维修费用。

目前广泛采用的是管式混合器。管式混合器混合方式具有设备简单和占地面积小的优点。缺点为当流量减小时可能在管道中反应混凝、混合效果较差,采用静态管式混合器时混合效果较好,但水头损失大,适用于流量变化不大的水厂。管式静态混合器:流速不宜小于1m/s,水头损失不小于 $0.3 \sim 0.4$m。

### 5.2.5.2 絮凝池

絮凝池可分为往复式隔板絮凝池、回转式隔板絮凝池、旋流式絮凝池、折板式絮凝池和机械式絮凝池,隔板絮凝池适用于大型净水厂。

A 隔板絮凝池

隔板絮凝池分往复式和回转式(图5-5和图5-6)。

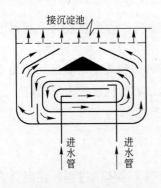

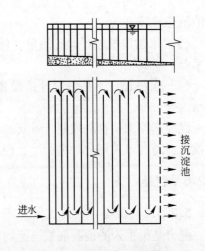

图 5-5 往复式隔板絮凝池　　　　　图 5-6 回转式隔板絮凝池

隔板絮凝池的水头损失由局部水头和沿程水头损失组成。往复式总水头损失一般在 0.3 ~ 0.5m，回转式的水头损失比往复式的小 40% 左右。

隔板絮凝池特点：构造简单、管理方便，但絮凝效果不稳定，池子大，适应大水厂隔板絮凝池的设计参数：

（1）流速：起端 0.5 ~ 0.6m/s，末端 0.2 ~ 0.3m/s，段数：4 ~ 6 段。

（2）转弯处过水断面积为廊道过水断面积的 1.2 ~ 1.5 倍。

（3）絮凝时间：20 ~ 30min。

（4）隔板间距：不大于 0.5m，池底应有 0.02 ~ 0.03 坡度直径不小于 150mm 的排泥管。

（5）廊道的最小宽度不小于 0.5m。

B 折板絮凝池

通常采用竖流式，它将隔板絮凝池的平板隔板改成一定角度的折板。折板波峰对波谷平行安装称"同波折板"，波峰相对安装称"异波折板"。与隔板式相比，水流条件大大改善，有效能量消耗比例提高，但安装维修较困难，折板费用较高（图 5-7）。

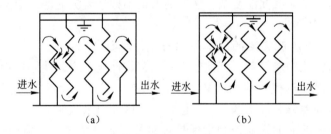

图 5-7 单通道折板絮凝池剖面示意图
（a）同波折板；（b）异波折板

折板之间的流速通常也分段设计，段数不宜少于 3 段，各段流速：

第一段：0.25 ~ 0.35m/s；

第二段：0.15 ~ 0.25m/s；

第三段：0.10 ~ 0.15m/s。

C 机械絮凝池

搅拌器有桨板式和叶轮式，按搅拌轴的安装位置分水平轴式和垂直轴式（见图 5-8）。

第一格搅拌强度最大，而后逐步减小，$G$ 值也相应减小，搅拌强度决定于搅拌器转速和桨板面积。

## 5.2.6 沉淀池

沉淀池是应用沉淀作用去除水中悬浮物的一种构筑物。它的形式很多，按池

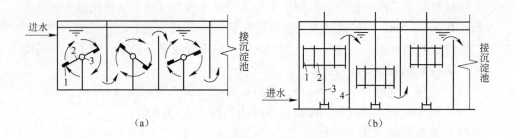

图 5-8　机械絮凝池剖面示意图

（a）水平轴；（b）垂直轴

1—桨板；2—叶轮；3—旋转轴；4—隔墙

内水流方向可分为平流式、竖流式和辐流式三种。常用的沉淀有平流沉淀池和斜板/管式沉淀池两种形式。平流沉淀池和斜管沉淀池均为成熟的水处理沉淀构筑物形式，在全国各地的应用都很广泛。平流沉淀池具有缓冲能力强、处理效果稳定、操作管理方便、构造简单等优点，但其受场地限制，故不考虑采用。斜管沉淀池虽然构造较平流沉淀池复杂，缓冲能力也不如平流沉淀池，但其在占地和投资上具有一定的优势。

### 5.2.6.1　平流沉淀池的基本结构与设计参数

平流式沉淀池构造简单，沉淀效果好，工作性能稳定，使用广泛，但占地面积较大。若加设刮泥机或对密度较大沉渣采用机械排除，可提高沉淀池工作效率。平流式沉淀池分为进水区、沉淀区、存泥区、出水区四部分。

设计平流沉淀池的主要控制指标是表面负荷或停留时间。应根据原水水质、沉淀水质要求、水温等设计资料和运行经验进行确定。停留时间一般采用 1 ~ 3h。华东地区水源一般采用 1 ~ 2h。低温低浊水源停留时间往往超过 2h。

A　进水区

进水区的作用是使流量均匀分布在进水截面上，尽量减少扰动。一般做法是使水流从絮凝池直接流入沉淀池，通过穿孔墙将水流均匀分布在沉淀池的整个断面上，见图 7-9。为使矾花不宜破碎，通常采用穿孔花墙，流速 $v < 0.15 ~ 0.2$m/s，洞口总面积也不宜过大。

B　沉淀区

沉淀区的高度一般约 3 ~ 4m，平流式沉淀池中应减少紊动性，提高稳定性。紊动性指标为雷诺数：

$$Re = \frac{vr}{\nu}$$

式中　$\nu$——水的运动黏度。

稳定性指标弗劳德数：

$$Fr = \frac{\nu^2}{Rg}$$

式中　$R$——水力半径。

　　能同时满足的只能降低水力半径 $R$，措施是加隔板，使平流式沉淀池 $L$（长）/$B$（宽）>4，$L$（长）/$H$（高）>10，每格宽度应在 3~8m，不宜大于 15m。

　　C　出水区

　　通常采用：溢流堰，淹没孔口流速宜为 0.6~0.7m/s，孔径 20~30mm，孔口在水面下 15cm，水流应自由跌落到出水渠。为了不使流线过于集中，应尽量增加出水堰的长度，降低流量负荷。堰口溢流率一般小于 500m³/(m·d)。

　　D　存泥区及排泥措施

　　泥斗排泥：靠静水压力 1.5~2.0m，下设有排泥管，多斗形式。

　　穿孔管排泥：需设置存泥区，池底水平应略有坡度以便放空。

　　机械排泥：池底需要一定坡度，适用于 3m 以上虹吸水头的沉淀池，当沉淀池为半地下式时，用泥泵抽吸。

　　影响平流式沉淀池沉淀效果的因素：

　　（1）沉淀池实际水流状况对沉淀效果的影响。主要为短流的影响，产生的原因有：1）进水的惯性作用；2）出水堰产生的水流抽吸；3）较冷或较重的进水产生的异重流；4）风浪引起的短流；5）池内存在的导流壁和刮泥设施等。

　　（2）凝聚作用的影响。实际沉淀池的沉淀时间和水深所产生的絮凝过程会影响沉淀效果，与理想沉淀池的假定条件有所偏离。

### 5.2.6.2　斜板/管沉淀池的基本结构与设计参数

　　在沉淀池有效容积一定的条件下，增加沉淀面积可使去除率提高，基于这一理论，斜板/管沉淀池得到发展。斜板沉淀池是把与水平面呈一定角度（一般 60°左右）的众多斜板放置于沉淀池中构成，水从下向上流动（亦有由上向下或水平流动），颗粒则沉降于斜板底部，当颗粒累积到一定程度时，便自动滑下。斜管沉淀池是把与水平面呈一定角度（一般 60°左右）的管状组件（断面矩形或六角形等）置于沉淀池中构成，水从下向上流动（亦有由上向下流动），颗粒则沉降于斜管底部，自动滑下。斜管沉淀池使用较多，示意图如图 5-9 所示。

　　斜管沉淀池的底部配水区高度不宜小于 1.5m，以便均匀配水。

　　絮凝池出口整流措施可采用缝隙栅条配水或穿孔墙配水，整流配水孔流速在 0.15m/s 以下。

　　斜管倾斜角宜为 60°，斜管长度多采用 1000mm，斜管管径 25~35mm。

## 5.2.7　澄清池

　　澄清池是一种将絮凝反应过程与澄清分离过程综合于一体的构筑物。在澄清

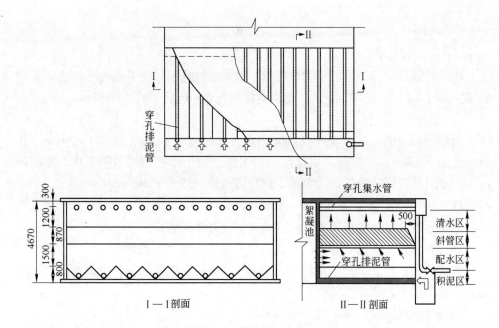

图 5-9 斜管沉淀池示意图

池中，沉泥被提升起来并使之处于均匀分布的悬浮状态，在池中形成高浓度的稳定活性泥渣层，该层悬浮物浓度约在 3～10g/L。原水在澄清池中由下向上流动，泥渣层由于重力作用可在上升水流中处于动态平衡状态。当原水通过活性污泥层时，利用接触絮凝原理，原水中的悬浮物便被活性污泥渣层阻留下来，使水获得澄清。清水在澄清池上部被收集。泥渣悬浮层上升流速与泥渣的体积、浓度有关，因此，正确选用上升流速，保持良好的泥渣悬浮层，是澄清池取得较好处理效果的基本条件。

澄清池的工作效率取决于泥渣悬浮层的活性与稳定性。泥渣悬浮层是在澄清池中加入较多的混凝剂，并适当降低负荷，经过一定时间运行后，逐级形成的。为使泥渣悬浮层始终保持絮凝活性，必须让泥渣层处于新陈代谢的状态，即一方面形成新的活性泥渣，另一方面排除老化了的泥渣。

澄清池基本上可分为泥渣悬浮型澄清池、泥渣循环型澄清池两类。

### 5.2.7.1 泥渣悬浮澄清池

#### A 悬浮澄清池

原水由池底进入，靠向上的流速使絮凝体悬浮。因絮凝作用悬浮层逐渐膨胀，当超过一定高度时，则通过排泥窗口自动排入泥渣浓缩室，压实后定期排出池外。进水量或水温发生变化时，会使悬浮工作不稳定，现已很少采用。

B　脉冲澄清池

通过配水竖井向池内脉冲式间歇进水。在脉冲作用下，池内悬浮层一直周期地处于膨胀和压缩状态，进行一上一下的运动。这种脉冲作用使悬浮的工作稳定，端面上的浓度分布均匀，并加强颗粒的接触碰撞，改善混合絮凝的条件，从而提高了净水效果。

### 5.2.7.2　泥渣循环澄清池

A　机械搅拌澄清池

将混合、絮凝反应及沉淀工艺综合在一个池内。池中心有一个转动叶轮，将原水和加入药剂同澄清区沉降下来的回流泥浆混合，促进较大絮体的形成。泥浆回流量为进水量的 3~5 倍，可通过调节叶轮开启度来控制。为保持池内浓度稳定，要排除多余的污泥，所以在池内设有 1~3 个泥渣浓缩斗。当池径较大或进水含砂量较高时，需装设机械刮泥机。该池的优点是：效率较高且比较稳定，对原水水质（如浊度、温度）和处理水量的变化适应性较强，操作运行较方便，应用较广泛（图 5-10）。

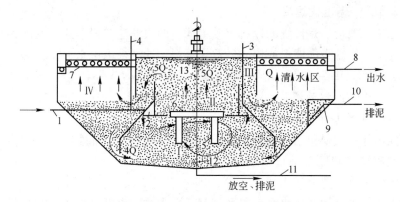

图 5-10　机械搅拌澄清池剖面示意图

1—进水管；2—三角配水槽；3—透气管；4—投药管；5—搅拌桨；6—提升叶轮；7—集水槽；
8—出水管；9—泥渣浓缩池；10—排泥阀；11—放空管；12—排泥罩；13—搅拌轴
Ⅰ—第一絮凝室；Ⅱ—第二絮凝室；Ⅲ—导流室；Ⅳ—分离室

B　水力循环澄清池

原水由底部进入池内，经喷嘴喷出。喷嘴上面为混合室、喉管和第一反应室。喷嘴和混合室组成一个射流器，喷嘴高速水流把池子锥形底部含有大量絮凝体的水吸进混合室内和进水掺和后，经第一反应室喇叭口溢流出来，进入第二反应室中。吸进去的流量称为回流，一般为进口流量的 2~4 倍。第一反应室和第二反应室构成了一个悬浮物区，第二反应室出水进入分离室，相当于进水量的清水向上流向出口，剩余流量则向下流动，经喷嘴吸入与进水混合，再重复上述水流过程。该池优点是：无需机械搅拌设备，运行管理较方便；锥底角度大，排泥效果好。缺点是：反应时间较短，造成运行上不够稳定，不能适用于大水量。

## 5.2.8　滤池

过滤一般是指以石英砂等粒状滤料层截留水中悬浮物质，从而使水获得澄清的工艺过程。滤池主要有普通快滤池、无阀滤池、气水反冲滤池、虹吸滤池及移动冲洗滤池等形式。虹吸滤池及移动冲洗滤池曾经均为中型水厂常用的滤池形式，两者都是采用小阻力配水系统，取消了普通快滤池的进水、排水及反冲洗水阀门，采用单纯的水冲洗系统，冲洗时利用滤池本身的出水及其水头进行冲洗，以代替高位冲洗水箱或冲洗水泵，但冲洗时无法破坏滤料中全部的泥球，冲洗效果不理想，而且耗水量大，长期运行费用高，目前，已很少或基本不采用。

气水反冲洗滤池在国内外应用非常广泛，技术成熟，虽然基建投资偏高，但由于其采用气水反冲洗，冲洗效果好，节水、节能效果明显，日常运行费用仅为虹吸滤池冲洗费用的 30% ~ 40%。

### 5.2.8.1　普通快滤池

普通快滤池指的是传统的以石英砂为滤料的快滤池布置形式，见图 5-10。滤料一般为单层细砂级配滤料或煤、砂双层滤料，冲洗采用单水冲洗，冲洗水由水塔（箱）或水泵供给。

A　普通快速滤池组成

主要由以下几个部分组成：

滤池本体：主要包括进水管渠、排水槽、过滤介质（滤料层），过滤介质承托层（垫料层）和配（排）水系统。

管廊：主要设置有五种管（渠），即浑水进水管、清水出水管、冲洗进水管、冲洗排水管及初滤排水管，以及阀门、一次监测表设施等。

冲洗设施：包括冲洗水泵、水塔及辅助冲洗设施等。

控制室：是值班人员进行操作管理和巡视的工作现场，室内设有控制台、取样器及二次监测指示仪表等。

B　普通快速滤池的设计要点和主要参数

滤池数量的布置不得少于 2 个，滤池个数少于 5 个时宜采用单行排列，反之可用双行排列，单个滤池面积大于 50m² 时，管廊中可设置中央集水渠；单个滤池的面积一般不大于 100m²，长宽比大多数在 1.25∶1 ~ 1.5∶1 之间，小于 30m² 时可用 1∶1，当采用旋转式表面冲洗时可采用 1∶1、2∶1、3∶1。滤池的设计工作周期一般在 12 ~ 24h，冲洗前的水头损失一般为 2.0 ~ 2.5m；对于单层石英砂滤料滤池，饮用水的设计滤速一般采用 8 ~ 10m/h，当要求滤后水浊度为 1 度时，单层砂滤层设计滤速在 4 ~ 6m/h，煤、砂双层滤层的设计滤速在 6 ~ 8m/h；滤层上面水深，一般为 1.5~2.0m，滤池的超高一般采用 0.3m；单层滤料过滤的冲洗强度一般采用 12~15L/(s·m²)，双层滤料过滤冲洗强度在 12~16L/(s·m²)；单层滤料过滤的冲洗时间在 7~5min，双层滤料过滤冲洗时间在 8~6min，如图 5-11 所示。

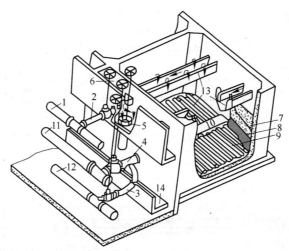

图 5-11　普通快滤池构造剖视图（箭头表示冲洗水流方向）

1—进水总管；2—进水支管；3—清水支管；4—冲洗水支管；5—排水阀；6—浑水渠；

7—滤料层；8—承托层；9—配水支管；10—配水干管；11—冲洗水总管；

12—清水总管；13—冲洗水排水槽；14—废水渠

普通快速滤池在建造设计中注意的问题有：

（1）配水系统干管末端应装有排气管；　（2）滤池底部应设有排空管；（3）滤池闸阀的起闭一般采用水力或电力，但当池数少时且阀门直径等于小于 300mm 时，也可采用手动；（4）每个池应装上水头损失计和取样设备；（5）池内与滤料接触的壁面应拉毛，以避免短流造成出水水质不好；（6）池底坡度约为 0.005，坡向排空；（7）各种密封渠道上应设人孔，以便检修。

### 5.2.8.2　V 形滤池

V 形滤池是快滤池的一种形式，因为其进水槽形状呈 V 字形而得名，也叫均粒滤料滤池（其滤料采用均质滤料，即均粒径滤料）、六阀滤池（各种管路上有六个主要阀门），V 形滤池结构见图 5-12。

A　工作过程

过滤过程：待滤水由进水总渠经进水阀和方孔后，溢过堰口再经侧孔进入被待滤水淹没的 V 形槽，分别经槽底均匀的配水孔和 V 形槽堰进入滤池。被均质滤料滤层过滤的滤后水经长柄滤头流入底部空间，由方孔汇入气水分配管渠，在经管廊中的水封井、出水堰、清水渠流入清水池。

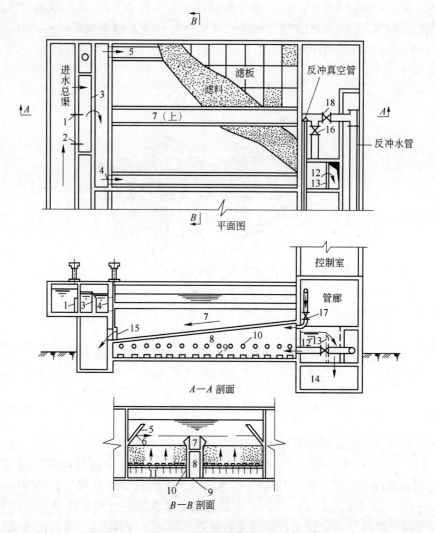

图 5-12　V 形滤池构造简图

1—进水气动隔膜阀；2—方孔；3—堰口；4—侧孔；5—V 形槽；6—小孔；7—排水渠；
8—气、水分配渠；9—配水方孔；10—配气小孔；11—底部空间；12—水封井；
13—出水堰；14—清水堰；15—排水阀；16—清水阀；17—进气阀；18—冲洗水阀

反冲洗过程：关闭进水阀，但有一部分进水仍从两侧常开的方孔流入滤池，由 V 形槽一侧流向排水渠一侧，形成表面扫洗。而后开启排水阀将池面水从排水槽中排出直至滤池水面与 V 形槽顶相平。反冲洗过程常采用 "气冲→气水同时反冲→水冲" 三步。

气冲：打开进气阀，开启供气设备，空气经气水分配渠的上部小孔均匀进入滤池底部，由长柄滤头喷出，将滤料表面杂质擦洗下来并悬浮于水中，被表面扫洗水冲入排水槽。

气水同时反冲洗：在气冲的同时启动冲洗水泵，打开冲洗水阀，反冲洗水也进入气水分配渠，气、水分别经小孔和方孔流入滤池底部配水区，经长柄滤头均匀进入滤池，滤料得到进一步冲洗，表扫仍继续进行。

停止气冲，单独水冲表扫仍继续，最后将水中杂质全部冲入排水槽。

B　V形滤池的特点及设计参数

滤速可达 7~20m/h，一般为 12.5~15.0m/h。

采用单层加厚均粒滤料，粒径一般为 0.95~1.35mm，允许扩大到 0.7~2.0mm，不均匀系数 1.2~1.6 或 1.8 之间。

对于滤速在 7~20m/h 之间的滤池，其滤层高度在 0.95~1.5m 之间选用，对于更高的滤速还可相应增加。

底部采用带长柄滤头底板的排水系统，不设砾石承托层。滤头采用网状布置。

反冲洗一般采用气冲、气水同时反冲和水冲三个过程，反冲洗效果好，大大节省反冲洗水量和电耗。气冲强度为 $50~60m^3/(h \cdot m^2)$，即 $13~16L/(s \cdot m^2)$，清水冲洗强度为 $13~15m^3/(h \cdot m^2)$，即 $3.6~4.1L/(s \cdot m^2)$，表面扫洗用原水，一般为 $5~8m^3/(h \cdot m^2)$，即 $1.4~2.2L/(s \cdot m^2)$。

整个滤料层在深度方向的粒径分布基本均匀，在反冲洗过程中滤料层不膨胀，不发生水力分级现象，保证深层截污，滤层含污能力高。

消毒加氯点设在滤池出水管内。滤池出水管上设有浊度仪，以便对滤后水浊度进行连续的在线检测。检测数据被送至中控室，用于对滤池运行情况的监控。

## 5.2.9　消毒

### 5.2.9.1　氯消毒

氯消毒是国内外最主要的消毒技术。美国自来水厂中约有 94.5% 采用氯消毒，据估计中国 99.5% 以上自来水厂采用氯消毒。

氯消毒的机理：氯在常温下为黄绿色气体，具有强烈刺激性及特殊臭味，氧化能力很强。在 6~7 个大气压下为液态，体积缩小 457 倍。液态氯灌入钢瓶，有利于贮存和运输。氯与水反应时，生成次氯酸（HClO）和盐酸（HCl），氯的灭菌作用主要是靠次氯酸，因为它是体积很小的中性分子，能扩散到带有负电荷的细菌表面，具有较强的渗透力，能穿透细胞壁进入细菌内部。氯对细菌的作用是破坏其酶系统，导致细菌死亡，而氯对病毒的作用，主要是对核酸破坏的致死性作用。

氯消毒的优点：（1）液氯成本低、材料来源方便，投加设备简单，易于操作，处理水量较大时，单位水体的处理费用较低；（2）水体氯消毒后能长时间地保持一定数量的余氯，从而具有持续消毒能力，消毒效果良好；（3）氯消毒历史较长，经验较多，是一种比较成熟的消毒方法。

氯消毒的缺点：消毒副产物问题。在使用液氯消毒后，往往会产生卤化有机物等消毒副产物，可能会对人体产生损害。氯消毒对痢疾内变形虫包囊、贾第虫包囊和隐孢子虫卵囊等不能有效杀灭等。

### 5.2.9.2　二氧化氯消毒

为了灭活两虫，减少氯代消毒副产物，采用二氧化氯消毒成为新的消毒方式之一。二氧化氯是一种黄绿色气体，具有与氯相似的刺激性气味，沸点 1℃，凝固点 −59℃，极不稳定，在空气中浓度为 10% 时可能爆炸，二氧化氯液化困难，只能在使用现场临时制备。二氧化氯易溶于水，溶解度约为氯的 5 倍，二氧化氯在水中以纯粹的溶解气体存在，不易发生水解反应，水溶液在较高温度与光照下会产生次氯酸根与氯酸根，因此应在避光低温处存放。二氧化氯浓度在 10g/L 以下时基本没有爆炸的危险。二氧化氯是一种强氧化剂，它在给水处理中的主要作用是脱色、除臭、除味，控制酚、氯酚和藻类生长，氯化无机物和有机物，特别是在控制三卤化物的形成和减少总有机卤方面，与氯相比具有优越性。

二氧化氯消毒的优点：杀菌效果好，用量少，作用快，消毒作用持续时间长，可以保持剩余消毒剂量；氧化性强，能分解细胞结构，并能杀死孢子；能同时控制水中铁、锰、色、味、嗅；受温度和 pH 值影响小和不产生三卤甲烷和卤乙酸等副产物。

二氧化氯消毒的缺点：二氧化氯消毒产生无机消毒副产物亚氯酸根离子（$ClO_2^-$）和氯酸根离子（$ClO_3^-$），二氧化氯本身也有害，特别是在高浓度时；另外二氧化氯的制备、使用也还存在一些技术问题，二氧化氯发生过程操作复杂，试剂价格高或纯度底，二氧化氯的运输、储藏的安全性较差。

### 5.2.9.3　紫外线消毒

紫外线消毒作用机理：紫外线位于 X 射线和可见光之间，波长 200～295nm 的紫外线具有杀菌作用，其中以波长 254nm 附近的紫外线杀菌作用最强。消毒原理为微生物体受到紫外线照射时，吸收紫外线的能量，从而引起 DNA 的损伤并阻止 DNA 的复制；另一方面，在紫外线的照射下可以产生自由基引起光电离，造成微生物不能复制繁殖，就会自然死亡或被人体免疫系统消灭，不会对人体造成危害，从而达到消毒的目的。

紫外线消毒的优点：对致病微生物有广谱消毒效果、消毒效率高；对隐孢子虫卵囊有特效消毒作用；不产生有毒、有害副产物；不增加 AOC、BDOC 等损害管网水质生物稳定性的副产物；能降低嗅、味和降解微量有机污染物；占地面积小、消毒效果受水温、pH 值影响小。

紫外线消毒的缺点：无持续消毒效果、需与氯配合使用；石英管壁易结垢，降低消毒效果；消毒效果受水中 SS 和浊度影响较大；被杀灭的细菌有可能复活；据知，腺病毒需要紫外高剂量才能有效灭活；国内使用经验较少。

#### 5.2.9.4　臭氧消毒

臭氧消毒的机理主要是通过氧化作用破坏微生物膜的结构来实现杀菌作用。臭氧首先作用于细胞膜，使膜构成成分受损伤而导致新陈代谢障碍，臭氧继续渗透穿透膜而破坏膜内脂蛋白和脂多糖，改变细胞的通透性，导致细胞溶解、死亡。而臭氧灭活病毒则是氧化作用直接破坏其核糖核酸（RNA）或脱氧核糖核酸（DNA）物质而完成的。

臭氧水中杀灭微生物的作用与其对有机物的氧化反应类似，微生物菌体既与溶解水中的臭氧直接反应，又与臭氧分解生成的·OH 间接反应，由于·OH 为极具氧化性的氧化剂，因此臭氧水的杀菌速度极快。

臭氧消毒的优点：杀菌效果好，用量少，作用快；能同时控制水中铁、锰、色、味、嗅；不产生卤代消毒副产物。

臭氧消毒的缺点：臭氧分子不稳定，易自行分解，在水中保留时间很短，小于 30min；而且臭氧消毒产生溴酸盐、醛、酮和羧酸类副产物，其中溴酸盐在水质标准中有规定，醛、酮和羧酸类副产物部分是有害健康的化合物，因此臭氧消毒在使用中受到一定的限制。对于大、中型管网系统，采用臭氧消毒时必须依靠氯来维持管网中持续的消毒效果。

### 5.2.10　清水池

清水池的有效容积，应根据产水曲线、自用水量及消防储备水量等确定，并应满足消毒所需接触时间的要求；若资料缺乏，则可按水厂最高日设计水量的 20% ~30% 计算。

清水池顶部设有人孔及通气管。清水池内部设有液位计，以便于对清水池水位进行检测和显示，并可以进行高、低水位报警。

### 5.2.11　污泥处理系统

#### 5.2.11.1　排泥水处理工艺

自来水厂排泥水若不经处理就排入江河湖泊等水体，会成为水体的重要污染源，并且淤积抬高河床，影响江河的航运和行洪排涝能力。自来水厂排泥水的有效处理在改善水环境的同时，还可回收利用占水厂供水量2% ~4% 的水量。

净水厂排泥水处理在国外起步较早，在日本较为普遍。在处理工艺流程上，基本上都具有调节、浓缩、脱水、处置四道基本工序。为了提高处理效率，大多在浓缩和脱水前加了前处理，如图 5-13 所示。国内净水厂排泥水处理正处于起步阶段，具有排泥水处理工序的大多为大规模净水厂，如北京市第九水厂

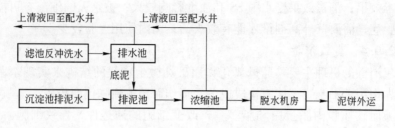

图 5-13 净水厂污泥处理工艺流程

（1500000m³/d）、深圳梅林水厂（600000m³/d）、大连市沙河口水厂（400000 m³/d）等，其处理工序与国外差别不大。

### 5.2.11.2 排水池和排泥池

排水池用于收集滤池反冲洗废水，上清液用泵提升至配水井，底泥排入排泥池，节约水资源，降低运行成本，同时改善沉淀池的絮凝沉淀效果。排泥池用于沉淀池排泥水，重力输送至浓缩池。

### 5.2.11.3 污泥浓缩池

污泥浓缩池一般设计为底坡10%倾斜向集泥坑，每座浓缩池设1台刮泥机。浓缩池前需投加高分子聚合物 PAM 等药剂。

### 5.2.11.4 污泥脱水

目前采用的污泥脱水机械主要有带式压滤机、膜式板框压滤机和离心脱水机三种类型。

A 带式压滤机

带式压滤机可连续自动化运行，在污泥压滤脱水工作的同时，连续用水冲洗滤布。该设备投资较少、能耗较低、噪声小，但污泥脱水过程中的污泥截留率较低，机房水、气环境较差，脱水污泥的含固率较低，脱水设备占地较大，故干泥量较小的水厂可考虑选用。

B 板框压滤机

目前推广应用新型的膜式板框压滤机，其对进泥含固率要求较低（一般2%~3%即可），而出泥含固率高于带式压滤机和离心脱水机，可减少脱水泥饼的外运处置费用。它的运行过程是周期性地泵入污泥压滤和间歇脱除泥饼，需周期性冲洗滤布，整个操作过程较繁杂。该设备投资和占地大、噪声较小。

C 离心脱水机

离心脱水机可连续自动化运行，设备效率高、占地少、管理方便、机房环境清洁，是近几年推广应用较快的污泥脱水机。该离心机由于高速旋转，故对旋转叶片等部件的耐磨性要求高，对离心机的制造材质和加工精度也要求严格，以保障长期自动连续稳定运行。该设备的主要缺点是噪声和投资较大。

### 5.2.11.5 污泥处置

自来水厂污泥的处理包括自然干化、排入下水道由城市污水处理厂处理、脱水泥饼的陆上埋弃、泥饼的卫生填埋以及泥饼的海洋投弃。自来水厂污泥处理的综合利用方式包括回收再生铝盐和再生铁盐。

## 5.2.12 加氯、加药间

### 5.2.12.1 加药间

混凝反应投加的絮凝剂，当采用无机盐时，主要有铝盐和铁盐两大类。絮凝剂具有使胶粒脱稳和起吸附架桥的作用。对于铁盐来说，其缺点是对管道的腐蚀性较大，对 pH 值适应的范围窄，且含有杂质。铝盐类絮凝剂对温度的适应性高，对 pH 值适应的范围宽，且耗药量少，净化效率高，对管道的腐蚀性小。本设计采用碱式氯化铝混凝剂（PAC），这是目前较为常用的一种混凝剂，PAC 是一种高分子化合物，净化效率高（耗药量少、出水浊度低、色度小、过滤性能好）；温度适应性好；pH 值适用范围宽（可在 pH 值为 5～9 的范围内），因而可不用投加碱剂；使用时操作方便，腐蚀性小，劳动条件较好；设备简单、成本较低。

计算实例：原水水质较好，浊度低，絮凝剂投加量不大，可按平均投加量 20mg/L（最大投加量 40mg/L）设计。设计水量 275m³/h，絮凝剂每日配制次数 $n=1$ 次（若远期规模投建后，药剂每日配制次数改为 2 池即可，无需再增设溶解池和溶药池），药剂浓度 10%，则溶液池体积 1.32m³，选用尺寸 $L$（长）$\times B$（宽）$\times H$（高）$=1.2m\times1.2m\times1.2m$（其中超高 0.2m）溶液池 2 座，交替使用；设溶解池 1 座，容积 0.4m³，尺寸 $\phi0.8m\times1.0m$（其中超高 0.2m），池内设搅拌装置一套。药剂投加设备选用计量泵，共单台流量 27.5～55L/h。选用 J-ZMF63-6.3 型隔膜计量泵 3 台（2 用 1 备），单台流量 63L/h，排出压力 3.2～6.3MPa，电机功率 0.75kW。

PAC 日消耗量 120kg/d，药库储备量按 30d 用药量设计，即 3600kg，每袋以 30kg 计，则药库 PAC 储备量为 120 袋。

### 5.2.12.2 加氯间

可供选择的消毒方法有：氯消毒、臭氧消毒、紫外线消毒等。液氯是传统的加氯方法，具有余氯的持续消毒作用，成本低，操作简单，投量准确，无庞大设备，本设计仍采用液氯消毒。

采用滤后加氯，即氯气投加到清水池进水管上的设计实例：投加量为 0.5～1mg/L，按供水能力 6000m³/d 计算，每天投加液氯 3～6kg，投加时间及投加量根据吸水池中余氯量进行调整，设计墙挂柜式真空加氯机 2 台，1 用 1 备，投氯量范围为 0.13～0.25kg/h。每台加氯机由一只真空调节器、一只控制单元、一只水射器三部分组成。在加氯间引入一根 DN50 的给水管，水压大于 20mH$_2$O，供加氯机投药用；在氯库引入 DN32 给水管，通向氯瓶上空，供喷淋用。

氯瓶库中设容重 350kg 储瓶两个，1 用 1 备（预留一个远期处理规模的氯瓶位置）；设 MDⅡ-6 型电动葫芦一台，起吊重量 1t，起吊高度 6m，功率 2.0kW。轨道在氯瓶正上方，轨道通到氯库大门以外。

加氯间配防毒面具、手套、抢救材料和工具箱等工具，对操作人员进行防护。在氯瓶库室外设一石灰水池（2.0m × 1.5m × 1.5m），氯瓶产生泄漏，将氯瓶推进石灰水池进行中和。加氯间、氯瓶库、值班室在外墙上设置轴流排风机，换气量每小时 8 ~ 12 次，并安装漏气探测器，其位置在室内地面以上 20cm。设置漏气报警仪，当检测的漏气量达到 2 ~ 3mg/kg 时即报警，切换有关阀门，切断氯源，同时排风扇动作。加氯间、氯瓶库、值班室照明设室外开关。

## 5.3　饮用水强化常规处理

随着水源水的水质不断恶化，水中有机污染物的去除已经成为了当今饮用水处理中的突出问题。水中的有机污染物不但会产生色、嗅、味等各方面的问题，同时它本身的毒性以及其在氯消毒过程中会产生三卤甲烷、卤乙酸等消毒副产物"三致"物质的问题都引起了相当的重视。为了有效去除有机污染物，处理上述的物理化学及生物的预处理过程，加强常规处理核心工艺也成为了重要课题。

### 5.3.1　强化混凝

#### 5.3.1.1　强化混凝的机理

强化混凝是在常规混凝的基础上，基于新型混凝剂的开发而发展起来的一种水处理工艺，通过优化混凝条件和改善混凝剂类型，从而达到去除污染水体中的悬浮颗粒、胶体杂质及有机污染物等。强化混凝技术主要有两个方面：一为改善混凝条件，如增加混凝剂投量、调节 pH 值、水温等；二为使用新型混凝剂，增强去除效果。

A　增加混凝剂投量和调节 pH 值

大多数金属盐混凝剂去除有机物的机理主要有两点：

（1）在低 pH 值时，带负电性的有机物通过电中和作用同正电性的金属盐混凝剂水解产物形成不溶性化合物而沉降；

（2）在高 pH 值时，金属水解产物形成的沉淀物可吸附有机物而将其去除。

因此，增加混凝剂投量和调整 pH 值是去除有机物的主要手段。增加混凝剂投量的方法是最早提出的强化混凝技术，有研究表明，随混凝剂投加量的增加，形成絮体的吸附位也增多，可充分发挥吸附架作用，提高对有机物的吸附去除效果。当然，若投加过多时，胶体颗粒会出现重新稳定的现象。

很多研究认为，pH 值比混凝剂的投加量影响更大。在不改变混凝剂投量时，通过调整 pH 值也可以实现有机物有效去除。pH 值能改变混凝剂的水解形态，在低 pH 值时，混凝剂水解过程比较缓慢，混凝剂有效作用时间长、效力强，有机物的电性被部分中和使其亲水性降低，导致更多的有机物被混凝剂电中和沉降去除，因此较低的 pH 值环境有利于有机物通过混凝被去除。此外，除了混凝剂投量和 pH 值的影响，原水水质如水体有机物含量及种类、温度、水力条件、混凝剂形态等都会影响强化混凝效率。

B 复合氧化剂

强化混凝的机理与常规混凝机理相同，新型混凝剂的使用不仅具有以絮凝体吸附水中非溶性大分子有机污染物的物理吸附作用；又能对水中溶解性低分子有机物产生很强的化学吸附和强氧化等多种净化效果，从而可以提高污染物的去除率。

a 高铁酸盐混凝剂

高铁酸盐是铁的 +6 价化合物——高铁酸钾（$K_2FeO_4$）药剂。由于其价态高，在有 +6 价铁向低价铁转化的过程中，高铁酸盐的氧化电位很强，表现出很强的氧化能力，能够氧化原水中的有机污染物等。同时由于其中间态的水解产物有较大的网状结构，能很好地起到吸附、絮凝等作用，其絮凝、吸附效果比一般铁铝混凝剂强。因此，高碳酸盐能在水处理过程中利用氧化、絮凝、吸附、析出等多功能的协同作用，有效地去除水中多种有机物，提高消毒效果、降低氯化消毒副产物的生成。

b 高锰酸盐复合药剂

在一定的反应条件下，形成高锰酸钾稳态中间产物，强化了该药剂对有机物的氧化和吸附功能。在水处理过程中以常规处理工艺投加药剂的方式将其加入原水中，水解后形成具有很强氧化能力的中间态成分，具有去除水中有机污染物、除藻、除臭、除味、除色和强化絮凝等综合作用。

c 聚合铁硅混凝剂

聚合铁硅是以聚合铁为基础而制备的一种新型复合无机高分子絮凝剂，它具有聚合铁和活化硅酸的共性，特别表现出高电中和作用和强吸附架桥功能。这种絮凝剂尚处于初级研究阶段，现已合成出低浓度的实验室产品，并对其化学结构和絮凝模式进行了研究。

d 聚合铝硅混凝剂

聚合铝硅是铝与硅的共聚复合型混凝剂，具有铝和硅的共性。同聚合铁硅相似，其具有高电中和作用和强吸附架桥作用。它的制备难点是铝与硅的真正共聚以及聚合以后的稳定性。铝硅混凝剂具有除浊、除色、除藻等综合作用功能。

同时，强化混凝也可能产生负面的影响：投加混凝剂过多，污泥量增加，原有的污泥脱水系统能力将会不足；强化混凝条件下，有可能降低去除浊度的效果，从而增加后续工艺的运行负荷；总的药耗有所增加。

#### 5.3.1.2　黄浦江原水的强化混凝

以杨树浦水厂原水为试验对象，选用常用的氯化铁和硫酸铝为混凝剂，应用搅拌试验进行混凝条件的优化，通过改变混凝剂投量和调节 pH 值来实现强化混凝。

##### A　改变混凝剂投量

由于 DOC 代表了水中可溶性有机碳的含量，$UV_{254}$ 表征的是非挥发性总有机碳和三卤甲烷母体，可以通过这两个参数以考察混凝之后，水中有机物的去除效果。选取 $UV_{254}$、DOC 和浊度为目标水质指标，改变混凝剂投量对目标水质指标的影响，如图 5-14 所示。

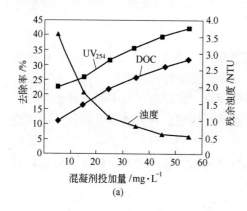
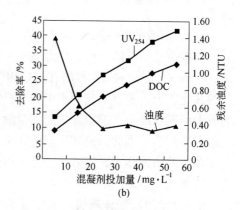

图 5-14　不同投量混凝剂对有机物和浊度的去除效果
（a）氯化铁；（b）硫酸铝

由图 5-14 可知，随着混凝剂投加量的增加，对于两种混凝剂，DOC 和 $UV_{254}$ 去除率都明显地出现上升，而且两种混凝剂去除有机物的效果具有相似的特点，氯化铁效果略好。同时静沉后水的残余浊度都出现了下降，其原因可能是随着混凝剂投量的增加，会使水中的氢氧化物的数量增加并提高它们的正电荷密度，从而强化了有机物质、胶体颗粒与混凝剂之间的相互作用，进而导致有机物去除率的增加和沉后水浊度的降低。此外，在相同混凝剂投量时，硫酸铝对浊度的去除效果要好于氯化铁，这是因为在相同的投加量时，硫酸铝的水解产物氢氧化铝具有较大的比表面积，而且表面多孔，其吸附性能略强于氢氧化铁，对水中胶体的吸附性能更好。

##### B　调节 pH 值

pH 值对混凝过程的影响明显，因为 pH 值的变化会导致水中有机物存在形态的变化，并进而影响其在混凝过程中的去除。pH 值的变化对有机物和浊度的去除效果如图 5-15 所示。

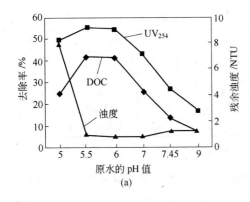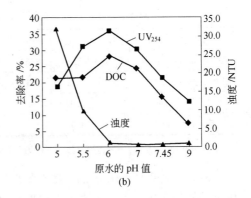

图 5-15  不同 pH 值对有机物和浊度的去除效果

(a) 氯化铁；(b) 硫酸铝

在该种原水状况下，对于原水中有机物的去除，氯化铁和硫酸铝的最优 pH 值分别为 5.5 和 6.0。相对于通常水中 pH 值为 7.45 时，投加氯化铁混凝剂对 $UV_{254}$ 和 DOC 的去除率分别提高了 29% 和 25%，达到 56% 和 42%。而对于浊度的去除，较高的 pH 值对浊度有较好的去除效果，在酸性环境下，随着 pH 值的降低浊度去除率急剧降低。

从上面结果可以看出，对于有机物的去除，增加混凝剂投加量和降低 pH 值两种方式都是有效的，都可以提高有机物的去除率，相较而言降低 pH 值更有效。混凝过程去除有机物的机理一般认为是：混凝剂生成的氢氧化物絮体对天然有机物吸附而将其去除；天然有机物与混凝剂一起形成不溶性的络合物。在强化混凝的条件下，混凝剂水解生成的氢氧化物的量减少，对有机物分子的吸附作用减弱，但是有机物的去除效果却越好，此时混凝剂在水中离子态比例升高（尤其是在酸性环境下），从而可以推断是金属与有机物形成络合物是强化混凝去除有机物的主要机理，铁离子的有机物络合物的溶解度要低于铝盐的有机物络合物的溶解度，从而铁盐对有机物的去除率要高于铝盐的去除率，与试验相符。

对于黄浦江原水，最优的混凝条件为：氯化铁投加量为 30mg/L，混凝 pH 值为 5.5，此时 DOC 和 $UV_{254}$ 的去除率分别为 42% 和 56%，SUVA 值也从 2.3 降为 1.7，降低 26.1%。

C  生产性试验

由于原水水质在一天中也是会发生改变的，为了贴近实际情况，通过对相同时段的原水试验的效果和实际生产的处理效果进行对比，即实际生产运行中的投量和增加一定量的混凝剂投量下,水中矾花颗粒数和粒径大小及沉淀池出水浊度见表 5-1,从而得到更为准确有效的试验对比情况。

表 5-1 混凝剂投量对矾花数目、粒径及沉淀池出水的影响

| 试 验 组 | $A_1$ | $A_2$ | $B_1$ | $B_2$ | $C_1$ | $C_2$ | $\Delta A$ | $\Delta B$ | $\Delta C$ |
|---|---|---|---|---|---|---|---|---|---|
| $Fe^{3+}$ 剂量/mg·L$^{-1}$ | 2.24 | 3.34 | 2.64 | 4.64 | 2.46 | 5.46 | 1 | 2 | 3 |
| 矾花个数/个·mL$^{-1}$ | 31 | 32 | 31 | 36 | 28 | 34 | 1 | 5 | 6 |
| 矾花粒径/mm | 0.415 | 0.419 | 0.423 | 0.428 | 0.405 | 0.425 | 0.004 | 0.005 | 0.02 |
| 沉淀出水/NTU | 1.805 | 1.751 | 1.53 | 1.354 | 1.413 | 0.978 | -0.054 | -0.176 | -0.435 |

注:其中下标为 1 的表示运行参数,下标为 2 的表示试验参数。

由表 5-1 可知,在一定混凝剂投加范围内,随着混凝剂投量增加,矾花数目和粒径都会增加,沉淀池水出水浊度也会降低,混凝剂投加量变化越大,效果越明显,直至混凝剂投量增加为水厂运行投量的两倍时,趋势依然存在。

### 5.3.2 强化沉淀

常规工艺中,沉淀是去除混凝体和悬浮物的主要步骤,是常规给水处理工艺的重要组成部分。沉淀分离机理:在混凝阶段形成的吸附水中大量悬浮物、胶体以及部分天然有机物的絮凝体,在沉淀池中以单颗粒沉降模式从水中分离去除。然而当原水中浓度较高时,形成的絮凝体较多时,絮凝体间距缩小,在水流作用下接近和接触,破坏了自由沉降模式,转化为干扰沉降。

强化沉淀分离技术是基于以下论点:一是使用高效新型高分子混凝剂,利用其良好的絮凝效果,吸附和去除原水中的有机污染物;二是提高絮凝颗粒的有效浓度,促进絮凝体整体网状结构的快速形成。在沉淀区形成悬浮絮凝层,进池原水通过该过滤层时,以自下而上的分离清水和自上而下浓缩絮凝泥渣的过程,实现对原水有机物进行连续性网捕、扫表、吸附、共沉等一系列综合净化作用;三是改善沉淀水流流态,减小沉降距离,大幅度提高沉淀效率。

利用以上强化沉淀观点,我国近年引进给水处理技术中的高密度澄清池(如图 5-16 所示)实现了强化沉淀,以回流活性泥渣强化絮凝核心,增大进水絮体有效浓度,改变沉淀分离流变特性,在沉淀中部形成高浓度($20 \sim 30 \text{kg/m}^3$)悬浮絮凝层,并增加小间距斜板(斜管)沉淀设备,大幅度降低沉淀池出水浊度,提高对有机物的净化效果。

### 5.3.3 强化过滤

#### 5.3.3.1 强化过滤的机理

普通快滤池的过滤机理是:水中悬浮颗粒首先通过迁移作用靠近滤料表面,

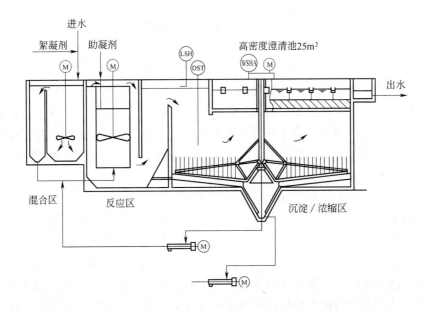

图 5-16  高密度澄清池示意图

再通过悬浮颗粒与滤料表面之间的物理化学作用（黏附或吸附），使悬浮颗粒被滤料层截留下来，从而使水获得澄清。因此，快滤池过滤机理主要是悬浮颗粒与滤料间的物理化学作用，而非机械筛滤作用。

强化过滤就是要改变在现有的过滤技术基础上，改变各方面的条件以期取得更优质的出水水质的高效过滤工艺，例如，滤床深层容量的利用和发挥；滤池滤料冲洗再生；滤池单体结构和群体布置上的改革；过滤过程的控制及新型人工和半人工滤料的研制应用等。

下面主要讨论通过滤料的改性实现强化过滤。

（1）改性滤料。基于传统的快滤池过滤理论，可以通过滤料的改性来提高除浊效果和延长滤池的放冲洗周期。改性滤料是在载体如石英砂的表面涂以铁、铝的氧化物或氢氧化物，使滤料表面的 ζ 电位改变，达到提高过滤效能的一种滤料，或称涂层滤料。变性滤料强化混凝主要依靠两个作用：1）降低 ζ 电位。由于传统滤料石英砂表面带有负电荷，而未经脱稳的悬浮颗粒也带有负电荷，因而很难去除未经混凝的悬浮颗粒，改性滤料改变了表面的 ζ 电位，使之不再带有负电荷甚至转为带正电荷，从而使带负电荷的悬浮颗粒易于与滤料吸附或黏附，而且有利于水中溶解性有机物的去除。2）增加滤料比表面积和孔隙率，改性滤料涂层砂的比表面积可比石英砂提高 10 倍以上，增加了滤料颗粒对悬浮物和有机物的吸附容量。因而，改性石英砂可以提高过滤效果，并在一定程度去除有机污染物。

（2）天然活性载体滤料。常规滤池主要功能是去除浊度、细菌，并且由于预氯化的作用，滤料上无法生长微生物，因而也不会有生物降解作用。在不预加氯的情况下，选用天然活性载体（如天然或合成沸石滤料、陶粒滤料等）作为滤料，由于比表面积较大，滤料表面就会生长大量的微生物，形成生物膜，在好氧微生物作用下，滤池出水中氨氮有所降低，亚硝酸盐氮增加，实现了在保留常规工艺的同时提高对有机物和有害金属离子的去除效果。理想的强化过滤是既有亚硝酸盐菌，又要有硝酸盐菌的作用，让滤料既能去浊，又能降解有机物，降解氨氮、硝态氮和亚硝态氮。

### 5.3.3.2 改性石英砂过滤的实际应用

在做改性滤料试验时，将取自盛夏的含大量藻类的河水与等量的自来水进行混合形成类似低浊度的微污染水源，浊度一般控制在 20NTU 左右，以此作为滤柱的进水。在高 70cm、直径为 32mm 的两个滤柱中，分别填装改性滤料和石英砂，原水进入水箱，经搅拌后，在不投加任何混凝剂的条件下，从水箱重力流至恒位箱，然后再重力流至滤柱，采用等水头减速过滤进行直接过滤实验，据此测定浊度和有机物的去除效果。

（1）对浊度的去除。从图 5-17 可以看出，相比未涂层石英砂，涂铝砂除浊效果显然较好，尤其是在前期表现明显，但是这种差异随时间逐渐减少，直至 40h 过滤以后，两种滤料滤后水浊度随时间变化曲线逐渐趋于接近，这主要是因为涂铝砂表面涂层逐渐被悬浮物覆盖，因而两者表面物理化学性质渐趋相同，除浊效果也渐趋相同。而对于涂 $FeCl_3$ 砂，滤后水浊度表明，涂 $FeCl_3$ 砂对浊度的去除效果也明显优于未涂层石英砂，而且两条曲线几乎平行，说明涂

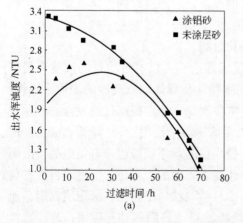 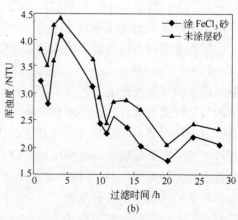

图 5-17　涂铝砂和涂 $FeCl_3$ 砂滤后水浊度的变化

（a）涂铝砂；（b）涂 $FeCl_3$ 砂

FeCl$_3$ 砂的耐久性很强，涂铝砂和涂 FeCl$_3$ 砂的出水浊度波动原因是原水浊度在波动。

（2）对有机物的去除。图 5-18、图 5-19 为涂铝砂、涂 FeCl$_3$ 砂和未涂层砂滤后水中的 UV$_{254}$、DOC 随过滤时间的变化。从图中可见，涂铝砂、涂 FeCl$_3$ 砂在过滤过程中，对 UV$_{254}$、DOC 的去除效果明显地优于未涂层砂。虽然在开始过滤期间，UV$_{254}$、DOC 的去除率相差较大，但在若干时间以后，曲线几乎都是相互平行，这与涂铝砂对浊度的去除有所不同。其原因是，虽然改性滤料表面被悬浮物覆盖，但水中溶解性有机物仍会透过覆盖层，进入滤料表面而被吸附去除，而胶体颗粒等却无法透过覆盖层。

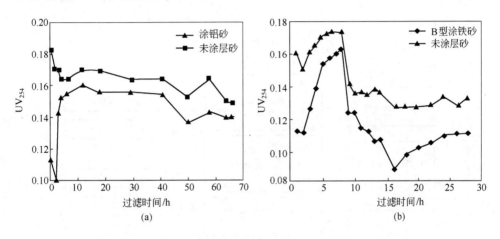

图 5-18　涂铝砂和涂 FeCl$_3$ 砂滤后水 UV$_{254}$ 的变化

（a）涂铝砂；（b）涂 FeCl$_3$ 砂

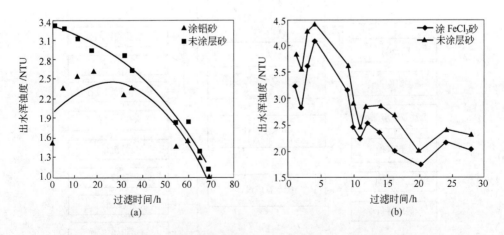

图 5-19　涂铝砂和涂 FeCl$_3$ 砂滤后水 DOC 的变化

（a）涂铝砂；（b）涂 FeCl$_3$ 砂

## 5.4 水厂设计和建设

### 5.4.1 工艺设计内容

水厂的初步设计应包含工程设计规模及标准、技术方案及工程设计、工程设计与管理、工程概算等基本内容，如图 5-20 所示。工程设计规模及标准应包含供水范围、供水标准和供水规模。技术方案及工程设计应包含水源选择、取水构筑物设计、水厂设计、净水工艺设计、输配水设计、施工组织设计、环境影响评价和水土保持方案等。工程设计与管理应包含工程建设管

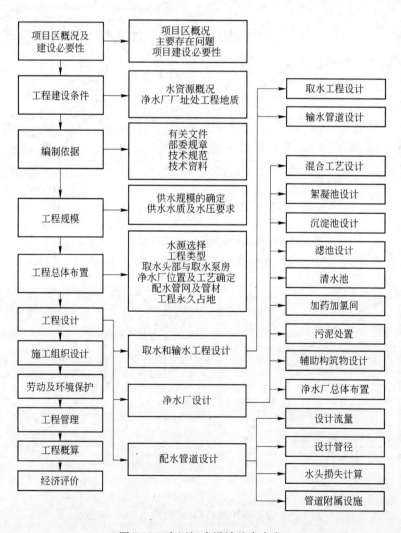

图 5-20　水厂初步设计基本内容

理、运行管理与水源保护措施等。设计概算中应包含概算编制依据和方法，工程总投资等。

## 5.4.2 工艺设计基本参数

### 5.4.2.1 净水厂进出水水质

A 原水水质

应由监测部门对原水水质进行水质检测，所测指标应满足《地表水环境质量标准》（GB 3838—2002）中的相关水质标准要求。

B 净水厂出水水质

净水厂出厂水水质应符合国家《生活饮用水卫生标准》（GB 5749—2006）的要求。

### 5.4.2.2 水量

水量应包含近期设计规模、远期设计规模。考虑水厂自用水率后满足用水要求进行取水、水处理和输水工程规模。

### 5.4.2.3 水压

水压应满足供水区域内最不利点自由水压。

## 5.4.3 供水工程项目建设

水厂建设项目可分为立项规划选址阶段、项目设计和施工准备阶段、项目施工和竣工验收阶段三个主要阶段，各阶段的主要工作内容如图 5-21 所示。

可行性研究应符合城市总体规划、城市供水规划和年度建设计划，符合国家产业政策及政府有关建设投资管理办法；应由具有相应资质单位编制的可行性研究报告，达到《市政公用工程设计文件编制深度规定》的要求；应符合《城市给水工程规划规范》、《建筑给水排水设计规范》等技术标准、规范、规定的要求；应按规定建设配套节约用水设施，采取循环用水、一水多用、海水利用或其他节水措施，符合国家规定的标准。

初步设计应符合主管部门核发的《城市供水工程项目批准书》的要求；应由具有相应资质单位编制的初步设计文件，达到《市政公用工程设计文件编制深度规定》的要求，满足编制施工招标文件、主要设备材料订货以及编制施工图设计文件的需要；应符合城市规划和工程建设强制性标准要求，设计文件中选用的材料、构配件、设备，应注明其规格、型号、性能等技术指标，其质量要求必须符合国家规定的标准；应按规定建设配套节约用水设施，采取循环用水、一水多用、海水利用或其他节水措施，符合国家规定的标准。

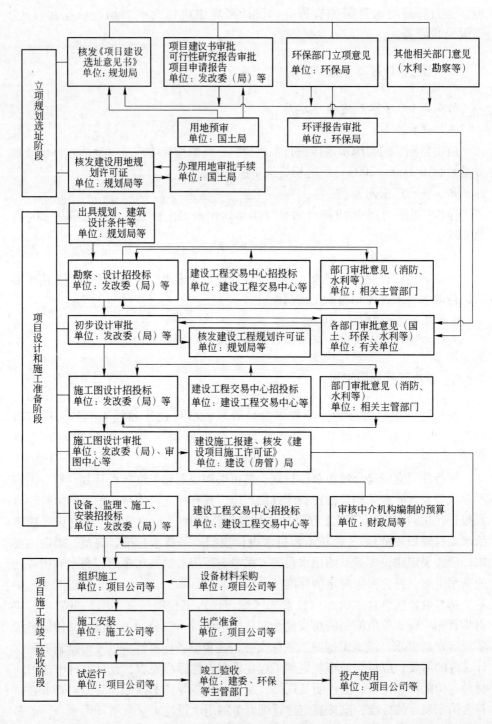

图 5-21　建设项目各阶段流程概要

# 5.5 饮用水处理工程实例

## 5.5.1 临安市第三水厂

### 5.5.1.1 水处理工艺

A 设计原则

（1）供水区域：锦城镇（含玲珑工业园区、青山区）。

（2）根据水源水质和出厂水质目标，选用成熟、切实可行的工艺流程，并考虑临安第二水厂运行管理经验。

（3）有较高的自动化程度，保证出厂水质、水量，安全供水。

（4）水量目标为供水量 50000m³/d，出水浊度低于 1.0NTU，水压控制范围为 0.39MPa。

水厂进水指标如表 5-2 所示。

**表 5-2 水厂进水指标**

| 检测项目 | 单 位 | 原 水 | 检测项目 | 单 位 | 原 水 |
|---|---|---|---|---|---|
| 水 温 | ℃ | 19 | 氯化物 | mg/L | 4 |
| 色 度 | 度 | 5 | 亚硝酸 | mg/L | <0.002 |
| 浑浊度 | 度 | 0.5 | 氨性氮 | mg/L | <0.05 |
| 嗅和味 | | 无 | $COD_{Cr}$ | mg/L | 1.13 |
| 肉眼可见物 | | 无 | 总碱度 | mg/L | 32.0 |
| pH 值 | | 7.2 | 细菌总数 | mg/L | 160 |
| 总硬度 | mg/L | 22.0 | 总大肠杆菌 | mg/L | 230 |
| 铁 | mg/L | 0.05 | | | |

注：原水为水涛庄水库水。

B 水处理工艺

该工程水源水质为 I 类水质，暴雨期浊度较大，采用混凝沉淀工艺处理，出厂水浊度控制低于 1.0NTU。设计初定采用工艺流程如图 5-22 所示，水涛庄水库的原水由 DN1000 输水管输送至水厂。经配水井分配后由两根 DN600 经管道混合器混合后分别输送到反应池，加药和加氯在管道混合器前完成。水流重力流到沉淀池，絮凝后的大颗粒矾花在沉淀池沉淀，小颗粒的随水流流到滤池。原水经过滤池过滤后，浊度、色度等主要指标达到出厂水标准。

### 5.5.1.2 净水系统主要建（构）筑物设计参数

设计二条生产线，每条生产线处理规模为 25000m³/d。

（1）配水井 1 座，主要起到平衡水量及消除上游水头的作用，平面尺寸 16m×8m，高 4.5m，停留时间 15min。

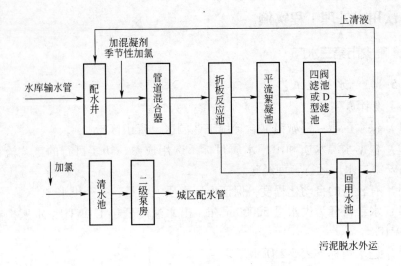

图 5-22　临安市第三水厂水处理工艺

（2）絮凝：絮凝池采用折板反应池。按规范要求折板反应池分段数宜采用三段，第一、二段采用 120° 不锈钢折板。第三段采用不锈钢直板。

设计流量：2300m³/h（校核流量：2917m³/h）；

停留时间：15min；

有效容积：504m³；

尺寸：　　14.0m×10.0m×4.0m（H）；

有效水深：3.6m；

数量：　　1 座（分两格）；

结构：　　钢筋混凝土。

（3）沉淀：本水厂位于城郊，占地限制不大，由于平流沉淀池具有造价低、操作方便、施工简单、对原水浊度适应性强、处理效果稳定及尤其适应低温低浊水等优点，故采用平流沉淀池。经过折板反应池絮凝、平流式沉淀池沉淀处理后，浊度一般控制在 5NTU 以下。

设计流量：2300m³/h（校核流量：2917m³/h）；

停留时间：2h；

有效容积：3240m³；

水流速度：10.61mm/s；

尺寸：　　108.0m×10.0m×4.0m（H）；

有效水深：3.0m；

数量：　　1 座（2 组）；

结构：　　钢筋混凝土。

（4）过滤：本工程选用普通快滤池，采用均质滤料，小阻力配水系统。其具有以下优点：有成熟的运转经验，运行稳妥可靠；采用砂滤料，材料易得，价格便宜；滤床含污量大，周期长，滤速高，水质好；可适用于大、中、小型水厂。

设计工作时间：24h；

设计滤速： 7m/h；

冲洗强度： $q = 15L/(s \cdot m^2)$；

冲洗时间： 6min；

数量： 1座（10格）；

结构： 钢筋混凝土。

经过过滤后，出水水质一般已达到饮用水水质标准，余氯量不达标的，可于吸水井补加氯。

（5）加药间：建筑面积435m²。

混凝剂采用聚合氯化铝，投加量根据水质投加，最大加矾量为15mg/L，投加浓度为10%；氯是目前国内外应用最广的消毒剂，除消毒外还起氧化作用；加氯操作简单，价格较低，且在管网中有持续消毒作用。故此次设计消毒采用液氯，氯库储备量为30天。投加量前加氯2mg/L，后加氯1mg/L。投加点分别为：进水管道混合器和清水池进口。

通过消毒后，生活饮用水的细菌含量和余氯量应符合国家《生活饮用水卫生规范》（GB 5749—2006）的规定。

（6）清水池：体积10000m³（5000m³ × 2）。

## 5.5.2 南宁市三津水厂一期工程

### 5.5.2.1 水处理工艺

净水厂设计净水规模为 $20 \times 10^4 m^3/d$，总占地面积7.50公顷。采用的水处理工艺如图5-23所示，原水经过取水泵房、配水井后进入机械混合池，池前加入PAC和前加氯，之后进入网格絮凝沉淀池进行沉淀，后经过气水反冲滤池后进入清水池（沉淀池与清水池叠加），进入清水池前进行后加氯。

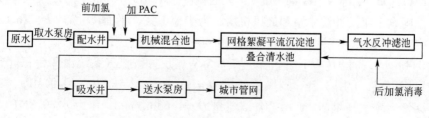

图5-23 三津水厂一期工程水处理工艺

### 5.5.2.2 净水系统主要建（构）筑物设计参数

（1）配水井：为了稳定取水泵房压力来水，将水量均匀分配给处理构筑物，水厂设置一座配水井。设计规模 $20 \times 10^4 m^3/d$，由进水室、配水室、溢流井三部分组成，停留时间3min，采用泥斗配气动池底阀由电磁四通阀控制排泥。

（2）机械混合池停留时间为1min，单池尺寸 $L(长) \times B(宽) \times H(高) = 4.2m \times 4.6m \times 4.4m$，设置立式搅拌机一套。

（3）网格絮凝平流沉淀池包括絮凝、沉淀两部分，分设两座，钢筋混凝土结构。

每座网格絮凝平流沉淀池设计规模：$11 \times 10^4 m^3/d$。

网格絮凝池设计停留时间：10min。

每座池分两个单元，每单元内分20小格，每小格平面尺寸为：$2.0m \times 2.4m$。

絮凝池段外形尺寸：$L \times B \times H = 8.6m \times 13.0m \times 6.0m$。

絮凝池分三段，第一段设置密网格，过网孔流速0.29m/s，第二段设置疏网格，过网孔流速0.25m/s，第三段不设网格。采用泥斗配气动池底阀排泥，由电磁四通阀控制排泥，设5根DN200-b泥管。

平流沉淀池设计水平流速14mm/s，沉淀时间2h，每座分两个单元，每单元池外形尺寸 $L \times B \times H = 100.8m \times 13.0m \times 4.4m$，为避免短流，每单元中设一道导流墙。采用虹吸式吸刮泥机排泥，根据污泥界面仪和时间设定参数，程序控制排泥。沉淀池控制出水浊度要求为3NTU以下。每座网格絮凝平流沉淀池总体平面尺寸为112.6m×30.4m，两单元池中间设置超越渠。

（4）滤池为钢筋混凝土结构，采用均粒滤料V形滤池。设两组，每组滤池设计规模为 $11 \times 10^4 m^3/d$，滤速采用8m/h。每组滤池分成8格，按两排并列布置，每排4格，单格过滤面积为 $10.0m \times 3.5m \times 2 = 70m^2$，总过滤面积 $560m^2$。池总高4.1m，包括管廊、进水槽、反冲洗排水槽在内的每座滤池总平面尺寸为 $33.85m \times 34.8m$。滤料采用石英砂均质滤料，滤料粒径 $d_{10} = 1.0 \sim 1.25mm$，$K_{80} < 1.25$，滤料厚度1200mm，配水采用长柄滤头。V形滤池采用先气冲洗，再气水混合冲洗，最后清水漂洗三段冲洗，整个反冲洗过程辅以待滤水表面扫洗。冲洗时间为：气冲洗2min，气水混合冲洗4min，单独水冲洗6min。冲洗强度为：气15L/(s·m²)，水4.5L/(s·m²)，表面扫洗水1.8L/(s·m²)。

厂内设一座反冲洗水泵和鼓风机房，为半地下式，平面尺寸 $L \times B = 16.0m \times 10.2m$。反冲洗供水系统由2台SDA300/400型水泵组成，1用1备，水泵流量 $Q = 1044m/h$，扬程 $H = 11m$，电机功率55kW；反冲洗供气系统由2台三叶式罗茨鼓风机组成，1用1备，鼓风机气量 $Q = 3948m^3/h$，压力 $p = 0.04MPa$，功率54kW；2台空气压缩机，1用1备，流量 $Q = 1.65m^3/min$，压力 $p = 0.8MPa$，功率11kW，供气动阀门用。

（5）清水池与絮凝沉淀池叠合设置，位于沉淀池之下，设两座，钢筋混凝土结构。每座清水池平面尺寸为 $L \times B = 112.6m \times 30.4m$，有效水深4m，单池有效容积12519$m^3$，两座池总容积25038$m^3$，可以满足水厂供水规模12%的调蓄量。

（6）吸水井及送水泵房。吸水井紧靠泵房设置，平面尺寸 $L \times B \times H = 34.0m \times 4.5m \times 6.4m$。清水池高水位时，水泵可自灌启动，低水位时，采用真空泵辅助启动。送水泵房为半地下式建筑，平面尺寸为 $L \times B = 46.5m \times 12.0m$。水泵采用英国WEIR泵，定速泵6台，4台大泵，型号为SDAH500/600，3用1备，单台水泵流量 $Q = 3170m^3/h$，扬程 $H = 48m$，电机功率560kW，2台小泵，型号为SDB350/450，1用1备，单台水泵流量 $Q = 1872m^3/h$，扬程 $H = 48m$，电机功率400kW；真空泵2台，型号为DELTAC32M，1用1备，流量 $Q = 1.5m^3/min$，真空度 $-0.03MPa$，电机功率4kW。泵房内设置单梁悬挂起重机1台，起重量5t。

（7）加药、加氯间。加药系统根据邕江水质特点，混凝剂采用液体PAC，最大投加量为40mg/L，平均20mg/L。设贮药池一座，容积40m，溶解池一座，容积11$m^3$，溶液池一座，容积25$m^3$，各池均内分两格，交替使用。药剂投加浓度3.5%。加药设备采用美国米顿罗隔膜计量泵，设置11台加药泵，6大5小，大泵 $Q = 1095.05L/h$，小泵 $Q = 214.46L/h$。加药系统为全自动控制，根据原水水量和游动电位仪检测控制计量泵投加量。加氯系统加氯分为前加氯和后加氯，加氯机采用美国CAPITAL真空加氯机。前加氯投于机械混合池前，最大投加量2.5mg/L，两个投加点，设置3台，2用1备，每台加氯机最大投加量20kg/h，前加氯按原水流量比例控制投加；后加氯投加于滤后水中，最大投加量为2~3mg/L，两个投加点，设置3台，2用1备，每台加氯机最大投加量20kg/h，后加氯按滤后水流量控制投加，以出厂水余氯量反馈调整投加量。氯库设置漏氯报警仪，轴流风机，用专用房间设置氯吸收装置。

（8）废水处理设施包括滤池冲洗回收泵房（兼作调节池）、沉淀池排泥水提升泵房、污泥浓缩池和污泥脱水间。污泥脱水采用日本ISHIGAKI板框压滤机，共2台，单台处理能力为10000kg/d，无需投药，压滤后泥饼含水率为50%。

（9）自动控制系统采用集中管理、分散控制形式，系统由三级组成：第一级，就地控制（即现场控制盘）；第二级，现场控制PLC站，自动控制系统按功能和就近组合原则分别在取水泵房、沉淀池、滤池、变配电及送水泵房、加氯系统、加药系统、废水及污泥处理间等设置现场控制PLC站；第三级，中央控制室，在厂部中心控制室配置运算速度高、储存量大的多媒体电脑，通过网络适配器与PLC的工业网联网，PLC采集到的实时工况、过程变量、水质指标、工艺参数、生产数据实现动态彩色画面显示，故障声光报警和数据处理，打印管理生产报表、故障实时报表。制作浊度、余氯、pH 值、压力、水位、流量等等的历史变化趋势曲线。

（10）运行实践和设计优化：该厂设计实现了生产过程的全自动控制，实现全厂无人值守，同时降低了生产人员的劳动强度及企业的生产经营成本，水厂整体工艺处理及监测水平均达到了国内先进水平，运行效果好。网格絮凝平流沉淀池与清水池叠加的设计仅节省占地，减少了厂区填土方量，减少了沉淀池及清水池的基础处理费用，避免了构筑物建于回填土上，从而节省工程投资和优化了厂区总平设计。

重要的设计经验：絮凝池加药点应考虑到同时运行投药泵控制和投药量调节管理的要求；沉淀池考虑到排泥和洗池的需求，可考虑将排泥槽和排泥管均匀布置，提高清洗效率；滤池反冲洗排水沟应考虑检修和沟内阀门更换需求，适当提高排水沟的尺寸。

# 第6章 饮用水预处理技术

对于未受污染的天然地表水，通常采用常规处理工艺（即混凝、沉淀、过滤和消毒），效果十分有效。其去除对象主要是水中悬浮物、胶体和致病微生物。但对于微污染原水而言，原水中包含的有机物和氨氮、亚硝态氮、磷化物、重金属等无机污染物，尤其是具有致癌、致畸、致突变的有机污染物或"三致"前体物，在常规处理工艺中很难去除，需在常规工艺之前采用预处理技术。此外，预处理还能减少后续常规处理和深度处理的负荷，延长装置的寿命，减少药剂的消耗。

预处理主要包括化学氧化预处理、吸附预处理和生物预处理三个方向。另外，强化传统处理工艺由于其不增加新设施，只在原有工艺的基础上略做调整的特点也受到了关注。目前，强化传统处理工艺有强化混凝、强化沉淀和强化过滤技术。

## 6.1 物理化学预处理

### 6.1.1 化学氧化预处理

化学氧化预处理技术是指依靠氧化剂的氧化能力，分解破坏水中污染物的结构。达到转化和分解污染物的目的。目前有氯气（$Cl_2$）预氧化、高锰酸钾（$KMnO_4$）预氧化、光化学预氧化和臭氧（$O_3$）预氧化等技术。

#### 6.1.1.1 氯气预氧化

预氯化氧化是应用最早的和目前应用最广泛的方法。原水进入常规处理工艺之前，投加一定量氯气预氧化可以控制因水源污染生成的微生物和藻类在管道内或构筑物的生长，同时也可以氧化一些有机物和提高混凝效果并减少混凝剂使用量。但是，由于预氯化导致大量卤化有机污染物的生成，如TMMs（三卤甲烷）等，该类化合物属于"三致"物质并且在后续的常规处理工艺中不易被去除，可能造成处理后水的毒理学安全性下降。因此预氯化氧化处理应慎重采用。

二氧化氯也常作为预氧化剂使用，二氧化氯（$ClO_2$）可有效氧化藻类等，改善水的色、嗅、味。而且，作为氧化剂使用的二氧化氯不会与水中的有机物发生卤代反应生成大量对人体有害的消毒副产物。有研究表明，二氧化氯本身的氧化作用就能去除三卤甲烷生成势（THMFP）。

### 6.1.1.2　高锰酸钾预氧化

20世纪80年代发现，投加高锰酸钾能有效去除受污染水源水中的藻类、臭味、色度，氧化分解有机物和加强消毒效果。高锰酸钾作为一种强氧化剂，能与水中的 $Fe^{2+}$、$Mn^{2+}$、$S^{2-}$、$CN^-$、酚及其他致臭致味有机物很好地反应。并且在一定投量时，能杀死很多藻类和微生物。其出水和臭氧处理一样无异味。其投加与监测亦很方便。

**A　氧化无机物**

在稀的中性水溶液中，高锰酸盐氧化硫化氢的化学反应为：

$$4KMnO_4 + 3H_2S \Longleftrightarrow S + 2K_2SO_4 + 3MnO + MnO_2 + 3H_2O$$

与氰离子反应为：

$$2MnO_4^- + 3CN^- + H_2O \xrightarrow{Ca(OH)_2;pH = 12 \sim 14} 3CNO^- + 2MnO_2 + 2OH^-$$

$$2MnO_4^- + CN^- + 2OH^- \xrightarrow{pH = 12 \sim 14} 2MnO_4^{2-} + CNO^- + H_2O$$

高锰酸钾对无机盐的氧化速度比对一般有机物的氧化要快得多，铜离子对氧化反应有明显的催化作用。

**B　氧化有机物和藻类**

国内大量研究了用高锰酸钾去除地表水中的有机物。试验发现，在中性 pH 值条件下，对有机物和致突变物的去除率均很高，明显优于在酸性和碱性条件下的效果。反应过程中产生的新生态水合 $MnO_2$ 具有催化氧化和吸附作用。

与预氯化相比，高锰酸钾对微污染水进行预氧化，在除藻效率方面，两者都能将藻类数量控制在不干扰混凝过程的范围内，由于高锰酸钾预氧化产生的 $MnO_2$ 具有吸附作用，使得其除藻效果明显优于传统的预氯化技术。此外，高锰酸钾预氧化的助凝效果要优于预氯化氧化；在对 $COD_{Mn}$、$NH_3$-N、嗅味的去除方面要优于预氯化；高锰酸钾预氧化能显著地控制氯化消毒副产物，并有效地降低后续氯化消毒过程中氯仿和四氯化碳等致癌物质的生成量、减少后续氯化消毒中的投氯量；用高锰酸钾预氧化代替预氯化，可为水厂节约制水成本。

当氯和高锰酸钾联用时，两者在除藻上为协同作用，因而对微污染原水进行预氯化处理时，在获得相同消毒效果的前提下，投加高锰酸钾可以减少氯的投量，进而减少氯化副产物的生成。

据有关资料介绍，投加高锰酸钾与水中还原物质反应生成中间价态的无定形锰，通过吸附与催化作用，能显著地提高对水中微量有机污染物的去除效率，并且显著地降低水的致突变活性，对色度和致嗅物质的去除率分别为50%～70%、16%～70%，通过破坏有机物对胶体的保护作用，强化胶体脱稳，形成以新生态的氧化锰为核心的密实絮体，具有良好的助凝作用，从而降低水中的浊度、藻类及悬浮物等。

C　投加点

国内一般投加高锰酸钾在投混凝剂之前或同时投加，与水体接触时间较短；国外投加高锰酸钾投加量为 0.25~3.0mg/L，与水体接触时间为 0.3~4h 不等。通常认为接触氧化时间越长效果越好，具体情况视原水污染状态而调节。故认为对原水污染严重的水厂，可考虑把高锰酸钾投加点前移以延长与水体接触时间，提高高锰酸钾去除有机污染物的效能。某水厂投加高锰酸钾后藻类去除率达53%，出水浊度下降69%，色度去除率达17%。

高锰酸钾氧化预处理的组合工艺虽然能有效地降低水的致突变活性，对突变物前体物也有较好的祛除效果，但有机物经高锰酸钾氧化后的氧化产物中，有些是碱基置换突变物，它们不易被后续常规工艺所去除，在组合工艺出水氯化后，这些前体物转化为致突变物使水的致突变活性有较大幅度的增加。

### 6.1.1.3　臭氧预氧化

臭氧（$O_3$）是氧气的同素异构体，在常温常压下是一种具有色腥味的淡蓝色气体，沸点 -112.5℃，密度 2.144mg/m³，比氧气的密度大1.5倍。臭氧不稳定，易分解，臭氧在水溶液中的分解速度明显大于在空气中的分解速度。并且在水中有较高的溶解性，臭氧在水中溶解度要比纯氧高10倍，比空气高25倍。

臭氧是一种强氧化剂。在酸性环境中，其氧化能力略低于氟，在低浓度时亦有强氧化性。研究指出，在 pH 值为 5.6~9.8、水温在 0~29℃范围内，臭氧的氧化效力不受影响。臭氧之所以表现出强氧化性，是因为分子中的氧原子具有强烈的亲电子或亲质子性，臭氧分解产生的新生态氧原子也具有很高的氧化活性。

A　氧化机理

臭氧能直接氧化水溶液中的无机污染物，能将水中的二价铁、二价锰氧化成三价铁及高价锰，使之转变为固体物质，通过后续的沉淀和过滤去除。臭氧还能氧化氨和硫化物，它能将氨和亚硝酸盐转化为硝酸盐，还能氧化硫化亚铁和硫化氢。

臭氧氧化有机物的机理一般认为有两种途径：一是臭氧以氧分子的形式直接与水体中的有机物直接进行反应；二是碱性条件时，臭氧分解产生强氧化性的羟基自由基等，而后发生反应。

在酸性环境下，直接与污染物反应，同时还会产生一系列的自由基。直接反应的反应式如下：

$$O_3 \longrightarrow O + O_2$$
$$O + O_3 \longrightarrow 2O_2$$
$$O + H_2O \longrightarrow 2 \cdot OH$$
$$O + H_2O \longrightarrow H_2O_2$$

$$2H_2O_2 \longrightarrow 2H_2O + O_2$$

在碱性环境下，臭氧分解产生自由基的速度很快，反应式：

$$O_3 + OH^- \longrightarrow HO_2 \cdot + \cdot O_2$$

$$O_3 + \cdot O_2 \longrightarrow \cdot O_3 + O_2$$

$$O_3 + HO_2 \cdot \longrightarrow \cdot OH + 2O_2$$

$$\cdot O_2 + \cdot OH \longrightarrow O_2 + OH^-$$

臭氧与水中有机物的反应究竟是直接氧化反应还是自由基的氧化反应，主要取决于反应条件及有机物的性质。臭氧能氧化多种有机物，在有机物浓度较低的水处理中，采用臭氧氧化法不仅可以有效去除水中有机物，且反应快，设备体积小。尤其水中含有酚类化合物时，臭氧处理可以去除酚所产生的恶臭。

B　臭氧的制备

制备臭氧的方法较多，有化学法、电解法、紫外光法、无声放电法等。工业上一般采用无声放电法制取。下面主要介绍无声放电法制备臭氧。

无声放电法制备臭氧的原理及装置如图6-1所示。它有高压电极和介电体组成。由于介电体的阻碍，只有极小的电流通过电场，即在介电体表面的凸点上发生局部放电，当氧气或空气通过此间隙时，在高速电子流的轰击下，一部分氧分子转变为氧离子，氧离子与氧分子或氧离子直接反应生成臭氧，形成均匀蓝紫色电晕，因不能形成电弧，故称之为无声放电。其反应如下：

$$O_2 + e \longrightarrow 2O + e$$

$$3O \longrightarrow O_3$$

$$O + O_2 \longrightarrow O_3$$

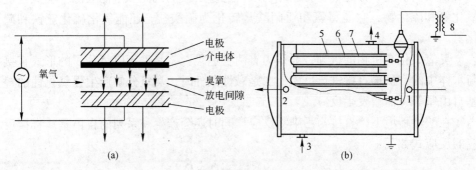

图6-1　无声放电制备臭氧的原理与装置

(a) 无声放电法制备臭氧原理；(b) 管式（卧式）臭氧发生器

1—空气或氧气进口；2—臭氧化气出口；3—冷却水进口；4—冷却水出口；

5—不锈钢管；6—放电间歇；7—玻璃管；8—变压器

上述反应为可逆反应，臭氧会分解为氧气：

$$O + O_3 \longrightarrow 2O_2$$

生成和分解反应不断进行，直至达到某一浓度时动态平衡。理论上以空气为气源的平衡浓度为 3%~4%，以臭氧为气源的平衡浓度为 6%~8%，实际中并未达到上述浓度。

C 臭氧接触反应器

臭氧在水中的溶解度较小，在投加臭氧的时候必须将臭氧和原水反应充分，因此，臭氧接触装置起到重要的作用。包括种类有：气液混合器、螺旋叶片管道混合器、臭氧接触氧化塔、接触氧化池等。

（1）气液混合器：利用文丘里管的真空度吸入臭氧，使之与水混合充分。

（2）螺旋叶片管道混合器：每节混合器带有一级分别左、右旋180°的固定叶片，相邻两叶片的旋转方向相反并相差90°。被混合的气、液体在混合器里不断地混合至均匀。

（3）臭氧接触氧化塔（鼓泡塔）：臭氧化空气通过底部的多空扩散器曝气进入接触塔，与同向水流或异向水流接触混合（图6-2）。

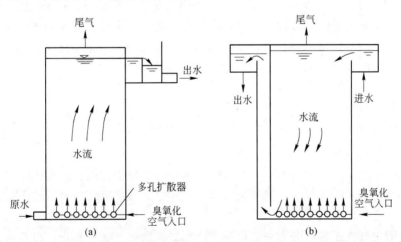

图6-2 臭氧接触氧化塔

(a) 同向流；(b) 异向流

（4）臭氧接触池：依然使用多空扩散器将臭氧化空气通入底部，其形式多样，根据原水水质可以采用单格或多格的形式，多格接触池能够延长臭氧接触时间。多使用于大流量、接触时间较长的水处理工程，如自来水厂、中水回用等，示意图如图6-3所示。

D 臭氧的运用

经臭氧处理，可达到降低 COD、杀菌、增加溶解氧、脱色除臭、降低浊度几个目的。臭氧具有比氯更强的消毒能力。对色度的去除，常规处理可以使得东江原水色度从 68 度降到滤后水的 1~3 度，投加 110mg/L 进行预臭氧化和 115mg/L 主臭氧后，滤后水基本无色。而对于臭氧去除嗅味而言，一般 1~3mg/L 的投加量即可达到规定阈值。

臭氧氧化富溴化物水时，氢溴酸（臭氧和溴化物的反应产物）和天然有机物反应生成多种溴有机副产物。通常情况下，这些溴有机副产物的浓度低于饮用水标准，其中主要副产物是溴酸盐，溴酸盐是基因毒性致癌诱变物，所以在定饮用水标准时有严格的指标。世界卫

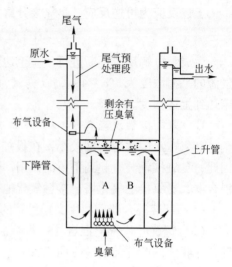

图 6-3　承压式异向流臭氧接触池

生组织规定的溴酸盐标准是 $25\mu g/L$，欧盟和美国环保局订立的最大污染水平为 $10\mu g/L$。此外，臭氧预氧化虽然对水中移码突变物有部分去除效果，但对碱基置换突变物没有明显的处理能力，而且部分具氧化产物不易被常规处理去除，使组合工艺处理后水中移码突变物前体物的碱基置换突变物前体物有较大量的增加，出水氯化后的致突变活性与原水相比有较高的上升。

### 6.1.1.4　光化学预氧化

光化学预氧化主要是利用光辐射和化学氧化的协同作用。在原水中预先投入定量的氧化剂（如过氧化氢、臭氧等）或一些催化剂（如染料、腐殖质等），然后再以紫外光为辐射源，其处理效果比单独的化学氧化、辐射有显著的提高。光氧化在水中产生许多自由基，能有效降解水中的小分子有机物。光化学氧化法有光敏化氧化、光激发氧化、光催化氧化等，其中光催化氧化有较多的研究。

A　光催化氧化机理

光催化氧化通常可分为有氧化剂直接参与的均相光催化氧化，以及有固相催化剂存在，紫外光与氧或过氧化氢作用下的非均相光催化氧化。

均相光化学催化氧化主要是指 UV/Fenton 试剂迭。在紫外线或可见光辐射可以使得传统的 Fenton 氧化还原的处理效率显著提高，从而减少 Fenton 试剂用量。其机理为：

$$H_2O_2 + hv \longrightarrow 2 \cdot OH$$

非均相光催化氧化主要是利用半导体材料作为催化剂，半导体具有的能带通常是有一个充满电子的低能价带（VB）和一个空的高能导带（CB）组成，价带和导带直接的区域成为禁带。由于该光电性，当采用光辐射半导体催化剂时，如

果光子的能量等于或高于禁带宽度,价带上的电子就被激发超过禁带进入导带,产生光致电子和空穴。激发后的电子和空穴有部分进行进一步的反应。光致空穴具有极强的氧化性,能与吸附在催化剂表面的 $OH^-$ 或 $H_2O$ 生成高活性的·OH,而光致电子具有强还原能力,与产生 $O_2$ 或·$O_2$,参与氧化还原反应。但是光致电子和空穴并不稳定,有复合的可能,从而降低了光催化反应的效率。其示意图如图 6-4 所示。

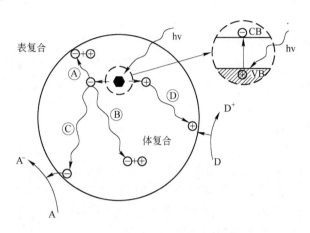

图 6-4 半导体光致电子与空穴的产生与复合

B 光催化剂的改性

目前研究较多的半导体光催化剂有 $TiO_2$、ZnO、CdS、$WO_3$、$SnO_2$ 等,其中以对 $TiO_2$ 的研究最多。紫外光、模拟太阳光和日光均可作为 $TiO_2$ 的光源,而且化学稳定性高,耐光腐蚀;$TiO_2$ 较深的价代能级使得一些吸热的化学反应在被光辐射的 $TiO_2$ 表面完成;最为重要的一点,$TiO_2$ 对人体无害,可以在饮用水处理中使用。$TiO_2$ 的光催化性能主要由其粒径、表面形态和晶型决定。一般而言,晶体粒径越小,比表面积越大,晶体表面有缺陷时,催化剂活性越高。此外,加入强氧化剂可大大提高催化氧化速率,而 pH 和温度对催化效果影响不大,对于光强来说,并非光强越强,催化效果越好,而是应当以试验效果为准。

改进半导体催化剂是目前对光催化氧化的研究重点,主要包含了金属离子掺杂、贵金属表面沉积、非金属元素掺杂、半导体复合和表面光敏化,用于提高催化剂的效率。掺杂过渡金属离子可在 $TiO_2$ 晶格中引入缺陷位置或改变结晶度,从而影响电子和空穴的复合;而掺杂某些特定的金属离子有可能使催化剂的应用范围延长至可见光范围。贵金属表面沉积可改变体系中电子的分布,由于贵金属具有不同的 Fermi 能级,电子就不断从半导体催化剂向贵金属转移,最终能级相等形成 Schottky 势垒,有效地分离光致电子和空穴并抑制其复合,从而提高光氧化的反应效率。非金属元素掺杂能有效激发 $TiO_2$ 的可见光催化活性。近年来还有金属与金属共掺杂、非金属与金属共掺杂等相关研究，都能产生相应的改性 $TiO_2$。将光活性化合物化学吸附或者物理吸附在 $TiO_2$ 表面，从而扩大 $TiO_2$ 的激发波长范围、增加 $TiO_2$ 光催化反应效率，这种现象称之为光敏化。半导体复合其实质就是一种颗粒对另一种颗粒的修饰，有组合、掺杂、多层结构和异相组合等方式。根据组分性质，可将半导体复合体系分为 $TiO_2$-半导体以及 $TiO_2$-绝缘体复合体系。此外，还可以采用外场（例如热场、电场等）耦合的方法提高反应效率。

C 光催化氧化工艺的应用

有资料表明，在单独的光催化氧化时，把 $TiO_2$ 负载于聚丙烯（PP）填料而制成 $TiO_2$/PP 复合填料，将其用于光催化氧化预处理微污染湖泊水。在进水流量为 10L/h、填料填充比为 0.4、紫外灯辐照功率为 30W、原水 pH 值为 7.35 的条件下，连续运行 3h 后，对 $COD_{Mn}$、$UV_{254}$、$NH_3$-N、TP 和叶绿素 a 的平均去除率分别为 18.77%、16.44%、11.94%、20.27% 和 38.74%，达到了预处理的目的。

此外，光催化氧化作为预处理技术与其他技术的联合运用，例如与超声法联用，在光催化氧化前的超声辐照减小了 $TiO_2$ 颗粒粒径，有利于提高后续光催化的效率。与生物法联用时，光催化氧化技术可以将一些大分子的难降解有机物氧化成为小分子、易于生物降解的有机物。

## 6.1.2 吸附预处理

### 6.1.2.1 粉末活性炭

粉末活性炭是一种多孔材料，其原料根据炭化及活化方法呈不同特性，按照其形状可将其分为粉末活性炭、颗粒活性炭和纤维活性炭三种，相应的其吸附性能因活性炭种类不同而有所差别。

A 吸附原理

活性炭最大的特点就是多孔、有巨大比表面积、吸附性能强，是一种多孔的疏水性吸附剂，并且稳定性强，耐酸耐碱。

将溶质聚集在固体表面的作用称为吸附作用。活性炭有巨大的孔隙结构和比表面积，活性炭表面的吸附作用主要源于它的内表面积，而其他的外表面积吸附和表面氧化物的作用是较小的，外表面积提供与内孔穴相通的许多通道。表面氧化物的主要作用是使疏水性的炭骨架具有亲水性，使活性炭对许多极性和非极性化合物具有亲和力。

在吸附剂和吸附质之间存在着三种作用力，即分子间力、化学键力和静电引力。这三种不同作用力分别对应产生三种类型的吸附：物理吸附、化学吸附和交换吸附。物理吸附是由分子力产生的吸附，它的特点是被吸附的分子不是附着在吸附剂表面固定点上，而稍能在界面上做自由移动。分子力普遍存在，所以吸附对象可以使很多种物质,但是由于分子力较弱,物理吸附会出现解析现象。物理吸附可以形成单层吸附,也会形成多层吸附。化学吸附源于化学键力,活性炭表面的官能团与被吸附物质之间的化学键力将吸附质牢固地吸附在活性炭表面,不易解析,因而化学吸附只能形成单层吸附,并且针对于特定的物质有吸附性;交换吸附由于静电引力聚集一种物质的离子在吸附剂表面的带电点上,在吸附过程中,伴随着等量离子的交换。该吸附也属于化学吸附,为不可逆吸附。

B　粉末活性炭吸附的应用

粉末活性炭往往用于自来水水源发生突发性污染应急处理,活性炭能够有效吸附去除水中溶解性有机物等污染物,可以明显改善自来水的色度、嗅味和各项有机物指标。投加粉末活性炭需将粉末炭与水搅拌调成活性炭浆,然后经计量设备投入到指定的投加点,有时单纯加粉末活性炭,有时与其他药剂协同使用。具体粉末活性炭投加量的多少与水的浊度大小和产生嗅味物质的浓度有关,工程中投加量应根据水质试验确定。

a　粉末活性炭的投加

预处理流程如下:

原水→粉末活性炭→絮凝沉淀→砂滤→出水
　　　预氧化　　　　　　　　后加氯

粉末活性炭投加点一般位于常规处理工艺之前。接触池通常分两格以上,以便检修等要求。通常要求单独建立接触池,没有接触池的时候将粉末活性炭加注到进水井等最前段位置。为防止与前加氯或者高锰酸钾等氧化剂氧化,粉末活性炭加注点与预氧化装置保持一定距离。粉末活性炭的加注量一般为 10~30mg/L,调成 5%~10% 浓度的浆液进行投加。加入原水后需要充分混合、接触,接触时间不少于 20min,要考虑不沉淀、不短流等因素。加入粉末活性炭之后,每1mg/L 的活性炭会消耗氯 0.2~0.25mg/L,需相应增加加氯量,水厂污泥层会增加,但脱水性能会改善。当然,由于粉末活性炭再生技术不成熟,粉末活性炭做预处理时基本都是一次性使用,所以粉末活性炭作为预处理的费用相对较高。

b　粉末活性炭预处理的实际应用

相关研究表明,水库中污染物去除的研究中,当粉末活性炭投加 50mg/L 时,水库水有机物(COD_{Mn})的去除率在 60%~70% 之间。还有研究表明,粉末活性炭虽然对高藻水中的藻类个数去除效果不明显,但是对藻毒素的去除效果明显。

在 2007 年无锡市水危机爆发后,通过相关实验,确定投加粉末活性炭和高锰酸钾做应急处理。在取水口处投加 3~5mg/L 的高锰酸钾,在输水过程中氧化可氧化的致臭物质和污染物;再在净水厂絮凝池前投加 30~50mg/L 粉末活性炭,吸附水中可吸附的其他臭味物质和污染物,并分解可能残余的高锰酸钾。为避免产生氯化消毒副产物,停止预氯化(停止在取水口处和净水厂入口处的加氯)。

高锰酸钾和粉末活性炭的投加量根据水源水质情况和运行工况进行调整。处理后水的水,除了氨氮和微囊藻毒素-LR外的常规指标都达标,有效解决了水危机。

### 6.1.2.2 黏土吸附

虽然活性炭被广泛采用,但是由于其价格昂贵,黏土作为吸附剂最大的优势就是价格低廉。黏土物质为具有由硅氧四面体和铝氧八面体组成的层状结构的一类硅酸盐矿物质,四面体和八面体排列方式的不同,产生了不同种类的黏土:伊里石族、海绿石族、绿泥石族、高岭石族、多水高岭石族、蒙皂石族等。

一方面,黏土具有较大的阳离子交换容量,具有较强的交换作用;另一方面,黏土由硅氧物质组成,亲水性能十分强烈,在水中其表面以氢键方式牢牢地吸附着一层水分子,同时层间的一些阳离子水解,使得电中性的有机毒物无法接近。若要使之成为吸附剂去除水中有机污染物,必须使用改性黏土。

**A 改性黏土吸附机理**

改性方法通常有三种:阳离子有机铵改性法、阳离子聚合体改性法和无机-有机混合改性法。其原理均是利用黏土的阳离子交换特性,用亲水性能较弱的阳离子,取代黏土层间或外表面阳离子,从而降低黏土的亲水性能,使其能够吸附水中有机物。

**a 阳离子有机铵改性法**

阳离子有机铵改性如下所示:

$$\left[\begin{array}{c} CH_3 \\ CH_3-\overset{\oplus}{N}-R \\ CH_3 \end{array}\right]\cdot X \quad \text{或} \quad \left[R-\overset{\oplus}{N}\bigcirc\right]\cdot X$$

其中R为有机脂肪链,阳离子有机铵经交换取代了棱间和硅氧外表面的阳离子,脂肪链覆盖了黏土表面,隔绝了水分子和表面的接触,使硅氧表面由亲水变为憎水,同时层间也充满了有机铵,阳离子无法在层间水解,使水分子也无法进入层间,如图6-5所示。黏土表面和层间不再亲水。对于长脂肪链的有机铵改性黏土,萃取作用是其对水中有机污染物吸附的主要作用,其机理和液液萃取一样;

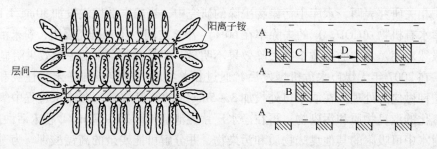

图6-5 阳离子有机铵、阳离子聚合体改性黏土示意图

当脂肪链很短时，其吸附不是通过萃取机制，而是利用其表面积大小对有机污染物进行吸附。

b 阳离子聚合体改性法

Al 或 Cr 等离子在强碱溶液中生成含羟基的聚合体取代了硅氧表面的阳离子后，该改性黏土的吸附主要利用其表面的铝羟基活性位来吸附有机污染物。在黏土表面的 Al-(OH) 羟基对有机污染物的吸附能力强于单独的 Al-(OH) 吸附能力，其吸附作用为化学吸附。

c 无机-有机混合改性法

先用聚合阳离子取代黏土表面及层间阳离子，再用脂肪铵阳离子覆盖，过滤、干燥后即可得无机-有机混合改性吸附剂。该方法制成的改性黏土吸附机理与有机铵改性黏土相仿，有机污染物先被憎水的脂肪链端萃取，最后被固定于表面和层间。

B 黏土吸附的应用

由上所述，黏土吸附的主要机理是黏土颗粒对水中有机物的吸附作用和交换作用。在对水库水使用黏土预处理时，当黏土投加量大于 $100mg/L$ 时，水源水中的有机物也有较好的去除效果（$COD_{Mn}$ 去除率 30% 左右）。同时，通过投加黏土也改善和提高了后续混凝沉淀效果。但是，大量黏土投入混凝池中，也增加了沉淀池的排泥量，给生产运行带来了一定困难。此外，柱撑黏土还对重金属离子有一定的去除效果。试验研究还发现，黏土吸附对氨氮无明显去除作用。

### 6.1.2.3 沸石吸附

沸石是呈架状结构的多孔性含水铝硅酸盐晶体的沸石族矿物的总称，有自然界天然存在的矿物，也有人工合成的晶体。由沸石的化学式可以看出，沸石化学成分实际上是由 $SiO_2$、$Al_2O_3$、$H_2O$、碱和碱土金属离子四部分构成。其化学式可用下式表示：

$$(Na、K)_x (Mg、Ca、Sr、Ba)_y [Al_{x+2y}Si_{n-(x+2y)}O_{2n}] \cdot mH_2O$$

A 沸石的吸附原理

沸石的晶体结构中具有大量均匀的微孔，孔径与一般物质的分子大小相当，直径约在 $0.3 \sim 1nm$ 之间，其比表面积高达 $400 \sim 800m^2/g$，其均匀的微孔与一般物质的分子大小相当，由此形成了分子筛的选择吸附特性，即沸石孔径的大小决定可以进入其晶穴内部的分子大小，比沸石孔径小的分子或离子才能进入，大于孔径的分子则被排除在外。此外，超孔效应也是沸石具有的特点，加上特殊的分子结构而形成较大的静电引力，使沸石具有相当大的应力场，对极性分子具有较高的亲和力，因此对极性分子，不饱和以及易极化的分子具有优先吸附作用，表现为两个显著的特点：沸石的选择性吸附和高效率吸附。

沸石结构中的空穴大小、硅铝比的高低、阳离子位置以及阳离子的性质决定了沸石的离子交换性能。沸石空穴小，影响构型大的离子进行交换。对于不同的阳离子位置和不同的阳离子性质，离子交换能力也不一样。沸石中部分硅被铝置换后产生不平衡电荷，引起外部阳离子的进入，因此硅铝比越高，则铝氧四面体所形成的负电荷少，为平衡这些电荷而进入沸石中的阳离子也少。常见的天然沸石，如斜发沸石和丝光沸石等都具有很高的阳离子交换容量。斜发沸石的理论交换容量为每百克 0.213mol，丝光沸石的理论交换容量为每百克 0.223mol。

B　沸石的改性

改性主要是利用沸石离子交换特性，在特定的外部环境下，改变晶体内电场、表面、孔径等，包括结构改性、晶体表面改性和内孔结构改性等。改性的方法有：高温焙烧（焙烧温度一般控制在 350～580℃ 之间）；酸处理（盐酸、硫酸等都可用于处理沸石）；离子交换（氯化钠、氯化钾、氯化铵可用于处理沸石，使其中的 $K^+$、$Na^+$、$NH_4^+$ 置换沸石中的 $Ca^{2+}$ 等二价离子）。天然沸石由于硅（铝）氧结构带有负电荷，不能直接去除水中的阴离子污染物，而改性沸石对溶液中 $OH^-$、$Cr_2O_7^{2-}$、$SO_4^{2-}$ 等阴离子具有吸附性能。

最常见的沸石改型有：P 型沸石、H 型沸石和 Na 型沸石等，其改性方法分别为高温焙烧、酸处理和离子交换。将一定细度的天然沸石置于 NaOH 溶液中，在(95±5)℃ 下加热 70h，便制得 P 型沸石；用无机酸（盐酸、硝酸等）处理天然沸石，90～110℃ 干燥，再经 350～600℃ 加热活化，可制得 H 型沸石；将天然沸石用过量的钠盐溶液处理，再经成型-干燥-加热活化，即得到 Na 型沸石。

C　沸石的应用

沸石在处理微污染原水时，主要去除对象有氟、氨氮、苯、砷等，也可与生物联用，对水中的铁、锰、藻类及有机物都有去除。

相关研究表明，用硫酸镁改性适于氟的去除，沸石活化后对氟离子的吸附量约为未活化的 3.97 倍，用硫酸铝溶液活化沸石降氟，结果表明活化沸石比天然沸石的除氟容量提高了 65%；无机盐、无机酸和稀土改性处理的天然沸石都提高了对氨氮的去除能力，其中，无机盐改性的沸石去除能力最好；生物沸石反应器处理微污染原水时，长期运行测试，生物沸石反应器对氨氮、$NO_2^-$-N、Mn、有机物、色度、浊度平均去除率分别为 93%、90%、95%、32%、77%、72%。通过对比实验表明，沸石具有和生物活性炭、生物陶粒一样的性能，并在去除氨氮方面表现出更优越的性能。

## 6.2　生物预处理技术

在微污染原水的预处理工艺中，除了上述的物理化学预处理技术，另外一大类引起研究最多的工艺就是生物预处理技术。

在微污染水源中影响水质的主要指标是：有机污染物、氨氮、亚硝态氮、铁和锰等无机污染物、藻类及色度和嗅味。微污染水源中的有毒有害物质多呈分子离子状态，经自来水厂混凝沉淀过滤后，相对分子质量大于 1000 的有可能聚结，附着在其他微粒上去除，而相对分子质量小于 500 的，基本不能去除。预加氯又会使水中氯代化合物倍增，生成新的污染物，饮用时经常引起感官不良、味觉异常、肠胃不适及致畸致癌，对人体健康存有潜在威胁。

在常规工艺前加上生物预处理技术，利用微生物降解水中的有机物、氨氮等污染物，尤其是那些常规处理方法不能有效去除的污染物。有机物和氨氮等的降低，可以减少配水系统中微生物赖以生长繁殖的基质，减少了细菌在管网系统中重新滋生的可能。同时减少水的嗅味和"三致"物质的前体物，改善出水水质，降低水的致突变活性。另外还减轻了常规处理和深度处理工艺的负荷。生物处理一般是作为预处理工艺设置在常规处理工艺之前，这样既可以充分发挥微生物对有机物的去除作用，又可以提高生物处理后饮用水的卫生安全性。

微污染原水相较于污水而言，污染物浓度较低，因而其选择的工艺往往要符合低负荷、出水效果好的要求，所以饮用水中常用的生物预处理方法有生物接触氧化法（Biological Contact Oxidation，BCO）、曝气生物滤池法（Biological Aerated Filtration，BAF）以及膜生物反应器（Membrane Bioreacter，MBR）。

## 6.2.1　生物接触氧化法（BCO）

### 6.2.1.1　生物接触氧化的原理

生物接触氧化是借助于污水生物处理方法发展起来的一种好氧生物处理技术，生物接触氧化法是一种生物膜法。在填料表面上培养微生物，形成生物膜，并采用与曝气池相同的曝气方法向微生物供氧，水流过时与填料上的生物膜接触，通过微生物代谢作用降解水中污染物以达到净化的目的。

将含有污染物的原水通入到生物氧化池中，水中有机营养物和附着在滤料或其他生物填料上的微生物接触，微生物吸收有机物质并在填料表面生长繁殖。当填料表面的微生物增殖直至在填料表面形成了具有大量微生物群落的黏液状膜即生物膜。生物膜具有高度亲水性和很强的吸附能力，表面总是存在一层附着水层，生物膜表面生长富集了大量微生物和微型动物，于是在附着水层上形成了有机物-细菌-原生动物的食物链。生物膜表面的微生物不断地对附着水层中的有机物降解，而水中的有机物不断地扩散进入附着水层，从而不断地分解水中的有机污染物。微生物接触氧化对微污染原水的净化主要依靠生物膜对水中的有机物进行降解去除。

随着微生物不断繁殖，生物膜厚度会相应增加，直接影响氧气进入填料表面的生物膜深部，如果供氧不足，近填料层处的生物膜深部就由好氧状态转为厌氧状态，发生厌氧分解，产生的有机酸、氨、硫化氢、甲烷会通过好氧层排出膜外，直接影响好氧层生态系统稳定性，也减弱好氧层生物膜在填料上的附着力，导致生物膜老化脱落，再重新形成新的生物膜，但这不利于生物接触氧化的持续进行，为了避免上述情况的出现，必须保持好氧层膜的活性，于是向水中供氧以满足好氧细菌的需要，所以生物接触氧化都配有曝气系统。

### 6.2.1.2　生物接触氧化池的设计及运行特征

A　生物接触氧化池的基本构造

生物接触氧化池作为生物接触氧化池的核心工艺，其基本构造如图 6-6 所示。

作为微污染原水预处理装置时，生物接触氧化池的主要构造包括池体、填料和曝气系统。

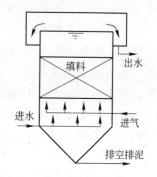

图 6-6　生物接触氧化池基本构造

a　池体

相对于污水处理，饮用水生物接触氧化处理具有水量大、有机营养物含量低的特点。大多数生物氧化池池体呈矩形或圆形，以钢筋混凝土浇筑或钢板焊接加工而成。池内填料高 4~5m，底部布水布气系统高 0.5~1.0m，顶部稳定水层高 0.5~0.8m，总高约 6~7m。

b　填料

生物接触氧化池中的填料作为生物膜的载体，是接触氧化处理工艺的核心所在。填料的好坏，不仅影响充氧性能、处理效果和排泥状况，同时还影响出水水质的安全性能等问题，选取填料就具有重要的技术和经济意义。填料选取的原则是：无毒无害，化学稳定，不能含有"三致"物质等有毒有害物质；比表面积大、空隙率高、水流通畅、阻力小，容易均匀安装；表面有一定粗糙度，填料表面的点位、亲水性等有利于微生物附着；加工方便，经久耐用，造价便宜。目前微污染原水生物接触氧化的常用填料有：

（1）固定式填料。主要是蜂窝类填料，由酚醛树脂或不饱和树脂加玻璃纤维布及固化剂加工成薄板，热压成波纹板，再黏结成正六边形或扁圆形。该类填料比表面积大，一般达 $130~300m^2/m^3$。空隙率 90%~98%。因填料高度较高，达 4~5m，老化的生物膜脱落排出时容易发生堵塞，并且对均匀布水要求很高，更换不便且造价高。

（2）悬挂式填料。悬挂式填料包括软性填料、半软性填料、弹性填料等。其中，应用最早的是软性填料，由尼龙、维纶、涤纶、腈纶等化学纤维编结成束，经中心绳串联后上下段固定于池顶和池底。软性填料容易挂膜，但是容易结块断丝，纤维束结块中心的厌氧层加厚，影响使用效果。半软性填料是用聚乙烯塑料制成片状代替纤维束，其不易堵塞，布水布气性能良好，但仍有不同程度的结块等问题。弹性立体填料，亦称为 YDT 型弹性波纹立体填料，其丝条呈辐射立体状态，具有一定柔性和刚性，回弹性较好，比表面积较大，不易结团堵塞。缺点是长年使用后结块严重。

最近又出现了 TB/TF 型悬挂式填料。该填料由聚丙烯塑料（PP）或聚乙烯塑料（PF）添加亲水、吸附和抗热氧化剂辅料加工而成，该填料的特点是填料上端支架改为浮块，允许左右摆动，同时填料斜 30°左右安装，允许转动，所以又称为自旋式生物填料。据初步试验发现，该填料在自旋过程中，可切割充入空气气泡，从而增加溶解氧含量。在水流、气流和自旋、摆动多种外力作用下，可使老化生物膜较容易脱落，有效地避免了结团结块现象。

（3）分散型堆积式填料。该种填料采用密度为 $0.96 \sim 0.98 \mathrm{g/cm}^3$ 的轻质材料制成，也称为悬浮填料。填料多为空心多瓣球形，在底部的曝气系统不断曝气使得填料始终处于悬浮状态，同时在水流的作用下上升、下沉运动，同时自转、滚动。这既有利于不断变化生物膜上的流动水层，也有利于老化的生物膜与填料分离。其优点是无需固定或悬挂，安装简便，需注意要在上部安装防止填料溢流的网格。

选择填料类型时应当考虑后续工艺。如果后续工艺为沉淀池，就应当避免采用悬浮填料，因为悬浮填料需要充入大量气体，曝气器溶气效率较高，向水中溶入了大量空气，进入沉淀池后就有大量溶解气体附带细小絮凝体一起漂浮在水面，使沉淀池的入口处成为了气浮池，直接影响了沉淀效果。后续沉淀澄清构筑物或气浮池，则选用何种填料都可。

c　曝气系统

生物接触氧化池曝气应越均匀越好。均匀曝气可使水在池内呈现均匀推流，有利于填料充氧与脱膜，避免局部短流。一般采用鼓风机供气作为气源，采用穿孔管、微孔曝气、散流式曝气器、射流式曝气器、机械曝气器等布气。其中使用最多的是微孔曝气和穿孔管曝气。

穿孔管曝气将管道在四周设置成环状，然后再环状中间设置支管，或者设计成类似于普通快滤池的布水系统，先设干管，而后垂直安装若干支管，然后在支管两侧和竖直方向成 45°处开 $3 \sim 5 \mathrm{mm}$ 孔眼曝气。这种布置办法不易堵塞，阻力小，但氧转移率偏低，一般为 $4\% \sim 6\%$，动能消耗也低。早期使用的微孔曝气器由陶瓷或钛板制成，从微孔中出来的气泡细小，直径约 $2 \mathrm{mm}$，氧转移率高达 20% 左右，空气出流后上升速度较小，对水的扰动有限，但是由于气孔小易堵塞。而后，可变曝气器采用橡胶膜片，称为微孔曝气器，由于橡胶膜片的弹性，在向水中曝气时，橡胶膜面向外鼓起，微孔打开，停止曝气时，橡胶膜面收缩，微孔闭合，可防止水中沉淀物质落入透气微孔堵塞孔道。缺点是由于橡胶膜片容易老化，故应定期更换，更换不便。

B　生物接触氧化池的分类

按照曝气和生物降解过程的关系，生物接触氧化池主要分为以下两种类型：

中心导流筒曝气循环式生物接触氧化池（简称Ⅰ型）、直接微孔曝气生物接触氧化池（Ⅱ型）。示意图如图 6-7 所示。

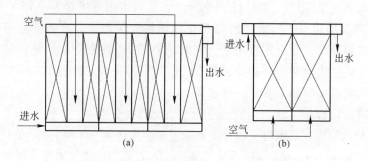

图 6-7　生物接触氧化池示意图

（a）中心导流筒曝气循环式生物接触氧化池；（b）直接微孔曝气生物接触氧化池

按照曝气循环方式的不同，可将生物接触氧化池分为如图 6-8 所示的几种类型。

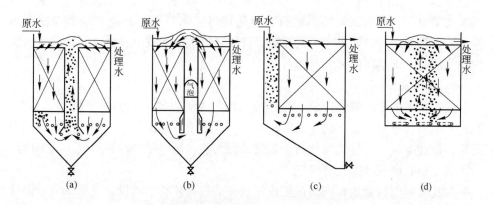

图 6-8　生物接触池曝气循环方式

（a）中心连续曝气型；（b）中心间歇曝气型；（c）侧面连续曝气型；（d）交互曝气型

C　生物接触氧化池的设计计算

由于微污染水源水中 $BOD_5$ 很低，通常为 3~5mg/L，不能以此为依据进行设计计算。在设计计算时通常需要以具体的试验数据和设计经验为依据，并注意以下各要点：

（1）适用原水：一般适用于 $COD_{Mn}$ 小于 10mg/L，$NH_3$-N 小于 5mg/L 的微污染水源。

（2）设计时，为了方便进行检修和冲洗应分为两组以上同时运行。

（3）生物填料层高度：当采用悬浮式填料时，填料层高 4~5m。当采用堆积式球型填料时，以填料外轮廓直径计算所得的体积等于接触池中水体积的20%~40%，采用悬挂式填料时，填料层高3~4m。

（4）安装悬挂式填料时，可采用池底预埋吊钩固定网格式，或用角钢焊接好框架，直接放入水中的单体框架式。单体框架用无毒防锈漆防腐。

（5）接触氧化停留时间取1.2~1.5h，为减小占地面积，氧化池中水深可达5~6m。

（6）生物氧化池中水的溶解氧应保持5~8mg/L。以此计算应向水中溶解的空气量或曝气量。大多数生化池采用的气水比0.8：1~1.0：1。

（7）微污染原水生物接触氧化池沿水平水流方向应分为4段以上，每段曝气器可根据水中溶解氧含量进行调整，一般采用渐减曝气方式，如果分为4段，可按四段曝气量35%、27%、23%和15%设计。

（8）曝气充氧时，多采用鼓风机供气，按照氧化池水深确定鼓风机风压。如果采用微孔曝气器，应按制造厂家测定的服务面积决定曝气器数量。

（9）连接曝气器的布气管道可用钢管、ABS管，应保持布气管道水平。

（10）采用穿孔管曝气时，穿孔管管径25~50mm，开曝气孔口直径3~5mm，间距100~150mm，孔口空气流速8~10m/s，干管、支管中空气流速可适当放小到5~6m/s，支管间距200~250mm。

（11）生物接触氧化池多采用斗式带有喇叭口的排泥管排泥，或采用槽式带有穿孔管排泥。

（12）自来水厂生物氧化池出水多采用堰口集水，用输水管渠通入沉淀池、絮凝池或澄清池。

计算方法如下：

生物接触氧化池体积：

$$V = 3600QT$$

式中　$V$——生物接触氧化池有效体积，$m^3$；

　　　$Q$——设计处理水量，$m^3/s$；

　　　$T$——生物接触氧化池有效接触时间，s。

$$F = \frac{V}{H}$$

式中　$F$——生物接触氧化池面积，$m^2$；

　　　$H$——填料高度，4~5m。

$$H_0 = H + h_1 + h_2 + h_3$$

式中　$H_0$——氧化池总高度，m；

　　　$h_1$——超高，取0.5m左右；

$h_2$——填料上水深，取 0.4~0.5m；

$h_3$——布气区高度，不考虑进人检修取 0.8m 左右，考虑进人检修取 1.5m。

$$Q_1 = 60\alpha Q$$

式中 $Q_1$——鼓风机风量，$m^3/min$；

$\alpha$——气水比，反冲脱膜 $\alpha = 1.5$，正常工作 $\alpha = 0.8:1~1.0:1$。

**例题 6-1** 南方城市一企业水厂，取用运河水源，规模 $4 \times 10^4 m^3/d$，水中 $NH_3\text{-}N$ 为 3.2mg/L，$COD_{Mn}$ 为 6mg/L，溶解氧 3.9mg/L。拟采用生物接触氧化池去除水中 $NH_3\text{-}N$、COD 等污染物。

**解:** 采用生物接触氧化池可以达到去除 $NH_3\text{-}N$ 的要求。

（1）设计水量 $Q_1 = 40000 \times 1.05 = 1750m^3/h = 0.486m^3/s$ 生物接触氧化池填料选用分散型堆积式斜切空心柱状填料，氧化时间取 $t = 1.5h$，氧化池分为两座并联运行，穿孔管曝气供气。

（2）设计计算：

1）生物接触氧化池有效容积 $V = 1750 \times 1.5 = 2625m^3$。

2）取填料高度 $H = 6.0m$，氧化池面积 $F = 2625/6 = 437.5m^2$。分为两座，每座面积 $437.5/2 = 219m^2$。考虑到进气管、排泥管等占有一定面积，取氧化池平面尺寸 $28 \times 8 = 224m^2$，每座分为 4 格，每格平面尺寸 $7.0 \times 8 = 56m^2$。

3）总高度。填料高度 $H = 6.0m$，超高 $h_1 = 0.40m$，填料上水深 $h_2 = 0.30m$，布气区高度 $h_3 = 0.90m$，则氧化池高度 $H_0 = 6 + 0.4 + 0.30 + 0.90 = 7.60m$。

4）鼓风机风量按照气水比 1:1 计算，同时考虑 1.5 的安全系数：

$$Q_2 = 60 \times 1.5 \times 0.486 = 43.74m^3/min$$

鼓风机工作压力等于曝气管以上水深再加上输气管、曝气管出气孔口的压力损失，本工程鼓风机工作压力取 7355Pa（750mm $H_2O$）。

5）进气管计算。两座氧化池合用一根进气总管，取总管空气流速 15m/s，则管径 $D = \sqrt{\dfrac{4 \times 43.74}{60\pi \times 15}} = 0.25m$，设计进气总管 $D_1 = 300mm$，则实际流速 $v_1 = \dfrac{4 \times 43.74}{60\pi \times 0.3^2} = 10.31m/s$。从进气总管向每座接触氧化池接出 4 根进气干管，共 8 根，每根干管流速取 6m/s，则干管管径 $D_2 = \sqrt{\dfrac{4 \times 43.74}{60 \times 8\pi \times 6}} = 0.139m$。取 $D_2 = 150mm$，干管实际流速 $v_2 = \dfrac{4 \times 43.74}{60\pi \times 0.15^2} = 5.16m/s$。

6）配气支管选用 DN50mm 塑料管，设在配气干管两边，每边长 3400mm，支管两侧和竖直方向成 45°角，开直径 3mm 孔眼，孔眼间距、配气支管间距按四段曝气量 35%、27%、23% 和 15% 计算。

其中：第一段曝气量为 $q_1 = 15 \times 0.486 \times 35\% = 0.2552 \mathrm{m^3/s}$，设计 DN50mm 支管开 $d3\mathrm{mm}@80\mathrm{mm}$ 圆孔，支管间距 200mm；

第二段曝气量为 $q_1 = 15 \times 0.486 \times 27\% = 0.1968 \mathrm{m^3/s}$，设计 DN50mm 支管开 $d3\mathrm{mm}@100\mathrm{mm}$ 圆孔，支管间距 200mm；

第三段曝气量为 $q_1 = 15 \times 0.486 \times 23\% = 0.1677 \mathrm{m^3/s}$，设计 DN50mm 支管开 $d3\mathrm{mm}@120\mathrm{mm}$ 圆孔，支管间距 200mm；

第四段曝气量为 $q_1 = 15 \times 0.486 \times 16\% = 0.1094 \mathrm{m^3/s}$，设计 DN50mm 支管开 $d3\mathrm{mm}@150\mathrm{mm}$ 圆孔，支管间距 200mm。

### 6.2.1.3 生物接触氧化池的工程实例

下面以上海张江陆家大桥生物预处理工程为例。

（1）原水水质：以川杨河主要饮用水水源，河东端通过三甲港水闸与长江相通，西端通过杨思水闸与黄浦江相连。河顶宽约 60m，底宽约 20m，水位在 1.5～3.5m（吴淞高程，下同）之间，常水位 2.8m 左右。河水水质多变，原水主要污染指标 $NH_3\text{-}N$ 和 $COD_{Mn}$ 常较高，且波动较大，常规净水工艺系统很难适应除污染的需要，水厂出厂水水质指标经常超过国家生活饮用水标准要求。主要污染指标如表 6-1 所示。

表 6-1　原水水质指标

| 水质指标 | $COD_{Mn}$ /mg·L$^{-1}$ | $NH_3\text{-}N$ /mg·L$^{-1}$ | $NO_2^-\text{-}N$ /mg·L$^{-1}$ | 浊度/NTU | 色度/度 | 总铁 /mg·L$^{-1}$ | 总锰 /mg·L$^{-1}$ |
|---|---|---|---|---|---|---|---|
| 日变化值 | 3.2～10.8 | 0.1～22.0 | 0.002～0.5 | 26～746 | 17～45 | 0.01～1.3 | 0～0.7 |
| 月平均变化值 | 3.6～6.7 | 1.2～5.8 | 0.013～0.09 | 120～270 | 25～40 | 0.17～0.38 | 0.13～0.21 |

（2）设计工艺及相关运行参数。

设计工艺示意如图 6-9 所示。

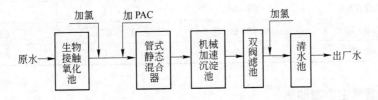

图 6-9　生物接触氧化 + 常规工艺示意图

生物接触氧化池设计参数：

1）设计水量 25000m³/d，池体分成两组，每组两格，每格尺寸 23.2m × 3.0m × 7.5m，其中污泥区高 1.0m，填料采用 YDT 弹性波纹立体填料，生物填料层高 5.3m，超高 0.5m。

2）生化池曝气充氧的气水比为 $1.07：1$，有效水力停留时间 $1.42h$，原水与 YDT 弹性波纹立体填料接触反应时间为 $1.3h$，充氧曝气强度 $0.066m^3/(min \cdot m^2)$。

3）曝气方式采用鼓风机供氧和微孔曝气，其中设 3L41WD 型三叶罗茨鼓风机 3 台，2 用 1 备，风量 $Q = 9.27m^3/min$，风压 $H = 7000mmH_2O$；所采用的曝气系统为微孔曝气器，膜片为直径 $200mm$ 的橡胶膜片 496 个。

4）生化池出水采用 $600mm$ 管式静态混合器进行药剂混合，生化池底泥采用两台电泵引水虹吸式机械排泥机，每台跨度 $7.9m$。

（3）正常运行去除效果分析。

运行一年之后，考察生物接触氧化池对氨氮、$COD_{Mn}$ 等指标的去除效果。试运行过程中根据原水水质进行工况调整。调试结果表明，生物接触氧化池正常运行最佳处理参数为气水比 $0.5：1$，曝气强度 $0.033m^3/(min \cdot m^2)$，$D_0$ 为 $8 \sim 10mg/L$，处理水量 $25000m^3/d$。

生化池正常运行时，$NH_3\text{-}N$ 去除率一般为 $60\% \sim 80\%$。夏季供水高峰时，生化池产水量一般为 $(2.9 \sim 3.2) \times 10^4 m^3/d$，去除 $NH_3\text{-}N$ 一般为 $50\% \sim 70\%$。常温下生化池底泥每 12h 排放一次，冬季每 24h 排放一次 $3 \sim 5min$，以防止底泥累积厌氧和影响硝化作用效果。

正常稳定运行时去除原水 $NH_3\text{-}N$、$NO_2^-\text{-}N$、$COD_{Mn}$、色度、浊度以及除铁和除锰效果见表6-2。

表6-2　上海张江陆家大桥生物预处理工程运行数据

| 指　标 | 进　水 | 出　水 | 平均去除率/% |
|---|---|---|---|
| $NH_3\text{-}N/mg \cdot L^{-1}$ | $2.0 \sim 7.0$ | $0.1 \sim 2.8$ | 92.7 |
| $NO_2^-\text{-}N/mg \cdot L^{-1}$ | $0.02 \sim 0.04$ | $0 \sim 0.005$ | 98 |
| $COD_{Mn}/mg \cdot L^{-1}$ | $4.2 \sim 7.7$ | $1.9 \sim 4.0$ | 35 |
| 浊度/NTU | 数十至数百 | $0.7 \sim 2.0$ | 95 |
| 色度/度 | $28 \sim 38$ | $10 \sim 12$ | 60 |
| $Mn/mg \cdot L^{-1}$ | $0.13 \sim 0.21$ | $0 \sim 0.07$ | 68 |
| $Fe/mg \cdot L^{-1}$ | $0.2 \sim 0.5$ | $0 \sim 0.1$ | 80 |

## 6.2.2　曝气生物滤池法

曝气生物滤池是近年来研究较多的一项处理微污染原水的好氧生物处理的新工艺，其最早由法国 CGE 公司所属的 OTV 公司开发。其基本原理是在生物池内填装比表面积较大的多孔惰性颗粒填料，以便于在细菌等微生物的附着生长，形成生物膜，以此去除微污染原水中的污染物，而在池底装有布水管和布气管，用于反冲洗。

#### 6.2.2.1　曝气生物滤池的原理

曝气生物滤池将生物氧化过程与固液分离集于一体，使生物处理和固体过滤在同一个单元反应器中完成。曝气生物滤池的去除污染物有几个方面的作用：生物代谢作用、物理过滤作用、生物膜和填料的物理吸附作用。原水进入反应器内后，水中的微生物吸收其中的营养物质，在填料表面繁殖，逐渐形成了生物膜，随着水流的不断进入，填料上的高浓度生物膜量不断利用原水中的有机物等污染物，从而实现去除的目的。此外，由于填料处于压实状态，利用填料粒径较小的特性和生物絮凝作用，有类似于滤池的作用，实现过滤的效果。这种滤池在运行中需要补充一定量的压缩空气。曝气的作用主要有两个方面：一是提供生物氧化所需的氧；二是提供反应器内良好的水流紊动状态，以利于污染物、微生物和氧的充分接触，保证传质效果。

利用以上的作用，曝气生物滤池能够有效去除有机物尤其是去除分子量较小的有机物，而且适用于常规工艺无法处理的含有低浓度有机物的原水，此外，曝气生物滤池还对氨氮、铁、锰等能有效地去除。目前，在欧洲、美国、日本等地已有数百座大小各异的水处理厂采用了曝气生物滤池技术。国内对颗粒填料生物接触氧化法处理微污染原水也进行了较多的研究，并已有不少示范工程。

#### 6.2.2.2　曝气生物滤池的结构、类型和设计计算

**A　曝气生物滤池的结构**

曝气生物滤池的结构形式与普通快滤池类似，可分为配水系统、布气系统、承托层、生物填料和反冲洗排水槽五个部分，见图6-10。

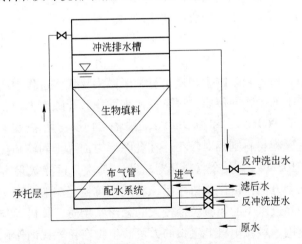

图6-10　曝气生物滤池结构示意图

配水系统位于滤池底部，其结构与普通快滤池的配水系统类似，由一根干管及若干支管组成，反冲洗水经干管均匀分布进入各支管，支管上有间距不等的布水孔。同样，设计时需保证反冲洗水在整个滤池面积上均匀分布。

第 6 章    饮用水预处理技术

布气系统和配水系统相似，结构上基本相同，不同之处在于气体密度小且具有可压缩性，因此布气管的管径及开口大小均小于布水管，孔间距变短。在正常运行时布气系统为生物滤池曝气，提供氧气，在反冲洗时，布气系统进行实现均匀布气。通常将布水布气系统两者分开，单独设立。

承托层通常采用卵石或破碎的石块、重质矿石等具有良好的机械强度和化学稳定性的材料组成，承托层高度一般为 400~600mm。将上述材料放置在生物滤池底部，起到支撑生物填料和防止填料流失的作用，同时还可以保持反冲洗稳定进行。材料形状应尽量接近圆形，承托层由上至下粒径逐次增大，上部接触填料部分的粒径比填料大一倍，下部接触配水及配气系统部分的粒径至少应比孔径大 4 倍以上。

水槽在正常运行时起进水作用，反冲洗时起到排水的作用，设计时在排水方向具有一定底坡坡度，以利于水的排放。水槽的高度高于填料表面 1~1.5m，以防止填料的流失。

填料是生物滤池中微生物的载体，所以其选择的好坏直接决定影响了生物滤池的处理效果。生物滤池填料主要包括人工合成的刚性材料、软性材料、颗粒活性炭及天然或烧结颗粒材料。人工合成的刚性材料因其孔隙率低、易堵塞且价格较贵，已经较少采用。软性材料是基于克服刚性材料的缺点而开发的，但其不易反冲洗、水力负荷低且价格依然较贵，因而其使用受限。颗粒活性炭是一种很好的填料选择，孔隙率高、比表面积大、吸附效果好，但价格依然是制约其使用的主要因素。一些天然或烧结材料如陶粒、沸石、碎石等使用特点类似于颗粒活性炭，由于材料相对易得、价格便宜而使用较多。

作为生物滤池填料，主要从以下三个方面考察其使用与否：比表面积、过滤效果及反冲洗效果。首先，填料的比表面积大、开孔孔隙率高，有利于微生物的挂膜和生长繁殖，保持较多的生物量，有利于微生物代谢过程中所需氧气和营养物质以及代谢产生的废物的传质过程。在比表面积和孔隙率方面，活性炭优势明显，分别达到了 $960m^2/g$ 和 $0.9m^3/g$，沸石的比表面积也较大，达到了 $30.48m^2/g$，其他颗粒材料则相对较小，在孔隙率方面黏土陶粒和页岩陶粒分别为 $0.184m^3/g$ 和 $0.103m^3/g$，其余材料相对较小。其次，过滤效果方面，过滤作用主要基于以下几个方面：机械截留作用，利用颗粒粒径一般为 1~5mm 的填料的机械截留作用去除进水中的颗粒粒径较大的悬浮状物质，其机理与普通快滤池相同。吸附架桥作用，颗粒填料上生长的大量微生物在新陈代谢作用中产生的黏性物质如多糖类、配类等起吸附架桥作用，与悬浮颗粒及胶体粒黏结在一起，形成细小絮体，通过接触絮凝作用而被去除；生物絮凝作用，颗粒填料表面的微生物能使进水中胶体颗粒的 Zeta 电位降低从而使部分胶体脱稳絮凝而被去除。最后，作为生物滤池填料，必须有较强的机械性能，能承受滤池的反冲洗强度，通常采用气水反冲洗，对运行过程中截留的各种颗粒及胶体污染物以及填料老化脱落的微生物膜进行去除。

B　曝气生物滤池的分类

按照原水进水水流的方向可将曝气生物滤池分为下向流和上向流曝气生物滤池。几种典型的曝气生物滤池结构如图 6-11 和图 6-12 所示。

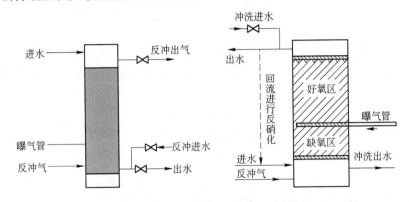

图 6-11　下向流曝气生物滤池（BIOCARBONE）示意图

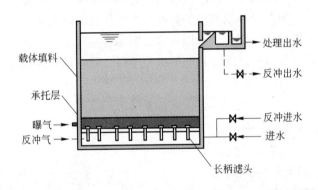

图 6-12　上向流曝气生物滤池（BIOFORE 和 BIOSTYR）示意图

BIOCARBONE 是应用较早的曝气生物滤池，进水从池顶进入，曝气装置位于装置底部，气水对流，能够有效实现生物膜的生长，生物膜利用进水中的有机物为基质不断生长繁殖，去除水中的有机物的同时，也将 $NH_3$-N 转化为 $NO_3^-$-N 和 $NO_2^-$-N，实现氨氮的去除。随着水流的不断进入，滤池上层的水头损失不断增加，由于污染较为集中在上层，因此滤池的负荷不够高，反冲洗间隔时间短。

BIOFORE 和 BIOSTYR 均为上向流曝气生物滤池，BIOFORE 的特点是进水和曝气均从下方进入，先混合再经长柄滤头配水后通过垫层进入滤料，这有利于进水和曝气进行充分的混合，并且实现气和水的均匀分布，滤池内不会出现负水头及沟流现象，同时由于截留在底部的悬浮物可在气泡的上升过程中被带入滤池中上部，加大填料的纳污率，延长了反冲洗间隔时间。BIOSTYR 的特点主要是曝气装置设置于滤池的中部，在滤池底部进水区的上方形成了缺氧区域，上部依然为好氧区。原水与部分经硝化的滤池出水混合成为进水，在缺氧区，生物膜将 $NO_3^- \text{-N}$ 反硝化为 $N_2$，同时起到部分的氧化降解作用，好氧区进一步起到降解有机物的作用，这样就能更为有效地去除水中的 $COD_{Mn}$ 和 $NH_3\text{-N}$，同时完成反硝化过程。此外，由于反冲洗水从上部进入，不需要反冲洗泵，节省动力。

C  曝气生物滤池的设计计算

在设计计算时通常需要以具体的试验数据和设计经验为依据。

（1）设计时，为了方便进行检修和冲洗应分为两组以上，并按同时工作设计。

（2）填料，选择滤料的原则是密度小，可减少反冲洗的能耗；比表面大，表面粗糙，易于微生物挂膜，反冲洗后易保留菌种；粒径不宜太小（约 2 ~ 5mm），否则冲洗时易被冲走。常用的滤料有陶粒、沸石、麦饭石、砂子、焦炭等，其中尤以多孔陶粒应用最多，效果最好。另一种合成有机滤料如聚丙烯珠、聚乙烯珠等也可用于上向流曝气生物滤池中。

（3）生物填料层高度：填料层越高，水力负荷有机负荷会相应增加，但动力消耗也会增加，如果减小填料层的高度，为了保证去除效果，就会增加滤池的面积，增加了工程的占地面积，所以通常需要综合考虑水力负荷、有机负荷、动力消耗及占地面积等因素，结合具体的工程项目，确定填料层高度。填料层高度不宜小于 2m。其总高度如下：

$$H = h_1 + h_2 + h_3 + h_4 + h_5$$

式中　$H$——氧化池总高度，m；

　　　$h_1$——超高，可取 0.5m；

　　　$h_2$——填料上水深，m；

　　　$h_3$——填料层高度，m；

　　　$h_4$——承托层高度，m；

　　　$h_5$——配水层高度，m。

（4）水力负荷。水力负荷是曝气生物滤池的重要指标，其意义是单位填料层截面积通过的实际污水流量。

$$q = \frac{Q}{24F}$$

式中　$q$——曝气生物滤池水力负荷，$m^3/(m^2 \cdot h)$；

　　　$Q$——设计处理水量，$m^3/s$；

　　　$F$——曝气生物滤池横截面积，$m^2$。

水力负荷确定的原则：既要维持正常的生物生长，同时保证有一定的冲刷作用，能够将老化的生物膜冲刷下来，使膜的生长与更新保持一定的平衡，微污染水的处理中水力负荷 $q = 2 \sim 4 m^3 / (m^2 \cdot h)$。

（5）有机负荷。水力负荷是曝气生物滤池的另一项重要指标，其表征了曝气生物滤池对有机物等污染物的去除能力，一般采用 $BOD_5$ 为曝气生物滤池的计算依据，其计算公式如下：

$$N_v = \frac{QS_0}{V} = \frac{QS_0}{HF} = \frac{24S_0}{H}q$$

式中 $N_v$——曝气生物滤池单位容积，填料每天有机 BOD 负荷，$m^3 / (m^3 \cdot d)$；

$S_0$——曝气生物滤池进水 BOD 浓度，$kg/m^3$；

$H$——曝气生物滤池滤料层高度，m。

处理微污染（BOD）原水时，$N_v = 0.1 \sim 0.15 kg/(m^3 \cdot d)$。

接触氧化停留时间取 $1.2 \sim 1.5h$，为减小占地面积氧化池中水深可达 $5 \sim 6m$。

（6）$NH_3$-N 负荷：$NH_3$-N 负荷是表征曝气生物滤池的指标，与有机负荷相同，它是指单位容积填料每天所负荷的 $NH_3$-N。单位是 $kg/(m^3 \cdot d)$。

（7）气水比：气水比的提高有利于 COD 的去除，但是其相关性并不是呈线性关系，但气水比增加到一定程度后，COD 的去除率增加缓慢，尤其是微污染原水相对于污水而言，碳源较少的情况下，曝气生物滤池处理微污染原水时气水比通常取 $0.5:1 \sim 1.2:1$。

### 6.2.2.3 曝气生物滤池的工程实例

A 对 COD 和氨氮的去除效果

曝气生物滤池近年来已有大量的研究，包括中试试验研究和生产性研究，表 6-3 为曝气生物滤池处理有机物和氨氮的试验成果。详细的研究内容可参考有关文献。

表 6-3 曝气生物滤池对 COD 和氨氮的去除

| 实验地 | | 北京水源六厂 | 北京团城湖 | 北京城子水厂 | 邯郸滏阳河水厂 | 蚌埠二水厂 | 大同册田水库 |
|---|---|---|---|---|---|---|---|
| 规 模 | | 中 试 | 中 试 | 中 试 | 中 试 | 生产试验 | 中 试 |
| 接触时间/min | | 30 | 60 | 15 | 10 ~ 15 | 20 ~ 33 | 20 |
| COD | 进水水质 /mg·L⁻¹ | 15 ~ 50(Cr) | 8 ~ 30(Cr) | 4 ~ 7(Mn) | 7 ~ 12(Mn) | 2.1 ~ 10.33(Mn) | 3 ~ 8(Mn) |
| | 去除率 /% | 夏50 ~ 60 冬30 ~ 35 | 45 ~ 51 | 20 | 18 ~ 40 | 18.4 | 11.4 ~ 20 |
| 氨氮 | 进水水质 /mg·L⁻¹ | 1.2 ~ 7.0 | 2 | 0 ~ 1.4 | 1.22 ~ 2.02 | 0 ~ 18 | 0.1 ~ 1.6 |
| | 去除率/% | >90 | 100 | >90 | >90 | 70 ~ 90 | 50 ~ 90 |

从表 6-3 中可以看出，$COD_{Cr}$ 去除率在 30% ~ 60%，$COD_{Mn}$ 的去除率在 11.4% ~ 40%，表面曝气生物滤池对 COD 有一定的去除效果，但是波动较大，具体能否采用该工艺去除 COD 必须结合具体的原水条件和实验结果。但是对氨氮的去除除了有的试验波动较大以外，大部分试验结果表面去除率可达 80% ~ 90%，这说明曝气生物滤池预处理单元对原水中氨氮的去除效果明显，因而可以作为去除氨氮的有效工艺，尤其是高含量氨氮将导致加氯量的上升，消毒副产物的增多。

B 周家渡水厂的曝气生物滤池工艺

周家渡水厂 1999 年进行了深度处理改造工程。改造后，采用曝气生物滤池为预处理工艺，工艺流程为：曝气生物滤池—常规处理—臭氧—活性炭—加氯—出水，由二级泵房提升输入管网。周家渡水厂工艺流程如图 6-13 所示。

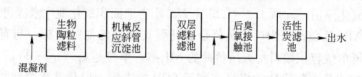

图 6-13 周家渡水厂工艺流程

a 设计参数

（1）周家渡水厂采用黄浦江上游原水，设计水量为 10000m³/d，处理工艺采用两条处理能力为 5000m³/d 的平行处理流程。

（2）滤池尺寸为 11.20m × 7.50m，滤池分为 3 格，单排布置，单格面积为 14m²。

（3）陶粒滤料厚度 2m，下面有 20cm 砾石为承托层，池体总高度为 5m。

（4）设计滤速 5.5m/h，设计空床停留时间 22min。

（5）反冲洗方式为先气冲 2 ~ 3min，再水冲 5min，气冲洗强度为 15m³/(m²·h)，水冲洗强度 15m³/(m²·h)，冲洗间隔时间为 5 ~ 7d。配气、水系统采用滤板和长柄滤头。

（6）曝气方式采用多孔管进行连续曝气，由 1 台罗茨鼓风机曝气，风量为 5.5m³/min，升压为 29kPa。

（7）滤料：按照曝气生物滤池滤料的选择原则，选择了陶粒滤料。该陶粒滤料表面粗糙、多微孔、强度高，孔隙率大，比表面积大，化学和物理稳定性好，具有生物附着力强，挂膜性能良好等优点。陶粒滤料的具体参数为：球形，粒径 3 ~ 5mm，有效粒径 3.2mm，棕褐色，密度 1.7kg/L，堆积密度 0.85kg/L，比表面积大于 $1.5 \times 10^4 cm^2/g$，孔隙率 50% 左右。

b 运行参数

进水流量为 170 ~ 300m³/h, 滤速为 4.05 ~ 7.14m/h, 滤料容积负荷为 2 ~ 3.6m³/(m²·h), 空床停留时间为 17 ~ 30min。进水的同时进行限气, 气量为 330m³/h, 气水比为 1.1∶1 ~ 1.9∶1。冲洗周期一般为 7 ~ 10d, 当水头损失达 1.5 ~ 1.8m 时进行反冲洗。反冲洗时先用气冲 3min, 再用水冲 8min 左右。运行时采用连续曝气。据测定, 出水的溶解氧明显增加, 平均比进水增加 1.6 倍, 最高时增加 7.5 倍。当原水氨氮较低 (小于 1mg/L) 时, 若进水中 DO/NH₃-N (浓度比) 大于 5 且 DO 大于 5mg/L 时, 可停止曝气, 节约运行费用。

c 运行结果分析

在稳定运行一段时间之后, 曝气生物滤池的试验数据如表 6-4 所示。

表 6-4 上海周家渡水厂曝气生物滤池试验数据

| 指 标 | 进 水 | 出 水 | 平均去除率/% |
|---|---|---|---|
| $NH_3$-N/mg·L$^{-1}$ | 0.05 ~ 0.4 | 0.04 ~ 0.35 | 39.9 |
| $NO_2^-$-N/mg·L$^{-1}$ | 0.001 ~ 0.09 | 0.001 ~ 0.08 | 40.1 |
| $COD_{Mn}$/mg·L$^{-1}$ | 4.75 ~ 7.67 | 3.4 ~ 6.93 | 15.4 |
| 浊度/NTU | 32.9 ~ 154 | 10.5 ~ 103 | 40.9 |
| $UV_{254}$/cm$^{-1}$ | 0.177 ~ 0.346 | 0.162 ~ 0.281 | 0 |
| 色度/度 | 10 ~ 36 | 10 ~ 36 | 7.8 |
| Mn/mg·L$^{-1}$ | 0.1 ~ 0.3 | 0.01 ~ 0.25 | 36.6 |
| Fe/mg·L$^{-1}$ | 0.4 ~ 7.5 | 0.05 ~ 3.5 | 53.1 |

$COD_{Mn}$ 的平均去除率为 15.4%。表征有机物含量的 $COD_{Mn}$ 主要是作为碳源而被微生物吸收去除, 而 $UV_{254}$ 代表了水中含不饱和键的有机物含量, 该类有机物微生物较为难利用, 其去除率很低。

氨氮和亚硝酸盐的平均去除率为 39.9% 和 40.1%。氨氮是指示水被污染程度的主要指标之一。当水体污染严重时, 微生物利用水中含氮有机物作为氮源生长繁殖, 水中的氨氮就会相应增加, 在曝气生物滤池中主要靠硝化作用去除。当氨氮硝化作用不完全就会产生亚硝酸盐, 可以靠曝气生物滤池的反硝化作用去除。

浊度的去除, 曝气生物滤池对浊度有良好的去除效果, 平均去除率为 40%, 最大去除率为 69.3%。曝气生物滤池去除浊度的原因: 截留作用和生物絮凝作用, 截留作用就是靠填料的孔隙起到截留悬浮物和胶体, 但由于孔隙相对较大, 去除浊度的效果弱于砂滤池。生物絮凝作用是指依靠生物分泌的荚膜、细胞外强液和多糖类物质, 将悬浮颗粒吸附至生物膜表面, 成为生物膜的一部分, 或者将细小颗粒成为较大的絮体, 被滤层截留。由于曝气生物滤池的作用, 周家渡水厂在硫酸铝加注量为 25mg/L 时, 砂滤池出水控制在 0.5NTU 以下, 比相邻的其他水厂节约混凝剂 10% ~ 20% 左右。

铁、锰的平均去除率为 53.1% 和 36.6%。其中对铁的去除机理包括物理、化学以及生物除铁作用，生物除铁作用主要依赖滤层中的铁细菌分解相应的酶来实现氧化去除。生物除锰理论要求 pH 值大于 7.4 ~ 7.5，氧化还原电位高于 400 ~ 500mV，溶解氧约为 5mg/L。

### 6.2.3 膜生物反应器

#### 6.2.3.1 膜生物反应器的原理

膜生物反应器是将膜分离技术和污水处理中的生物反应器的技术结合而成的水处理技术。工艺上最大的不同之处在于，用膜组件代替了二沉池，用膜组件来实现固液分离和生物富集。

由于膜组件的高效截留和分离作用，使得膜生物反应器有以下优势：

（1）高效截留悬浮物、细菌、病毒等物质，出水水质好。

（2）机会将所有的微生物都截留在生物反应器中，大大增加了反应器内的微生物浓度，降低污泥负荷，提高生化效率。高浓度污泥的回流增加污泥龄，利于增殖缓慢的硝化菌等生长繁殖。

（3）回流液中包含的大分子量有机物多为难降解有机物，不断回流增长了生物降解大分子有机物的停留时间，有利于去除这部分难降解有机物。

（4）工艺集中程度高，占地面积小。

#### 6.2.3.2 膜生物反应器的类型及设计计算

A 膜生物反应器的类型

膜生物反应器可分为：膜分离生物反应器（MSBR）、膜-曝气生物反应器（MABR）、萃取膜生物反应器（EMBR）。

a 膜分离生物反应器（MSBR）

按照膜组件与生物反应器的关系，可以将膜分离生物反应器分为一体式膜生物反应器、分置式膜生物反应器和复合式膜生物反应器，如图 6-14 所示。

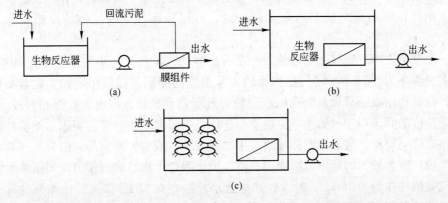

图 6-14 分置式（a）、一体式（b）、复合式（c）膜生物反应器

（1）分置式膜生物反应器：生物反应器和膜组件独立设置，进水经过生物反应器之后通过泵的提升增大水压进入膜组件中，通过膜组件的液体成为系统出水，固体、大分子物质等被截留下来回流进入生物反应器中。该类膜生物反应器操作简单、膜清洗和更换方便、运行稳定、可以通过控制压力和膜面流速减缓膜污染。

（2）一体式膜生物反应器：膜组件直接放置在生物反应器中，在生物反应器中反应后的水在泵的抽吸作用下透过膜面直接出水。这种膜生物反应器没有回流，故而能减少能耗，曝气或者膜组件的旋转能够使得膜表面污染减缓，不易堵塞。并且集合程度高，无需回流、能耗低。但其稳定性和安装的方便性不如分置式。

（3）复合式膜生物反应器：为了加强反应器内微生物的吸附降解等作用，在一体式膜生物反应器中添加填料即是复合式膜生物反应器，它是生物膜法和膜分离技术的结合处理工艺。

b 膜-曝气生物反应器（MABR）

在一体式膜生物反应器的基础上，以较低的压力（低于泡点）向反应器内无泡曝气即形成了膜-曝气生物反应器。由于增加了接触时间，提高了氧的传递效率，同时由于气液两相被膜分开，膜-曝气生物反应器有效地将曝气和混合功能分开，提高了出水水质。该类反应器采用透气性板式或中空纤维式的致密膜或微孔膜（见图6-15）。

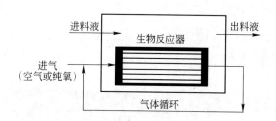

图6-15 膜-曝气生物反应器

c 萃取膜生物反应器（EMBR）

萃取 MBR 工艺是膜萃取和生物降解技术的结合，利用膜工业废水中有毒、溶解性差的优先污染物从水中萃取出来，然后利用专性菌对其进行单独的生物降解，从而使专性菌不受废水中离子强度和 pH 值的影响，生物反应器的功能得以优化。

B 膜生物反应器的设计计算

膜生物反应器主要应用于污水处理中，在饮用水处理中目前应用还不甚广泛，设计参数需要按照具体的水质指标和试验测定为依据，以下为相关计算公式：

（1）超滤膜通量 $J$：

$$J = K \times \lg \frac{X_g}{X}$$

式中  $X_g$——膜表面污泥浓度，mg/L；

$X$——混合液浓度，mg/L；

$K$——传质系数，$\mathrm{m^3/(m^2 \cdot d)}$。

（2）所需超滤膜总面积 $A$：

$$A = \frac{Q}{J}$$

式中  $Q$——处理水量，$\mathrm{m^3/d}$。

（3）膜组件体积 $V$ 和膜组件个数：

$$V = NV_1$$

$$N = \frac{A}{A_1}$$

式中  $N$——膜组件的个数；

$V_1$——单个膜组件的体积，$\mathrm{m^3}$；

$A_1$——单个膜组件的面积，$\mathrm{m^2}$。

（4）水力停留时间 $T$：

$$T = \frac{1.1 \times \dfrac{L_0}{L} \times (K_s + L)}{KX}$$

式中  $K$——底物最大比降解速度，$\mathrm{h^{-1}}$；

$K_s$——饱和常数，等于底物去除速度为最大值的一半时的底物浓度，mg/L；

$L$——反应器出水有机物浓度，mg/L；

$L_0$——反应器进水有机物浓度，mg/L。

（5）曝气池容积 $V'$：

$$V' = QT$$

### 6.2.3.3  膜生物反应器的应用

膜生物反应器应用历史悠久，基本集中在污水处理工艺中，而后才在饮用水方面得以应用。Qin 等在新加坡进行了膜生物反应器与反渗透（MBR-RO）处理生活污水回收淡水资源的中试试验，取得了良好的效果。Nuhoglu 等还做过关于膜生物反应器脱氮的试验，在营养物质充足的情况下，能够取得良好的脱氮效果。以下介绍膜生物反应器对微污染原水的处理。

针对目前我国水源水不断受到污水污染而无法直接作为饮用水源的状况，对于微污染原水的处理显得尤为重要，我国有一半的地表水的生化需氧量 $BOD_5$ 超过 5mg/L，氨氮浓度超过 3mg/L。采用污水处理厂的城市污水与自来水以 1∶10 的比例混合为处理原水，选用 0.4μm 的中空纤维膜。正常运行时，水力停留时间 1.0h，污泥龄 61d，进水有机负荷 0.105g/(g·d)，进水氨氮负荷 0.081g/(g·d)，污泥浓度 1.5g/L，小试过程 5 个月化学反压冲洗 2h。挂膜阶段采用人工配制废水挂膜。

正常运行阶段的膜生物反应器试验数据如表 6-5 所示。

**表6-5  各常规指标和去除率**

| 指 标 | 进 水 | 出 水 | 平均去除率/% |
|---|---|---|---|
| $NH_3$-N/mg·$L^{-1}$ | 1.80 ~ 7.90 | 0.01 ~ 0.33 | 98 |
| $NO_3^-$-N/mg·$L^{-1}$ | 0.70 ~ 6.61 | 2.55 ~ 7.95 | — |
| $NO_2^-$-N/mg·$L^{-1}$ | 5.0 ~ 89.1 | 28.5 ~ 99.5 | — |
| 浊度/NTU | 2.5 ~ 10.2 | 0.10 ~ 0.05 | 98 |
| $UV_{254}$/$cm^{-1}$ | 0.055 ~ 0.150 | 0.02 ~ 0.051 | 69 |
| TOC/mg·$L^{-1}$ | 2.98 ~ 6.05 | 0.91 ~ 2.15 | 61 |
| THMFP/mg·$L^{-1}$ | 151.2 ~ 365.4 | 35.1 ~ 122.5 | 75 |
| $CHCl_3$FP/mg·$L^{-1}$ | 140.6 ~ 350.4 | 33.3 ~ 102.2 | 74 |
| $CHBrCl_2$FP/mg·$L^{-1}$ | 7.9 ~ 19.0 | 1.5 ~ 21.8 | 77 |
| $CHBr_2ClFP$/mg·$L^{-1}$ | 0.6 ~ 6.5 | 0.0 ~ 2.1 | 86 |

从表 6-5 中可以看出，浊度和氨氮的去除率很高，而硝态氮和亚硝态氮却很低，这是由于膜生物反应器在去除氨氮时将其转化为了硝态氮和亚硝态氮。该工艺缺乏厌氧环境实现反硝化过程。

## 6.3  预处理组合工艺

微污染原水中的污染物具有多样性和复杂性，前述的预处理工艺均各有优缺点，在单一工艺无法完成预处理效果时，可以通过各工艺间的组合来发挥各工艺的优势从而保障出水水质，在微污染原水水质较差或者水源出现例如蓝藻暴发等突发性水污染状况下显得尤为重要。

### 6.3.1 粉末活性炭组合工艺

粉末活性炭作为一种有效的吸附剂，在水处理中已经得到极为广泛的应用。它能够吸附微污染原水中的大部分有机物和部分无机物，去除水中的嗅味以及酚、卤代甲烷、微量有机物和各种有毒有害物质等，尤其在脱色除味方面具有很好的效果。

#### 6.3.1.1 KMnO₄ + 粉末活性炭

通常情况下，粉末活性炭能够较为有效地起到预处理效果。但是在原水水质出现突发性污染时，由于粉末活性炭的吸附位有限，需要加大投量从而增加了后续工艺负荷，而且粉末活性炭多为一次性使用，增大投量就增加了水处理成本。此时，可以考虑在增加 $KMnO_4$ 预处理工艺，氧化水中的 $Fe^{2+}$、$Mn^{2+}$、$S^{2-}$、$CN^-$、酚、致臭致味有机物和部分藻类和微生物，因而可以减少活性炭的投量，达到理想的处理效果。而且 $KMnO_4$ 氧化的碱基置换产物也能通过后续的粉末活性炭吸附去除，降低致突变性。无锡水危机中的预处理方法就是采用 $KMnO_4$ + 粉末活性炭组合工艺，参见6.1.2.1小节内容。

#### 6.3.1.2 粉末活性炭 + 预氯化

氯化氧化带来的一个突出问题就是会产生卤代化合物，增加了水的致突变活性。考虑在预氯化之前去除该类物质的前体物，消毒副产物的前体物多为小分子量有机物，可以通过粉末活性炭有效的去除。粉末活性炭 + 预氯化预处理可以实现协同的效果。日本千叶县柏井净水厂工艺流程如下：原水→粉末活性炭→配水井（前加氯）→平流沉淀池→侧向斜板沉淀池→快滤池→臭氧活性炭→后加氯→出水。

### 6.3.2 臭氧氧化组合工艺

$O_3$ 作为一种强氧化剂，在水处理中，能够有效地氧化大部分无机物和有机物，其氧化有机物的结果通常是将大分子量的有机物转化为小分子量的有机物，芳香性消失，极性增强，可生化性增强。

#### 6.3.2.1 O₃ + 生物接触氧化预处理

$O_3$ 和生物接触氧化技术联用，$O_3$ 能够将大分子有机物转化为小分子有机物，而生物接触氧化的去除对象就是小分子可生物降解的有机物，将 $O_3$ 氧化产物通过生物降解去除，同时生物接触氧化还有除锰、除铁的作用。而在氧化原水的过程中 $O_3$ 转化成了氧气，为后续的生物接触氧化提供了氧气，可减少生物接触氧化的曝气量，这两项工艺可以起到很好的互补作用。

#### 6.3.2.2 $O_3 + H_2O_2$ 和 $O_3 + UV$

$O_3$ 氧化性虽强，但依然有一些有机物臭氧无法氧化，可以通过组合工艺的方式来增强 $O_3$ 的氧化性，$O_3 + H_2O_2$ 和 $O_3 + UV$ 的工艺就是通过添加 $H_2O_2$ 或者 UV 照射，提高·OH 的产生。向臭氧水中添加 $H_2O_2$ 能极大地提高·OH 的产量和速率，并能维持水中·OH 的高浓度，从而大大增强了氧化性，取得更好的净水效果。该工艺已经在国外有所应用。同样，UV 照射能够使 $O_3$ 提高产生·OH 的效率，$O_3$ 氧化有机物的速度是单独使用 $O_3$ 的 100 ~ 1000 倍，而且 UV 照射下 $O_3$ 还能够氧化单独 $O_3$ 无法去除的有机物，提高了预处理的效果。

# 第7章 饮用水深度处理技术及发展

近些年，随着现代工业的不断进步和农药化学品等的广泛应用，大量不同种类的有机物通过人类活动进入地表水中，致使很多饮用水地表水水源由于受到有机物污染，一些指标难以达到《地表水环境质量标准》（GB 3838—2002）Ⅲ类水体标准而成为微污染水源水。微污染水源水主要特征：水中氨氮含量、生物需氧量（BOD）、耗氧量（COD）等指标超标，水中存在细菌、微生物等病原体，水中存在溶解性有机物（DOMs）和大量对人体有害的有机污染物等。一般水厂常规处理工艺，混凝-沉淀-过滤-消毒对氨氮、DOMs 和细菌微生物等去除效果很差，加之水厂氯消毒过程中与水中天然有机物（NOMs）作用生成的消毒副产物（DBPs），对人体健康有长期的潜在危害。因此在饮用水常规处理工艺的基础上发展的深度处理技术日益得到人们的关注，因为饮用水深度处理技术不仅可以高效去除水中氨氮、溶解性有机物、消毒副产物等，经济方面也取得了一定优势，不少实用经济的饮用水深度处理技术及其组合工艺得到了广泛应用。本章将介绍应用较为广泛的氧化法、生物活性炭、膜分离深度处理工艺和其他几种饮用水深度处理技术，以及诸如臭氧-活性炭等组合工艺的实际应用。

## 7.1 氧化法深度处理

### 7.1.1 臭氧氧化

#### 7.1.1.1 臭氧性质

臭氧（$O_3$）是氧（$O_2$）的同素异形体，由三个氧原子组成，分子量为48，密度为 $2.144kg/m^3$，它在水中的溶解度是 $O_2$ 的10多倍。臭氧在常温常压下是一种极不稳定的淡蓝色气体，低浓度臭氧会有一种淡淡"清新"，高浓度时则有极刺鼻的漂白粉味道。空气中臭氧最大允许浓度应小于 $200\mu g/m^3$（对于一天连续工作8小时人员）。作为强氧化剂，臭氧的标准电势为 2.07V，在水中的氧化能力仅次于氟（2.87V）：

$$O_3(g) + 2H^+ + 2e \Longleftrightarrow O_2(g) + H_2O \quad (2.07V, pH = 0)$$

#### 7.1.1.2 臭氧氧化原理

臭氧自20世纪初在水处理领域应用至今，已被公认为是较有效的杀菌剂和氧化剂。臭氧可以通过氧化作用破坏微生物细胞膜，继而进入细胞内分解破坏膜内蛋白质、脱氧核糖核酸（DNA）、核糖核酸（RNA）、脂多糖等大分子聚合物，使细菌、病毒等失去代谢繁殖的能力，从而达到杀死微生物的目的。

臭氧可将银离子（$Ag^+$）、二价钴离子（$Co^{2+}$）、二价锰离子（$Mn^{2+}$）、二价铁离子（$Fe^{2+}$）等氧化成相应的高价态化合物，含氨氮化合物和氰化物、硫化物等也能很快与臭氧反应。

臭氧对于水中有机物的氧化作用分为直接氧化和间接氧化。直接氧化意为臭氧分子直接与水中溶解性有机化合物作用，发生电子转移或氧原子转移，这种情况发生较少，并且反应速率缓慢，对反应物的选择性较高；间接反应是指臭氧通过水中生成羟基自由基与有机物发生氧化还原作用，羟基自由基的氧化能力更高（氧化电位2.8V），并且反应速率快，选择性低，可引发链式反应，使大分子难降解有机物分解为小分子易降解有机物。

电子转移反应：

$$O_2^- + O_3 \longrightarrow O_2 + O_3^-$$

$$HO_2^- + O_3 \longrightarrow HO_2 + O_3^-$$

氧原子转移反应：

$$OH^- + O_3 \longrightarrow HO_2^- + O_2$$

$$Fe^{2+} + O_3 \longrightarrow FeO^{2+} + O_2$$

$$Mn^{2+} + O_3 \longrightarrow MnO^{2+} + O_2$$

$$NO_2^- + O_3 \longrightarrow NO_3^- + O_2$$

臭氧加成反应：

$$O_3 \longrightarrow O + O_2$$

$$O + H_2O \longrightarrow 2 \cdot OH$$

碱性条件下，由于 $OH^-$ 的存在，臭氧分解成羟基自由基的速率更快。

$$O_3 + OH^- \longrightarrow \cdot HO_2 + O_2^-$$

$$O_3 + \cdot HO_2 \longrightarrow \cdot OH + 2O_2$$

产生的 $\cdot OH$ 和有机物发生反应：

$$\cdot OH + RH \longrightarrow \cdot R + H_2O$$

$$\cdot R + O_2 \longrightarrow \cdot RO_2$$

$$\cdot RO_2 + RH \longrightarrow ROOH + \cdot R$$

$$ROOH + \cdot OH \longrightarrow 氧化产物 + CO_2 + H_2O$$

由上述反应方程式可以看出，碱性条件下，$\cdot OH$ 和 $OH^-$ 可以作为臭氧分解

成超氧根离子 $O^{2-}$ 和 $\cdot O_2$ 自由基等中间化合物的催化剂。pH 值条件，及碱性条件对于臭氧间接氧化反应至关重要。

### 7.1.1.3 影响臭氧氧化的因素

A pH 值

臭氧直接氧化主要在酸性条件下进行，此时臭氧选择性的攻击难生物降解有机物的不饱和官能团，如芳香环、$C \equiv C$、$C \equiv N$、$N \equiv N$ 等。例如近年来国内外均有研究表明，随着 pH 值的不断增加，臭氧氧化处理诸如 MC-RR、MC-LR 微囊藻毒素的去除率会随之下降。究其原因，很可能是因为藻毒素结构中存在很多双键和氨基，更容易被臭氧直接氧化，并且 $O_3$ 在酸性环境下氧化能力（2.07V）比碱性环境下更强（1.24V）。

臭氧间接氧化反应依靠的是水体中碱性条件，臭氧在水中分解成羟基自由基的速率随着 pH 值的升高而加快。pH 值提高一个单位，臭氧分解速率大约提高 3 倍。很多研究表明，碱性条件下，$OH^-$ 离子对 $O_3$ 分解产生羟基自由基（$\cdot OH$）具有很强的氧化性，促进臭氧分解产生自由基的过程。

另外，pH 值不仅对臭氧氧化作用本身起作用，还会影响水中有机物、无机物的物化性质，从而间接影响臭氧氧化速率。

B 臭氧浓度

臭氧浓度对有机物降解起着重要作用。在有机物浓度一定时，污染物的去除率随着臭氧浓度的增加而提高。但对于一些水体中的低浓度有机物，臭氧氧化一定时间后，已经有很高的去除率，再提高臭氧浓度所带来的去除率提升空间很小。

C 待去除有机物浓度

当水体中待去除有机物浓度增大时，它们与臭氧反应的化学势就会提高，一般来说化学反应速率也会升高，并有倾向于恒定的趋势。但研究表明，反应速率的升高并不代表去除率的升高，相反，去除率显示出相反趋势，即有机物浓度越大，去除率越低。

D 其他因素

天然水中无机物和有机物的种类、浓度同样会影响臭氧氧化反应。重碳酸盐和碳酸盐是天然水体中较为常见的无机盐，在地表水以及地下水中的质量浓度一般为 $50 \sim 200mg/L$，它们和水中其他有机物，如叔丁醇均被称为自由基抑制剂，$HCO_3^-$ 和 $CO_3^-$ 与 $\cdot OH$ 有较高的反应活性，通过抑制羟基自由基的产生，从而抑制臭氧的氧化过程。而叔丁醇是与羟基自由基反应生成惰性中间产物，使自由基无法进行下一步反应，也达到抑制臭氧氧化的效果。

### 7.1.1.4 臭氧氧化法缺陷

一方面，天然水体中大部分有机物为腐殖质，不同种类腐殖质与臭氧会有不同的氧化反应,但最终大部分均氧化成小分子的醛和羧酸。如今我们已知道一些反应副产物如甲醛、乙二醛等显示出较强的"三致"作用。此外,水中溴化物在臭氧氧化中会生成 HOBr/BrO⁻,长时间反应也会生成潜在致癌物溴酸盐。

另一方面,臭氧氧化还会导致水中可生物降解物质的增多,使出厂水的生物稳定性降低,容易引起细菌繁殖。由于这些因素的存在,在实际工程应用中,臭氧氧化处理很少被单独使用,而是与生物活性炭、膜分离等技术联用,以达到饮用水的出厂标准。

## 7.1.2 光氧化技术

光氧化技术,顾名思义就是在光的作用下所发生的氧化还原反应。自然环境中有一部分近紫外光极易被有机物吸收,在有活性物质存在的条件下就会发生光氧化反应使有机物分解。该工艺具有极强的氧化能力,对水中优先控制的有机污染物如三氯甲烷、四氯化碳、三氯乙烯、四氯乙烯、六氯苯及多氯联苯等也能有效进行分解,去除率较高。20 世纪 80 年代初,光氧化技术被应用于水处理领域,如今已有了很大发展,在饮用水深度处理方面具有良好的应用前景。目前研究较多的有光激发氧化技术和光催化氧化技术。

### 7.1.2.1 光激发氧化技术

光激发氧化需要分子吸收特定波长的电磁辐射,受激产生分子激发态,之后通过化学跃迁到一个稳定的状态,或者变成引发热反应的中间化学产物。通过反应中产生的羟基自由基($\cdot$OH)来降解水中有机污染物。以臭氧($O_3$)、过氧化氢($H_2O_2$)、$O_2$ 和空气等作为氧化剂,将氧化剂的氧化作用和光化学辐射相结合,可产生氧化能力很强的羟基自由基$\cdot$OH,表 7-1 显示了几种强氧化剂反应方程式和氧化电位。

**表 7-1 几种氧化剂反应方程式和氧化电位**

| 氧化剂 | 反应方程式 | 氧化电位/V |
| --- | --- | --- |
| $\cdot$OH | $\cdot OH + H^+ + e \longrightarrow H_2O$ | 2.80 |
| 臭氧 | $O_3 + 2H^+ + 2e \longrightarrow H_2O + O_2$ | 2.07 |
| $H_2O_2$ | $H_2O_2 + 2H^+ + 2e \longrightarrow 2H_2O$ | 1.77 |
| $Cl_2$ | $Cl_2 + 2e \longrightarrow Cl^-$ | 1.30 |
| $ClO_2$ | $ClO_2 + e \longrightarrow Cl^- + O_2$ | 1.50 |

光激发氧化技术中研究较多的有 UV/$H_2O_2$,UV/$O_3$ 和 UV/$O_3$/$H_2O_2$ 等。

A UV/$H_2O_2$

$H_2O_2$ 是一种强氧化剂,当 pH = 0 时,氧化电位为 1.80V;当 pH = 14 时,氧化电位为 0.87V。分子形式的 $H_2O_2$ 首先在紫外光的照射下产生两个$\cdot$OH:

$$H_2O_2 + hv \longrightarrow 2 \cdot OH$$

生成的·OH通过脱氢、亲电子加成和电子转移等过程与有机物发生反应，达到降解有机污染物的目的。该法可以将污染物彻底无害化，但水中一些悬浮物、有色成分和无机盐等长时间反应会发生沉淀，降低 UV 光的穿透率，需对处理水质进行预处理。

B　$UV/O_3$

$UV/O_3$ 是一种将紫外光辐射和臭氧结合起来的高级氧化过程。这一过程不是利用臭氧，而是臭氧在紫外辐射下分解产生的次生氧化剂来氧化有机物。液相臭氧在紫外光辐射下分解为羟基自由基·OH，·OH 再与水中有机物进行反应。UV 与 $O_3$ 组合工艺的降解效率比单独使用 UV 和 $O_3$ 要高很多。但同臭氧氧化法一样，该法也受自由基抑制剂等的影响。

C　$UV/O_3/H_2O_2$

$UV/O_3/H_2O_2$ 能够快速产生氧化能力很高的羟基自由基（·OH），其产生机理可归结为下列反应式：

$$H_2O_2 + H_2O \longrightarrow H_3O^+ + HO_2^-$$

$$O_3 + H_2O_2 \longrightarrow \cdot OH + \cdot HO_2 + O_2$$

$$O_3 + HO_2^- \longrightarrow \cdot OH + O_2^- + O_2$$

$$O_3 + O_2^- \longrightarrow O_3^- + O_2$$

$$O_3^- + H_2O \longrightarrow \cdot OH + HO^- + O_2$$

同样，该方法利用·OH 来氧化分解水中的有机污染物，与 $UV/O_3$ 相比，$H_2O_2$ 的加入对·OH 的产生具有协同作用，因而表现出对有机污染物更高的反应速率。

### 7.1.2.2　光催化氧化技术

光催化氧化技术是指在处理水体中投加一定量光敏半导体材料（如 $TiO_2$ 等），同时结合天然光中近紫外光部分的光辐射，使光敏半导体在光的照射下发生价带电子激发迁移，产生具有极强氧化性的价带电子——空穴。空穴具有极强的获得电子的能力，吸附在半导体上的溶解氧、水分子等与空穴作用，产生·OH等氧化性极强的自由基，再通过与有机物之间羟基加合、电子转移等作用使污染物接近全部矿化，生成 $CO_2$、$H_2O$ 和其他离子等。目前，国内外应用光催化氧化处理技术还主要停留在实验室研究和中试阶段。

半导体具有能带结构，即由填满电子的低能价带和空的高能导带组成，两者之间存在禁带，当半导体受到能量等于或大于禁带宽度的光照时，价带上的电子（$e$）受到激发跃迁到导带，此时价带产生空穴（$h^+$）。例如，当紫外灯照射

$TiO_2/Ti$ 半导体光催化膜表面时，$TiO_2$ 表面层电子从价带跃迁到导带，产生光生电子（$e$）和光生空穴（$h^+$），如图 7-1 所示。

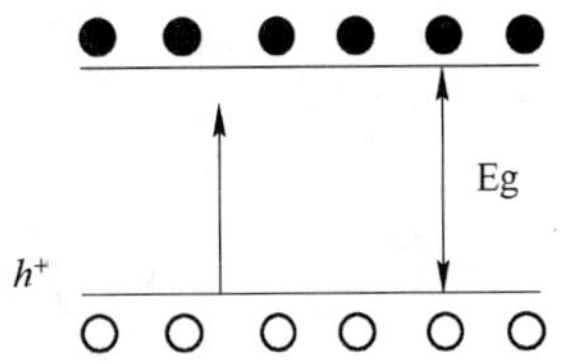

$$TiO_2 + hv \longrightarrow h^+ + e$$

图 7-1 半导体能带结构示意图

光生空穴（$h^+$）可使吸附在 $TiO_2$ 表面的 $H_2O$ 和 $OH^-$ 氧化，生成羟基自由基·OH：

$$h^+ + H_2O \longrightarrow OH^- + H^+$$

$$h^+ + OH^- \longrightarrow \cdot OH$$

导带上大量的光生电子（$e$）和吸附在 $TiO_2$ 表面上的 $O_2$ 发生反应，生成羟基自由基·OH：

$$e + O_2 \longrightarrow O_2^-$$

$$2O_2^- + 2H_2O \longrightarrow 2 \cdot OH + 2OH^- + O_2$$

生成的·OH 可以使难降解的有机物几乎完全矿化，生成 $CO_2$、$H_2O$ 和无机物。

该处理方法具有强氧化性、对分解作用对象的无选择性及最终可使有机物完全矿化等特点，在饮用水深度处理方面具有较好的应用前景。但光催化氧化法的处理费用较高，设备复杂，长期运行还需解决催化剂的中毒问题。因此，寻求理想的再生方法，研发高效、低耗、实用的光催化氧化反应器，以及和其他多项单元技术的优化组合应用等，是今后科研工作者应该认真思考的问题。

### 7.1.3 超声空化技术

#### 7.1.3.1 超声空化概念

超声空化是指液体中的微小泡核在频率 20kHz 以上的超声波作用下被激活，表现为气泡的振荡、膨胀、闭合和崩溃等一系列动力学反应。超声空化是一个复杂的非线性声学过程，超声波进入水中后，会通过水和其他杂质的振动传递能量，沿传播方向对介质进行周期性压缩和扩张，其频率与超声波的频率一致。各种天然水体中溶有大量微小气泡，这些微气泡（空化核）在声场的作用下发生振动并被压缩和扩展，当声压达到一定时，气泡将迅速膨胀，然后以极高速度发生闭合，闭合同时产生强大的冲击波使气泡崩溃，超声空化就是这些微小气泡周期性振动、膨胀、闭合、崩溃的一系列动力学过程，如图 7-2 所示。

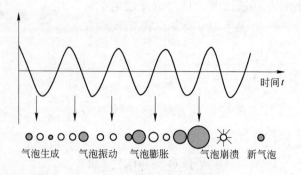

图 7-2　超声空化示意图

### 7.1.3.2　超声空化原理

使液体能够产生超声空化的最小声压被称为空化阈，空化阈的大小不仅取决于介质本身，还与施加的超声波声强、频率，环境温度，空化核半径等等有关。一般来说，温度越高，超声波声强越大，频率越低，液体静压力越小，则空化阈越低，越容易产生空化。

气泡闭合崩溃的瞬间产生一系列高压高热和光电等物理效应。发生空化处的局部压力可达至少 20MPa 的大气压和至少 5000K 的高温。与此同时，空化泡破裂时还能产生速度很高的冲击波，作用在固体介质上，会引起蚀点。进入空化泡的水蒸气在高温高压下发生分裂和链式反应，产生·OH，其化学式为：

$$H_2O \xrightarrow{\text{超声空化}} \cdot OH + \cdot H$$

同时空化泡崩溃产生的冲击波，使·OH 在生成的同时就被冲击波抛射到周围的溶液中和溶液中的分子发生自由基反应。·OH 经过一系列链式反应可以形成 $H_2O_2$。

$$2 \cdot OH \longrightarrow H_2O_2$$

此外，溶解在水中的空气或其他气体可以发生热解反应产生·N 和·O 自由基。这些自由基和·OH 在冲击波和射流的作用下进一步引发有机化合物的断裂、自由基转移和氧化反应。溶解在水中的有机物也可以通过扩散作用进入空化泡内，在空化的瞬间发生高温高压下的化学键断裂，从而引发系列反应，化学式如下：

$$\cdot H + \cdot H \longrightarrow H_2$$

$$\cdot H + O_2 \longrightarrow \cdot HO_2$$

$$\cdot HO_2 + \cdot HO_2 \longrightarrow H_2O_2 + O_2$$

$$\cdot OH + \cdot H \longrightarrow H_2O$$

$$\cdot H + H_2O_2 \longrightarrow \cdot OH + H_2O$$

$$\cdot H + H_2O_2 \longrightarrow H_2 + \cdot HO_2$$

$$\cdot OH + H_2O_2 \longrightarrow H_2O + \cdot HO_2$$

$$\cdot OH + H_2 \longrightarrow H_2O + \cdot H$$

有机物存在时：

$$R \xrightarrow{\text{热解}} 产物$$

$$R + 自由基 \longrightarrow 产物$$

### 7.1.3.3 超声空化的应用

超声空化技术应用于饮用水深度处理具有简单易控、无二次污染等特点。该技术既可单独使用，又可与其他工艺联用（如超声/$O_3$、超声/$H_2O_2$ 等）。但现阶段超声空化技术主要用在实验室小水量的处理研究中，尚处于基础研究阶段。

张光明等通过利用图 7-3 中的连续流超生波反应器考察不同频率、不同强度、不同流速和气体饱和程度以及自由基清除剂对超声波降解多氯联苯、溴苯的影响。结果表明高频率、高强度、大流速和单原子气体和氧气的混合可以提高声化学反应速率，但同时能量消耗也会增大，自由基清除剂（如碳酸盐）的存在也会降低超声反应速率。张胜华等采用低频高功耗率的超声处理富里酸溶液，结果显示超声对于富里酸的作用可归纳为空化泡内对富里酸的氧化作用和热解作用，随着声功率，富里酸溶液浓度的增加，溶液 pH 值、ORP 逐渐减小，溶液温度、浊度增加，体系中投加盐酸等都能够放大超声作用。除臭、除味历来是饮用水处理的核心问题之一，夏季很容易发生藻类暴发，蓝绿藻在生长过程中会产生土臭素、2-甲基异冰片等，常规处理对其不能有效去除，Wei Huasong 等研究显示 640kHz 的超声辐射 40min 后土臭素和 2-甲基异冰片能达到 90% 的去除，其主要降解机理为热解作用。

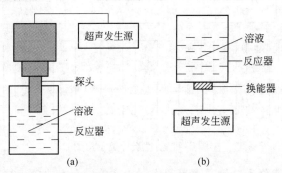

图 7-3  反应器示意图

（a）20kHz 探头式反应器；（b）其他频率平面式反应器

## 7.2 吸附法深度处理

### 7.2.1 活性炭吸附（粉末、颗粒）

活性炭是一类具有多孔、巨大的比表面、吸附能力很强的碳素材料。它是以含碳物质为原料，经高温碳化和活化后制得一种非极性吸附剂，对非极性、极性弱的有机物有很好的吸附能力。20世纪20年代，国外首先采用活性炭去除水中的嗅、味。60年代，国内开始将活性炭运用到水处理中，以去除水中难闻的嗅味。在各种改善水质处理效果的深度处理技术中，活性炭吸附技术是完善常规处理工艺以去除水中有机污染物成熟有效的方法之一。

#### 7.2.1.1 活性炭的分类

任何碳质材料都可以作为制造活性炭的原料。用于活性炭生产的主要原材料有植物性原料，如木材、锯屑、果壳、植物茎秆等；矿物性原料，如煤和石油残渣等；各种合成纤维材料，如聚丙烯等；以及其他废弃物如工业废旧塑料、橡胶废品等等。原料中的灰分含量是关系原料品位的重要因素，一般来说灰分含量越少越好。活性炭的制造过程分为炭化和活化两步。炭化过程是在隔绝空气的条件下对原料进行600℃以下的高温加热，原材料分解成碎片同时释放出水蒸气、$CO$、$CO_2$ 等，最终集合成稳定结构。原材料经炭化后会形成一种由碳原子微晶体构成的孔隙结构，比表面积可达 $200 \sim 400 \mathrm{m}^2/\mathrm{g}$。活化是指对炭化物进行部分氧化使其产生大量细孔构造的过程。一般认为该过程可以使炭化生成的新孔或关闭的孔打通，扩大细孔的尺寸，并固定活性炭表面的化学结构。活性炭的分类如图7-4所示。

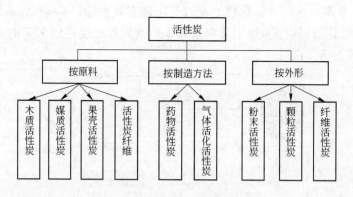

图7-4 活性炭分类示意图

活性炭的孔隙分为三类：微孔孔径小于20nm，表面积占活性炭总表面积的95%以上，是活性炭的主要吸附区；中孔孔径 $20 \sim 100$nm，表面积占总表面积的5%以下，为吸附质进入微孔提供通道，并吸附一些大分子有机物；大孔孔径大于100nm，占总表面积的1%以下，主要为吸附质提供通道。

### 7.2.1.2 活性炭吸附机理

#### A 物理吸附

物理吸附的作用力来自于分子间力，它的特点是吸附的分子可以在街面上作小范围自由移动，吸附热较小，不需要活化能，所以在低温环境即可进行，不仅可以单层吸附，也能够形成多层吸附。这种吸附是可逆的，被吸附在活性炭表面的分子由于热运动也可能离开固体表面，形成解吸。物理吸附是活性炭吸附的基本机理，因为分子力的普遍存在，所以物理吸附的选择性很低，但吸附量会随吸附物质、吸附剂比表面积、孔隙程度有密切关系。

#### B 化学吸附

化学吸附依靠的是吸附剂和吸附质之间的化学键作用。活性炭在高温制备过程中，炭的表面形成多种官能团，如羧基、羟基等，这些官能团对水中的部分离子有一定的化学吸附作用，所以活性炭也能够去除水中多种重金属离子，但选择性较高，属于单层吸附，不易解吸。

由于这种化学反应需大量的活化能，所以需要较高的温度环境。吸附量与吸附剂表面化学性质和吸附质的化学性质有关，若活性碳表面有碱性氧化物则易吸附酸性物质，若表面有酸性氧化物则易吸附碱性物质。

#### C 交换吸附

交换吸附的作用力为静电力，若吸附质上的离子由于静电引力聚集在吸附剂表面带电点上，在吸附过程中，就会产生离子交换，使发生离子交换的吸附质和吸附剂都发生化学变化，交换吸附也属于一种化学吸附，而且不可逆，不宜于活性炭再生。

### 7.2.1.3 吸附能力评价

#### A 吸附容量

吸附容量是指单位质量活性炭所能吸附的溶质的量。活性炭对特定吸附质的吸附达到平衡时，单位质量活性炭所吸附的污染物质量叫做平衡吸附容量，可以用它表征活性炭对该吸附质的吸附能力。

吸附容量计算公式为：

$$Q_0 = \frac{V(C_0 - C_e)}{m}$$

式中    $Q_0$——平衡吸附容量，mg/g；

       $V$——平衡时的累计溶液体积，L；

       $C_0$——污染物初始浓度，mg/L；

       $C_e$——平衡时污染物浓度，mg/L；

       $m$——活性炭用量，g。

活性炭吸附容量会随溶液的 pH 值、浓度、温度以及活性炭和污染物的物理化学性质不同而大小不同。对于水厂来说，吸附容量越大，吸附周期就越长，这样再生或运行费用也会相应降低。

B　吸附等温线

吸附等温实验室判断活性炭吸附能力的强弱，进行选炭的重要试验。目前根据不同的吸附模型可以推导出不同形式的吸附等温线。图 7-5 为三种常见的吸附等温线形式。

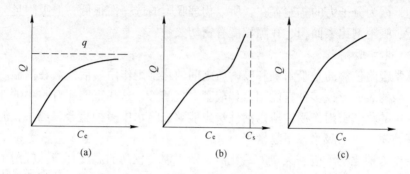

图 7-5　吸附等温线

a　朗哥缪尔（Langmuir）吸附等温式

朗哥缪尔吸附等温线适合于图 7-5(a)，是朗哥缪尔从动力学出发，通过一些假设推导出的单分子层吸附公式。其数学表达式为：

$$Q = \frac{bqC_e}{1 + bC_e}$$

式中　$q$——最大吸附容量；

　　　$b$——常数。

b　BET（Branauer，Emmett and Teller）吸附等温式

BET 吸附等温式多层吸附理论公式，当平衡浓度趋近饱和浓度时，$q$ 趋近无穷大。此种吸附在水处理中不会遇到，主要是用于活性炭吸附性能指标的测定。其等温线形式如图 7-5(b)所示。其数学表达式为：

$$Q = \frac{BC_e q}{(C_s - C_e)\left[1 + (B-1)C_e/C_s\right]}$$

式中　$C_s$——饱和浓度；

　　　$B$——常数。

c　弗兰德里胥（Freundlich）吸附等温式

弗兰德里胥吸附等温式是经验公式。饮用水水处理中很少出现单层吸附饱和和多层吸附饱和的情况，所以弗兰德里胥吸附等温式在水处理中应用最为广泛。

其等温线形式如图 7-5(c) 所示。其数学表达式为:

$$Q = KC_e^{1/n}$$

式中 $K$——常数;

$\qquad n$——常数。

### 7.2.1.4 活性炭的选用和再生

A 活性炭的选用

水处理中活性炭一般按粉末活性炭和颗粒活性炭分类。

(1) 粉末活性炭常用于发生突发性水源污染的情况。投加粉末活性炭须备有专用设备,把粉末炭先配成炭浆,随水连续投加,有时单加,有时辅以其他药剂。在水厂工艺运行中,粉末活性炭一般用于常规处理工艺之前的预处理阶段,或是与混凝剂一起投加,经混凝反应后,与混凝剂、悬浮体等形成矾花在后续沉淀池中沉降分离。粉末活性炭不足之处是它难以回收,属于一次性使用,所以处理费用较高,而且粉末活性炭的吸附能力并不能得到充分利用,利用率较低。

(2) 颗粒活性炭常用于饮用水深度处理中,分为吸附和再生两个阶段。由于颗粒活性炭使用周期较长,中小水厂可不设置储存输送设备,仅需增建活性炭滤池即可。活性炭滤池主要参数有接触时间、滤速、炭层厚度、粒径等。粒径一般为 0.5~2.0mm,平均 1.0mm。接触时间一般为 15~20min,滤速 5~10m/h。

活性炭层厚度由接触时间和构造等决定,一般取 1.5~3.0m 之间,多采用 2m。

$$H = L_V \times T$$

式中 $L_V$——滤速,m/h;

$\qquad T$——接触时间,h。

单位时间通过的水量与活性炭体积之比称为空间速度,用 $S_V$ 表示,一般按下式计算:

$$S_V = \frac{L_V}{H}$$

式中 $S_V$——空间速度,1/h;

$\qquad H$——活性炭层厚度,m。

B 活性炭的再生

当颗粒活性炭随着运行时间的延长达到吸附饱和后,就需要通过再生恢复活性炭的吸附能力。颗粒活性炭再生后可重复使用,再生费用一般为新炭的 1/4~1/2。活性炭的再生方法有热再生法、溶剂再生法、蒸气再生法等。饮用水吸附饱和炭一般都采用热再生方法。其原理是在高温下 (540~850℃) 把已经吸附在活性炭内的有机物高温分解,使活性炭恢复吸附能力。再生工艺如图 7-6 所示。

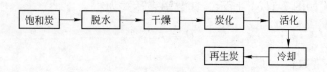

图 7-6　活性炭热再生工艺

### 7.2.1.5　活性炭在深度处理中的工程实例

20世纪80年代初，北京自来水公司开始研究利用颗粒活性炭去除水中嗅味，目前北京多家水厂都采用了颗粒活性炭作为深度处理工艺，提高了出水水质。北京某水厂通过在砂滤池后建立独立的活性炭滤池，利用活性炭吸附能力对砂滤池出水进行深度处理，有效降低了水中有机物含量和生物毒性。该水厂炭池72座，单池面积 96m²，炭层 1.5m，产水量 $15 \times 10^5 m^3/d$。水源来自密云水库，水质较好，颗粒物较少，浊度一般小于5NTU，色度5~15度，水温2~18℃，含有少量有机物和藻类，属低温、低浊、低色度水。图7-7为水厂改建工艺流程。

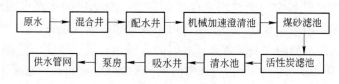

图 7-7　水厂改建工艺流程

表7-2为水厂各工艺水质处理情况，由于原水浊度、氨氮、亚硝酸氮的浓度较低，活性炭对它们的去除效果不明显，但对嗅味物质的去除十分有效，活性炭滤池前后水高锰酸钾指数由 1.24mg/L 降到 0.92mg/L，去除率25.8%，藻类个数由每升4.1万个降到1.2万个，去除率70.7%。

表7-2　水厂各工艺水质处理情况

| 检测指标 | 水库水 | 进厂水 | 澄清池出水 | 煤砂滤池出水 | 活性炭滤池出水 |
|---|---|---|---|---|---|
| 浊度/NTU | 5.0 | 5.0 | 0.38 | 0.18 | 0.16 |
| 色度/度 | 15 | 60 | 10 | <5 | <5 |
| 嗅　味 | 土腥味二级 | 土腥味二级 | 土腥味二级 | 土腥味一级 | 土腥味一级 |
| 氨氮(以 N 计)/mg·L⁻¹ | 0.28 | 0.06 | 0.02 | <0.02 | <0.02 |
| 亚硝酸氮(以 N 计)/mg·L⁻¹ | 0.017 | 0.010 | 0.003 | 0.003 | <0.001 |
| 高锰酸钾指数<br>(以 O 计)/mg·L⁻¹ | 2.01 | 2.01 | 1.29 | 1.24 | 0.92 |
| 藻类/万个·L⁻¹ | 814.0 | 331.5 | 17.5 | 4.1 | 1.2 |

深度处理采用活性炭滤池的另一个优势是它可以有效去除水中天然有机物在

水厂氯消毒过程转化成的消毒副产物，表7-3显示了活性炭滤池对三卤甲烷和卤乙酸的处理效果。

表7-3 活性炭对三卤甲烷、卤乙酸的去除效果

| 使用时间/月 | 三卤甲烷 | | | 卤乙酸 | | |
|---|---|---|---|---|---|---|
| | 炭前/$\mu g \cdot L^{-1}$ | 炭后/$\mu g \cdot L^{-1}$ | 去除率/% | 炭前/$\mu g \cdot L^{-1}$ | 炭后/$\mu g \cdot L^{-1}$ | 去除率/% |
| 2 | 18.4 | 11.5 | 37.5 | 9.8 | 2.5 | 74.5 |
| 10 | 38.7 | 32.6 | 15.8 | 23.6 | 8.3 | 64.8 |
| 24 | 39.3 | 35.6 | 9.4 | 24.3 | 10.9 | 55.1 |
| 29 | 41.2 | 36.3 | 11.9 | 18.9 | 11.1 | 41.3 |

随着运行时间的延长，活性炭的吸附能力降低，生物降解和转化作用增加，对有机物、TOC、COD的去除能力不断下降，当到一定程度时就需对活性炭进行再生。该水厂采用碘值和亚甲蓝值作为判断指标，当碘值不大于600mg/g，亚甲蓝值不大于85mg/g时，就需要考虑对活性炭进行再生了。表7-4为使用两年半后对活性炭再生前后的碘值、亚甲蓝值比较。

表7-4 活性炭再生前后碘值、亚甲蓝值比较

| 检测指标 | 新 炭 | 再生前 | 再生后 |
|---|---|---|---|
| 碘值/$mg \cdot g^{-1}$ | 970.1 | 552.7 | 761.2 |
| 亚甲蓝值/$mg \cdot g^{-1}$ | 146 | 84.6 | 120 |

活性炭在使用过程应进行定期出水水质监测，一般更换新炭或再生周期为1~2年，若活性炭滤池出水TOC、COD或有机物等监测指标的去除率降低严重，应考虑提早更换活性炭。活性炭作为水厂深度处理工艺，具有运行方便灵活，费用低廉的优点，但活性炭的再生成本较高，投加量太小又很难达到既定的去除效果，实际工程运用时应考虑根据原水水质情况配合前面常规处理适当选择。

## 7.2.2 生物活性炭法

### 7.2.2.1 基本概念

早在20世纪80年代，国外就已发现活性炭的生物作用，因为很多研究中有机物的去除量大大超过可被吸附的量。生物活性炭技术（BAC）是在活性炭技术的基础上发展而来的，它利用活性炭对水中有机物的吸附特性，使其成为微生物聚集、繁殖的载体，延长了活性炭的吸附饱和时间和使用寿命，目前，许多国家如德国、法国等水厂都采用了$O_3$-BAC联用技术，国内如北京田村山水厂、上海周家渡水厂等也将$O_3$-BAC深度处理技术投入了运行。

### 7.2.2.2 BAC生物活动

附着的生物量取决于活性炭的特性。由于常规水处理后水中可降解有机碳很

少，所以饮用水深度处理中活性炭上所形成的生物层是由活性炭微孔中的细菌菌落组成的，而不像废水处理中明显的生物膜，附着细菌的种类和原水菌种类型基本相同，一般不会形成相异的生物相。

一般采用自然挂膜，挂膜时间与水中细菌种类、水质、接触时间、反冲频率等因素有关，从几天到几十天不等。当水中细菌一开始附着在活性炭表面时，这种附着并不稳定，很容易脱落，一般认为，当水中细菌附着在活性炭的同时，原来附着的细菌已经在生长繁殖。其中，其重要作用的是孔径 $10 \sim 100 \mu m$ 的大孔，反冲洗时由于颗粒相互碰撞的原因，活性炭光滑和突出部位的细菌数量极少。

### 7.2.2.3　生物活性炭的应用

郑永菊等利用中试装置对饮用水生物活性炭（BAC）深度处理的挂膜过程进行了研究，讨论了挂膜过程中污染物去除效果的变化。中试装置的进水来自黄浦江原水，如表7-5所示，经过混凝、沉淀、砂滤的出水，再经过臭氧氧化后进入生物活性炭滤柱。滤柱内径290mm，高3.5m，活性炭层高2.1m，承托层为砾石和粗石英砂，分别厚0.1m。活性炭采用煤质颗粒炭，有效粒径1.05mm。

表7-5　挂膜期间黄浦江进水水质

| 水质参数 | 范　围 | 平均值 |
|---|---|---|
| $COD_{Mn}/mg \cdot L^{-1}$ | $2.48 \sim 3.08$ | 2.87 |
| $UV_{254}/cm^{-1}$ | $0.073 \sim 0.082$ | 0.077 |
| $\rho(TOC)/mg \cdot L^{-1}$ | $3.09 \sim 4.36$ | 3.98 |
| $\rho(BDOC)/mg \cdot L^{-1}$ | $0.11 \sim 0.76$ | 0.43 |
| $\rho(NH_3\text{-}N)/mg \cdot L^{-1}$ | $0.37 \sim 0.77$ | 0.50 |
| $\rho(NO_2\text{-}N)/mg \cdot L^{-1}$ | $0 \sim 0.005$ | 0.003 |
| $\rho(DO)/mg \cdot L^{-1}$ | $6.00 \sim 9.11$ | 7.84 |
| $\rho(总余氯)/mg \cdot L^{-1}$ | $0.80 \sim 2.06$ | 1.52 |

结果表明，生物活性炭的挂膜前中期亚硝酸盐积累严重，出水 DO 的波动较大；挂膜后期，BAC 的出水亚硝酸盐氮降低到无法检出，炭柱对 DO 的削减较为稳定。炭柱对 $COD_{Mn}$、$UV_{254}$、TOC 和 BDOC 的去除效率随着挂膜时间的延长趋于稳定，挂膜后期分别达到 66.9%、87.6%、64.9% 和 65.5%。建议采用活性炭滤柱对氨氮的去除率保持稳定及出水较低的亚硝酸盐氮作为判断生物活性炭成熟的水质参考依据。

## 7.3　膜法深度处理

20 世纪 80 年代，膜技术第一次应用于饮用水处理当中，1987 年美国科罗拉多州的 Keystone 建成世界第一座膜分离净水厂，水厂规模105m³/d，采用孔径为0.2mm 的外压式中空聚丙烯微滤膜。如今膜技术已取得长足发展，美国、法国、荷兰等国家多个水厂都将膜分离技术应用到饮用水处理中。国内如今已有广东东莞太平港自来水公司等 8 家水厂采用了全自动微滤装置，规模从 $10m^3/d$ 到 $10000m^3/d$ 不等，膜技术作为饮用水处理的一个独立工艺，是水处理领域近几十年来最重要的技术突破。随着膜工艺日渐成熟，价格逐年降低，其在未来饮用水处理中具有广泛的应用前景。

按膜孔大小应用于饮用水处理的膜可分为微滤（MF）、超滤（UF）、纳滤（NF）和反渗透（RO），如图7-8所示。实际应用采用膜组件的形式，工业应用的膜组件主要分为：中空纤维式、卷式、板式和管式。中空纤维式（见图7-9）和卷式膜（见图7-10）填充密度高，造价低，组件内流体力学条件好。但这两种膜组件对制造技术要求高，密封困难，抗污染能力较差，进水需要进行一定的预处理，要求较高。板式和管式膜填充密度低，造价高，但清洗方便，耐污染能力较强。

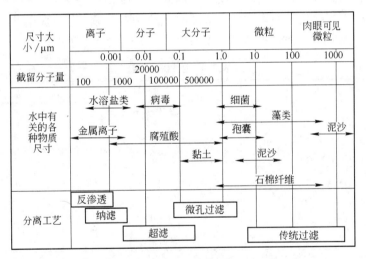

图 7-8 微滤、超滤、纳滤和反渗透截留分子量示意图

图 7-9 中空纤维膜组件

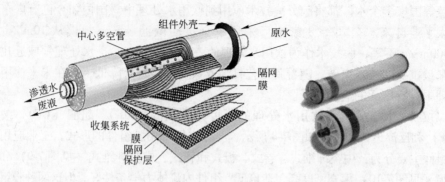

图 7-10 卷式膜组件

目前，已有数十种材料用于制备分离膜，具体见表 7-6，其中用陶瓷材料制成的膜具有更好的化学稳定性和耐酸碱性，机械强度高，它的管式组件能处理含较大悬浮颗粒的水，而且不易堵塞膜的通道，因而适合于净水处理。

表 7-6 膜材料分类

| 材 料 | 有机材料 | 无机材料 |
|---|---|---|
| 种 类 | 纤维素类 | 陶 瓷 |
| | 聚酰胺类 | 玻 璃 |
| | 芳香杂环类 | 金 属 |
| | 聚砜类 | 碳 |
| | 聚烯烃类 | |
| | 硅橡胶类 | |
| | 含氟聚合物 | |

### 7.3.1 微滤

#### 7.3.1.1 基本概念

微滤膜也称为微孔滤膜，是一种精密过滤技术，孔径范围一般在 $0.1 \sim 10\mu m$，驱动压力范围在 $0.01 \sim 0.2MPa$，介于常规过程和超滤之间。微孔过滤膜具有比较整齐、均匀的多孔结构，它是深层过滤技术的发展，使过滤从一般只有比较粗糙的相对性质过渡到精密的绝对性质。在静压差作用下，大部分小于膜孔的粒子通过膜，比膜孔径大的粒子则被截留在膜面上，使大小不同的组分得以分离。

#### 7.3.1.2 截留机理

由于微滤膜孔径跨度较大，随着膜结构和被分离溶液的不同，截留机理大体分为：

（1）机械截留。单纯的机械截留是指膜具有截留比自身孔径大的粒子的作用。

（2）架桥作用。小于膜孔径的粒子由于堆积和相互之间的作用，形成架桥，致使比膜孔径小的微粒被截留下来。

（3）内部截留。网络型微滤膜可以将微粒截留在膜的内部，但这种截留会造成难以清洗的深层污染。

微滤膜截留作用如图 7-11 所示。

图 7-11　微滤膜截留作用

### 7.3.1.3　微滤膜的应用

广东省顺德市某水厂区占地 $1500m^2$，原有产水量 $5000m^3/d$ 的传统净水池组两座。1996 年决定进行扩建改造，缓解新城区的用水矛盾。由于微滤处理能有效地去除悬浮物、有机物质、胶体、细菌和病毒，可将出水浊度降到 0.5NTU 以下，并且用地少，能在 $200m^2$ 的空地上放置微滤设备，时间短，见效快，因此，设计选用了 $5000m^3/a$ 的微滤净水设备作为水厂扩建方案。水厂改善后处理工艺如图 7-12 所示。

其中，微滤设备（见图 7-13）从加药、过滤到反洗的周期性自动循环过程是通过控制进水泵、加药泵、反冲洗泵的开关及有关自动阀门的开关动作来实现的其控制和数据采集选用日本 FP1 系列的 PLC 自动完成，每机组设控制柜一台，进行分组控制，由计算机进行监控、显示。

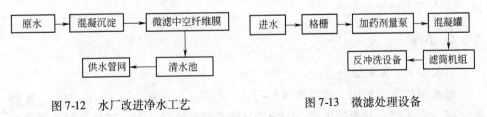

图 7-12　水厂改进净水工艺　　　　图 7-13　微滤处理设备

加药设备选用美国产 73802-10 型加药计量泵 2 台，流量 11L/h，扬程 98kPa。流量计为上海光华厂生产的转子流量计，DN 为 10mm，流量 200L/h。药剂采用 7%的液态硫酸铝。滤筒设为 36 个，分 A、B 两组，每组 18 个，单筒直径为 310mm，长 1300mm，过滤面积 $2177m^2$，设计产水量 $7m^3/h$。筒内的膜管是化学性质稳定、耐酸、耐腐蚀、抗氧化的高分子聚合物，膜孔直径 0.1m。每组滤筒机架平面尺寸为 4000mm × 1500mm，滤筒垂直安装在机架上。混凝后的水由上至下经过滤筒管式微孔过滤膜过滤。滤后水经反冲洗贮水池上方溢流至原有清水池。反冲洗设备根据原水浊度不同，每过滤 30 ~ 60min 就要对微孔膜上的截留层进行反洗。反冲过程先用压缩空气从过滤的反方向将滤饼从滤膜上吹下，空气压缩机选用活塞式 2-1OT3NLE22 型，空气量 3.24m³/min，风压 0.69MPa，再用滤后水与压缩空气同方向冲刷滤膜，反冲洗泵选用 ISG200-200 型立式离心泵，流量 400m³/h，扬程 123kPa。反冲洗时间 70s，耗水量 3.4m³/次，约占产水量的 4.5%。

微滤设备运行两年多来，滤后水浊度能常年保持在 0.5NTU 以下，最低达 0.1NTU。其他水质指标经检验也都能够达到或超过《国家生活饮用水水质标准》（GB 5749—1985）。表 7-7 所示为 1999 年 3 月微滤和原有砂滤设备出水的水质综合指标。

**表 7-7　水厂原水微滤、沙滤出水水质对比**

| 检 测 项 目 | 原　水 | 微滤出水 | 砂滤出水 |
|---|---|---|---|
| 浊度/NTU | 10 ~ 197 | 0.14 | 2.85 |
| pH 值 | 7.6 | 7.3 | 7.2 |
| 色度/度 | 9 | <5 | <5 |
| 溶解性固体/mg·L⁻¹ | 348 | 130 | 210 |
| 铁/mg·L⁻¹ | 0.87 | 0.05 | 0.21 |
| 亚硝酸盐/mg·L⁻¹ | 0.68 | 0.001 | 0.30 |
| 总大肠菌群/个·L⁻¹ | 17000 | <2 | <3 |
| 细菌总数/个·mL⁻¹ | 650 | 0 | 6 |

该水厂扩建工程中应用微滤净水工艺，为经济比较发达但远离城市供水管网的小社区用上优质生活饮用水、弥补小型水厂常规净水工艺水质较差的不足，提供了一个可供借鉴的实例。

## 7.3.2　超滤

### 7.3.2.1　基本概念

超滤膜的孔径范围一般在 0.005 ~ 1μm 之间，运行压力 0.1 ~ 1.0MPa。超滤膜可视为多孔膜，截留效果取决于膜的过滤孔径和溶质大小、形状。制造超滤膜的材料很多，有机高分子材料主要有聚砜类、聚烯烃类、聚氯乙烯等，无机材料主要有陶瓷、玻璃、氧化铝等等。

### 7.3.2.2　超滤膜运行方式

超滤是一种利用压差运转的膜过滤技术。待过滤的溶液通过泵加压输入膜组件，由于内外压力差，一部分水通过膜，而水中悬浮物、胶体等被截留。运行方式可分为错流过滤和死端过滤两种，如图 7-14 所示。

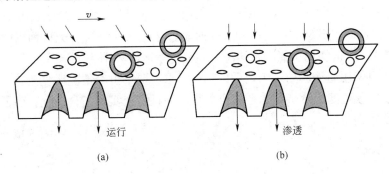

图 7-14　超滤膜过滤方式

（a）错流过滤；（b）死端过滤

（1）错流过滤。错流过滤是将一部分浓缩液回流的过滤方式，膜表面会形成较快的湍流和较大的切力。回流速度应调节到能够防止膜上形成覆盖层。

（2）死端过滤。死端过滤取消了回流和排污。所有进水都被压通过滤膜。由于在超滤制备饮用水使原水质量一般较好，所以大多情况下采用死端过滤。

### 7.3.2.3　过滤机理

孔径接近于微滤膜的超滤膜截留机理和微滤膜对水中杂质的分离作用相同，并且主要以机械截留为主。过去超滤膜分离过程曾被看作是一种单纯的物理筛分过程，但微滤、超滤、纳滤和反渗透之间并没有明显的界限，超滤膜和纳滤膜的界定也并不绝对，近年来有人提出超滤膜可能除了单纯的物理截留作用外，还存在其他分离作用。特别是超滤处理的大都是大分子有机物、胶体、蛋白质等，对于这些溶质与膜材料之间的相互作用所产生的物化影响更不能忽视。国内外研究证实了超滤膜是悬浮颗粒、胶体、浊度和细菌的有效屏障，但因为它的截流分子量较大，导致它对水中有机物的去除效率并不高。

### 7.3.2.4　超滤膜的应用

日本某水厂采用超滤膜技术，产水能力 $10000m^3/d$，远期设计能力 $14000m^3/d$。采用中空醋酸纤维 UF 膜过滤系统，处理水量 $10000m^3/d$（见图 7-15）。膜装置分

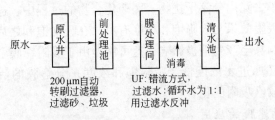

图 7-15　水厂工艺流程图

为6组，每组包括20个膜组件。每个组件膜面积150m²，产水85m³/d，装有0.8mm（内径）×1.3mm（外径）的中空纤维膜丝2.4万根，产水率为85% ~ 90%。膜过滤采用错流方式，循环水与滤出水的比为1∶1。每过滤60min反冲一次，冲洗1min。当膜压差超过200kPa时实施在线化学清洗，无机物用酸（硫酸＋有机酸），有机物用次氯酸钠清洗，一般化学清洗频率为每年一次。

水厂自采用超滤膜处理工艺后，隐孢子虫、贾第虫等情况明显改善，一系列监测均表明膜过滤出水会使水质安全可靠，并且完全实现了自动化，降低了管理成本和使用面积。

### 7.3.3    纳滤

#### 7.3.3.1    基本概念
纳滤膜指能在渗透过程中截留超过95%的、最小分子约为纳米级的分离技术，其截留分子量约为200 ~ 1000Da，运行压力一般为0.4 ~ 1.5MPa。从结构上看，纳滤膜多属荷电复合型膜，即膜的表层分离层和支撑层化学组成不同，其分离层有聚电解质，这也使纳滤膜不同于其他类型膜，可以与水中物质产生静电作用，因此不仅对有机物去除率高，对离子化合物，特别是多价离子化合物的去除率基本在90%以上。

#### 7.3.3.2    纳滤膜作用机理
（1）筛分作用。筛分作用是指利用膜孔径大小对截留分子进行物理性筛分截留的作用，它是NF去除EDCs/PhACs最基本的机理。筛分效果由膜孔径大小与截留分子尺寸之间相互关系决定，通常粒径小于膜孔径的分子可能通过膜表面，而大于膜孔径的分子绝大部分被截留下来。对于不同类型的纳滤膜来说，膜孔径越小，筛分作用越占主导地位。

（2）电荷作用。电荷作用主要是由荷电纳滤膜与溶液中带电离子之间发生静电作用形成的，又被称为道南效应。只要溶液中的粒子带有电荷，在化合物和纳滤膜之间就会产生电荷作用。一般来说，膜表面所带电荷越多，对化合物的去除效果越好，尤其是对多价离子的去除。

（3）吸附作用。近年来，国外一些研究指出纳滤膜可能存在的另一种分离作用，如在纳滤膜去除内分泌干扰物、医药化合物的过程中，这些化合物容易被纳滤膜吸附。但吸附效果与吸附饱和程度有关，在吸附饱和之后，吸附作用对去除率不会产生影响甚至产生消极影响，这可能是由于吸附在膜上的化合物会因为进水水质的波动（如进水浓度低于吸附饱和浓度）分解膜的活性层，逐步在膜下游解吸附，释放已吸附的化合物。

#### 7.3.3.3    纳滤膜的应用
纳滤膜能有效去除水中无机物、有机物，包括水中致突变物质，使Ames试验阳性水变为阴性，TOC 去除率可高达 90% 以上，还能够有效去除水中硬度，完全去除色度，纳滤膜对细菌也有很好的去除效果。

魏宏斌等以市政自来水为原水，以纳滤膜为主体工艺在中试规模下生产直饮水，考察了纳滤膜对原水中微量有机物、内分泌干扰物及无机离子等的去除效果，旨在为直饮水的生产提供技术支持。中试系统设计水量为 $24m^3/d$，该市政自来水按照直饮水水质标准，其透明度与饮用净水相比还有差距，总溶解性固体、$SO_4^-$、$COD_{Mn}$ 超标，氟化物浓度偏高，需作进一步深度处理。纳滤膜深度处理净水工艺如图 7-16 所示。

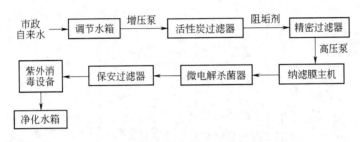

图 7-16  纳滤膜水处理工艺流程

结果显示，纳滤膜可确保直饮水中 TDS、$COD_{Mn}$、硫酸盐、氟化物、浊度等指标达到《饮用净水水质标准》的要求，出水的口感和安全性极佳，并且对微量有机污染物、内分泌干扰物和无机离子的去除作用彻底，在确保直饮水清澈透亮和水质达标方面具有绝对的优势。

为了直观对比各种处理工艺的特点和优劣，以常规处理工艺、纳滤深度处理、臭氧+活性炭、生物活性炭和光催化氧化为例进行对比，各种深度工艺处理情况列于表 7-8。

表 7-8    各种深度处理工艺处理情况对比

| 去除目标 | 常规工艺 | 纳滤膜 | 臭氧 + 活性炭 | 生物活性炭 | 光催化氧化 |
|---|---|---|---|---|---|
| $COD_{Mn}$/% | 20 ~ 50 | 80 ~ 90 | 20 ~ 50 | 30 ~ 50 | 30 ~ 50 |
| 氨氮/% | 80 ~ 90 | 70 ~ 90 | 80 ~ 90 | 少量 | 少量 |
| 亚硝酸盐/% | 80 ~ 90 | 80 ~ 90 | 80 ~ 90 | 少量 | 少量 |
| 色、嗅、味 | 一般 | 很有效 | 很有效 | 很有效 | 较为有效 |
| Ames 致突变性 | 增加 | 很有效 | 很有效 | 很有效 | 有效 |

## 7.3.4  反渗透

### 7.3.4.1  基本概念

在浓溶液一边加上比自然渗透压更高的压力，扭转自然渗透方向，把浓溶液中的溶剂（水）压到半透膜的另一边稀溶液中，这是和自然界正常渗透过程相反的，因此称为反渗透。

按使用范围可将反渗透膜分高压反渗透膜，其操作压力在 5.0MPa 以上，主要用于海水淡化；低压反渗透膜，通常在 1.4～2.0MPa 下进行操作，主要用于苦咸水脱盐；超低压反渗透膜又称疏松型反渗透膜，即为纳滤膜。

反渗透膜（见图 7-17）可阻挡溶液中所有的无机分子以及任何相对分子质量大于 100 的有机物，水分子可自由通过膜成为最后反渗透的纯化产物。溶盐的脱盐率可达 95％以上。

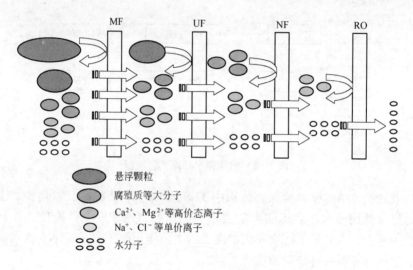

图 7-17　微滤、超滤、纳滤和反渗透截留物质

### 7.3.4.2　反渗透过程

图 7-18 所示为反渗透运行过程，进水通过高压泵连续加压输送到膜组件中，进水被分为低盐分的渗透液和高盐分的浓缩液。通过浓缩液阀来控制排放液流。膜组件包含压力容器和薄膜原件，卷式膜组件除了压力容器外还会有几组卷式膜元件。浓缩液没经过一个元件，浓度就会增加，最后由浓缩液控制阀减压排放。

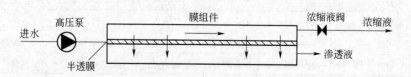

图 7-18　反渗透过程

### 7.3.4.3　反渗透的应用

胡孟春等以反渗透膜为主，综合集成超滤、微滤、砂滤、活性炭吸附、紫外

线消毒等技术措施，设计安装了适合农村自来水的深度净化处理的设备，其净化工艺流程如图 7-19 所示。

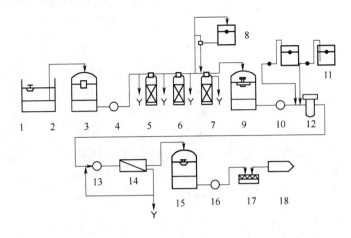

图 7-19 自来水深度处理工艺流程

1—源水；2—源水泵；3—储水罐；4—加压泵；5—双介质过滤器；6—活性炭过滤；7—离子
交换器；8—加药箱；9—储水罐；10—加压泵；11—加药箱；12—微滤膜；13—高压泵；
14—反渗透膜；15—产品水储水罐；16—出水泵；17—紫外消毒；18—出水

该工艺流程中，1～12 为前处理。利用双介质过滤、活性炭过滤、微滤以及离子交换器进行预处理；13、14 为反渗透膜深度处理。由高压泵与单支 4 英寸卷式膜组成，是处理设备的核心部分；15～18 为产品水及其消毒处理工艺。

设备调试后，采用间歇性运行方式，总运行 45 天，从表 7-9 可以看出，自来水厂水经过深度处理后，各项指标达到《瓶（桶）装饮用纯净水卫生标准》（GB 17324—2003）。

表 7-9 自来水深度处理产品水与直饮水标准比较

| 项 目 | | 单 位 | 瓶(桶)装饮用纯净水卫生标准 (GB 17324—2003) | 自来水厂水深度处理产品水 |
|---|---|---|---|---|
| 感官指标 | 色 度 | 度 | ≤5，不得呈现其他异色 | <5 |
| | 浊 度 | NTU | ≤1 | <1 |
| | 臭和味 | | 无异味、异臭 | 无异味，异臭 |
| | 肉眼可见物 | | 不得检出 | 无 |
| 理化指标 | pH 值 | | 5.0～7.0 | 6.75 |
| | 电导率 | μS/cm | ≤10 | 9 |
| | 高锰酸钾消耗量 | mg/L | ≤1.0 | 0.8 |
| | 氯化物 | mg/L | ≤6.0 | 3.9 |

| 项　目 | | 单　位 | 瓶(桶)装饮用纯净水卫生标准<br>（GB 17324—2003） | 自来水厂水深度<br>处理产品水 |
|---|---|---|---|---|
| 理化指标 | 亚硝酸盐 | mg/L | ≤0.002 | 0.001 |
| | 四氯化碳 | mg/L | ≤0.001 | 0.0003 |
| | 铅 | mg/L | ≤0.01 | 0.001 |
| | 总　砷 | mg/L | ≤0.01 | 0.001 |
| | 铜 | mg/L | ≤1.0 | <0.002 |
| | 氰化物 | mg/L | ≤0.002 | 0.002 |
| | 挥发酚（以苯酚计） | mg/L | ≤0.002 | 0.002 |
| | 三氯甲烷 | mg/L | ≤0.02 | 0.02 |
| | 游离氯 | mg/L | ≤0.005 | 0.005 |
| 微生物指标 | 菌落总数 | CFU/mL | ≤20 | <1 |
| | 总大肠菌群 | MPN/100mL | ≤3 | 未检出 |
| | 致病菌(系指肠道致病菌和<br>致病性球菌) | | 不得检出 | 未检出 |
| | 霉菌、酵母菌 | CFU/mL | 不得检出 | 未检出 |

　　运行结果表明，反渗透工艺对于饮用水源中的有机物、微生物、色味臭以及自来水中的余氯处理效果非常明显。研究成果为解决分散型农村安全饮用水问题，提供了比较好的技术方案。

## 7.4　其他深度处理工艺

### 7.4.1　吹脱技术

　　吹脱技术是使水作为不连续相与空气接触，利用水中溶解性化合物的实际浓度与平衡浓度之间的差异，将挥发性组分不断由液相扩散到气相中，达到去除挥发性有机物的目的。但对难挥发性有机物去除效果很差。吹脱法过去主要用于去除水中溶解的 $CO_2$、$H_2S$、$NH_3$ 等气体，同时增加溶解氧来氧化水中的金属。在饮用水深度处理中，吹脱法费用较低，是采用活性炭达到同样去除效果所需运行费用的 1/2～1/4。因此，美国环境保护协会（USEPA）指定其为去除挥发性有机物最可行的技术（BAT）。

　　直到 20 世纪 70 年代中期，该技术才开始用于去除水中低浓度挥发性的有机物。Victor Ososkov 等人利用空气吹脱的方法对水中的三氯乙烯、氯苯、1,3-二氯苯进行去除试验，去除率为 30%～85%，去除效果随温度的升高而更好。

### 7.4.2 离子交换技术

离子交换法是水的软化除盐最常用的方法。在饮用水处理方面，离子交换法主要用于以高硬度地下水为水源水的生活饮用水软化处理。离子交换去除饮用水中有机物是随着各种大孔离子交换树脂和磁性离子交换树脂（MIEX）的出现而发展起来的，前者孔较大，对有机物质吸附可逆性好，抗有机物污染能力也较强；后者是在树脂颗粒结构中包含磁性成分。Boho B 等报道大孔和凝胶型丙烯酸阴离子交换树脂（AERs）比凝胶型苯乙烯 AERs 对 DOC 的去除效果要好，工作交换容量较高，抗有机物污染能力强。对 UV 吸收物去除率最大达 90%，但对中性物质去除效果不好。在挪威，160 个水处理厂去除 DOC 的工艺中采用离子交换法的有 12 个厂。

### 7.4.3 大梯度磁滤技术

大梯度磁滤技术处理饮用水工艺与传统工艺相似，都要经过混凝、反应及沉淀，只是在处理工艺中投加混凝剂的同时投加磁铁粉，在沉淀之前进行预磁化处理，沉淀后采用大梯度磁滤器取代传统的砂滤。该技术适应性强，对水中污染物去除效率高，对浊度、色度、细菌、重金属及磷酸盐等都有很好的去除效果，无论是夏季高浊时期还是低温低浊时期，处理后的水都能达到饮用水水质标准。

## 7.5 深度处理组合工艺

### 7.5.1 臭氧/活性炭联用技术的实际工程应用

深圳市某水厂采用臭氧活性炭深度处理工艺，提高了处理效果，出水水质达到可直接饮用的目标。该水厂水源采用深圳水库水，属低浊多藻富营养化水体。水厂处理规模 600000m³/d，处理工艺如图 7-20 所示。

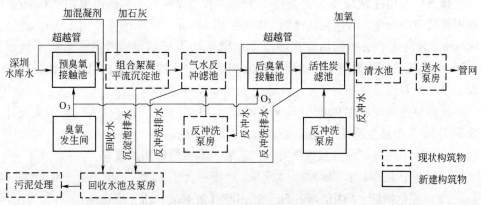

图 7-20　净水工艺流程示意图

预臭氧的最主要的目的是去除藻类，同时改善絮凝效果，去除部分有机物。深度处理采用臭氧接触氧化池 + 生物活性炭滤池以去除水中消毒副产物、致病微生物等。后臭氧将大分子有机物分解或转化为小分子有机物，以利于后续活性炭吸附，杀死细菌、病毒、病原体等。臭氧投加量考虑杀死贾第虫和隐孢子虫的需要采用 $1.5 \sim 2.5\text{mg/L}$，接触时间 10min，一座臭氧接触池规模 600000m³/d，分为 4 格，每格依次按投加臭氧总量的 55%、25%、20% 进行 3 点式投加。扩散装置采用陶瓷孔布气帽，3 点投加处依次设 47 个、31 个、31 个，布气流量 $0.5 \sim 3\text{m}^3/\text{h}$，正常流量 $1\text{m}^3/\text{h}$。示意图如图 7-21 所示。

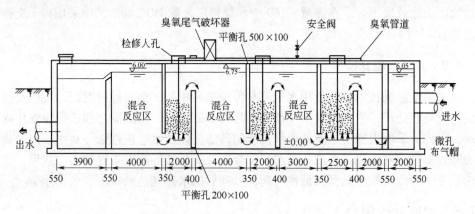

图 7-21　后臭氧接触池剖面示意图

活性炭滤池与臭氧联合使用，形成了生物活性炭滤池（BAC）。初期以物理吸附为主，随着运行时间的延长，活性炭表面不断附着生物膜，主要作用转为生物吸附和降解。

该水厂采用柱状煤质炭，直径 1.5mm，长度 $2 \sim 3\text{mm}$，碘值采用 900mg/g，亚甲蓝值 200mg/g。活性炭滤池的 EBCT 采用 12min，炭床厚度采用 2.0m，滤速 10m/h。为防止单层生物活性炭滤池出水微生物指标超量，考虑在炭床下铺设 0.3m 的石英砂，数据表明过滤周期若为 14 天，进入滤后水中的微生物数量减少 80% 以上，若过滤周期为 7 天，则微生物去除率可达 90%。

炭池单池面积采用 96m²，长×宽为 12m×4m，高度 2m，最大过滤水头设计采用 1.1m，单格生物活性炭滤池布置如图 7-22 所示。

该水厂采用臭氧活性炭深度处理工艺后，水质指标明显改善：

（1）感官性指标：嗅阈值不大于 3，色度不大于 5 度，浊度不大于 0.2NTU；

（2）理化指标：$COD_{Mn} = 1.5\text{mg/L}$，DO（溶解氧）大于 5mg/L；

（3）毒理性指标：THMs 小于 80μg/L；

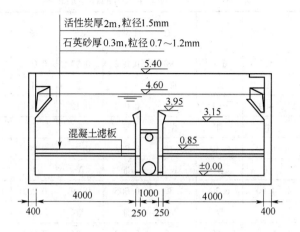

活性炭厚2m,粒径1.5mm

石英砂厚0.3m,粒径0.7～1.2mm

混凝土滤板

图 7-22　活性炭滤池剖面示意图

（4）致突变指标：Ames 试验呈阴性（MADM 大于 4L/皿）。

水厂臭氧生物活性炭深度处理 600000$m^3$/d 规模时的经济指标（2003 年）如下：

（1）单位水量投资 278 元/$m^3$；

（2）单位制水总成本 0.18 元/$m^3$；

（3）单位制水经营成本 0.12 元/$m^3$；

（4）单位制水固定成本 0.10 元/$m^3$；

（5）单位制水可变成本 0.08 元/$m^3$。

## 7.5.2　活性炭/超滤膜联用技术的实际工程应用

超滤膜过滤饮用水深度处理技术的显著优势是其能有效去除水中贾第虫、隐孢子虫和大肠杆菌等病原体。但超滤膜在实际应用中，由于水中有机物、悬浮颗粒、微生物、胶体等在膜表面和膜孔中的累积，常常造成膜污染和阻塞。在超滤膜前增加活性炭将大大降低超滤膜的污染和阻塞。利用活性炭作为前处理，可以去除大部分常规处理后未被去除的有机物，缓解了后续超滤工艺的阻塞问题，延长了膜的使用寿命。

范茂军等在上海某水厂进行了超滤和粉末活性炭联合使用处理黄浦江原水的中试研究，以确定 PAC 和 UF 联用工艺用于黄浦江原水深度处理的可行性，为将来生产性应用和超滤膜水厂构建提供理论依据和相关的设计参数。

取水口位于黄浦江上游松浦大桥江段，取水口常规水质指标变化以及挥发性有机物的检测数据分别如表 7-10、表 7-11 所示。

表 7-10　2001 ~ 2005 年大桥断面水质指标　　　　　（mg/L）

| 年份 | 指标 | 溶解氧 | COD$_{Mn}$ | 氨氮 | 挥发酚 | 总磷 | 镉 | BOD$_5$ | 阴离子表面活性剂 |
|---|---|---|---|---|---|---|---|---|---|
| 2001 | 均值 | 4.6 | 6.1 | 0.90 | 0.002 | 0.17 | 0.002 | 1.87 | 0.16 |
| | 类别 | IV | IV | III | I | III | II | I | I |
| 2002 | 均值 | 4.9 | 6.0 | 1.16 | 0.003 | 0.12 | 0.001 | 1.93 | 0.14 |
| | 类别 | IV | III | IV | III | III | I | I | I |
| 2003 | 均值 | 6.30 | 6.30 | 1.18 | 0.003 | 0.21 | 0.001 | 2.70 | 0.19 |
| | 类别 | II | IV | IV | III | IV | I | I | I |
| 2004 | 均值 | 4.90 | 6.20 | 1.30 | 0.005 | 0.19 | 0.003 | 1.85 | 0.20 |
| | 类别 | IV | IV | V | III | III | II | I | I |
| 2005 | 均值 | 5.10 | 5.90 | 1.20 | 0.002 | 0.24 | 0.001 | 2.68 | 0.26 |
| | 类别 | III | III | V | I | IV | I | I | IV |

表 7-11　黄浦江上游松浦大桥水源地挥发性有机物检测结果　　　（mg/L）

| 年份 | 1,1-二氯乙烯 | 二氯甲烷 | 1,1,1-三氯乙烷 | 1,2-二氯乙烷 | 苯 | 三氯乙烯 |
|---|---|---|---|---|---|---|
| 1999 | 0.0003 | 0.00026 | 0.0003 | 0.00138 | 0.00015 | 0.0003 |
| 2000 | 0.0003 | 0.00026 | 0.0003 | 0.00549 | 0.00015 | 0.0003 |
| 2001 | 0.0003 | 0.00026 | 0.0003 | 0.00216 | 0.00015 | 0.0003 |
| 2002 | 0.0003 | 0.00026 | 0.0003 | 0.00219 | 0.00015 | 0.0003 |
| 2003 | 0.0003 | 0.00026 | 0.0003 | 0.00403 | 0.00015 | 0.0003 |
| 年份 | 1,1,2-三氯乙烷 | 四氯乙烯 | 三溴甲烷 | 1,1,2,2-四氯乙烷 | 1,1,2,2-四氯乙烷 | 1,2-二氯苯 |
| 1999 | 0.00015 | 0.00017 | 0.00026 | 0.00026 | | 0.00042 |
| 2000 | 0.00029 | 0.00045 | 0.00026 | 0.00026 | | 0.00017 |
| 2001 | 0.00015 | 0.00017 | 0.00026 | 0.00026 | | 0.00017 |
| 2002 | 0.00015 | 0.00017 | 0.00026 | 0.00026 | | 0.00017 |
| 2003 | 0.00015 | 0.00017 | 0.00026 | 0.00026 | | 0.00017 |

　　水厂常规处理采用混凝、沉淀、砂滤工艺，深度处理采用投加粉末活性炭（PAC）和超滤膜联合工艺，处理流程如图 7-23 所示。

图 7-23　水厂净水工艺流程

　　结果表明，采用粉末活性炭和超滤膜深度处理黄浦江原水，在无 PAC 投加时，超滤膜对出水水质没有明显的提高，对 COD$_{Mn}$、UV$_{254}$ 和 TOC 的去除率分别为8%、3.39%和8%，随着PAC投加量的增加，出水水质中有机物浓度也相应地降低，PAC投加量为22mg/L时，对$COD_{Mn}$、$UV_{254}$和TOC的去除率分别为33.51%、40.68%和25%，出水的$COD_{Mn}$值降到3mg/L以下。超滤膜系统能够有效地保证出水浑浊度，且出水浑浊度不受进水浑浊度的影响，超滤出水浑浊度在0.15NTU以下，杨树浦水厂出厂水Ames试验呈阳性，经过PAC和超滤深度处理后，在PAC投加量为20mg/L时，膜出水呈阴性。

此外，PAC和超滤膜联用也能有效地减少水中腐殖酸和富敏酸含量，从而有效减少消毒副产物含量。王琳等在北京燕山石化总厂利用活性炭吸附与超滤膜组合系统进行了为期一年的饮用水深度净化中试研究，其净化工艺如图7-24所示。

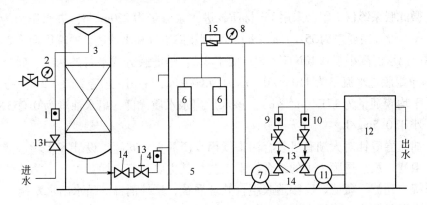

图7-24 活性炭/超滤组合工艺示意图

1—进水流量计（400~4000L/h）；2—进水压力表（0~0.6MPa）；3—活性炭压力滤罐；4—膜过滤器
进水流量计（160~1600L/h）；5—膜过滤器；6—膜组件；7—抽吸泵；8—真空压力表；
9—膜过滤器出水流量计（160~1600L/h）；10—反冲流量计（400~4000L/h）；
11—反冲泵；12—贮水箱；13—手动阀门；14—电动阀门；15—电磁流量计

该厂水源来自密云水库，其水质的主要特点是含有一定量的腐殖酸和富敏酸，溶解性腐殖酸和富敏酸的相对分子质量为500~10000Dalton，这类物质很难被常规工艺完全去除，且氯化后形成各种形式的有机氯化物。该工艺中选用RCT14×40型活性炭，比表面积为850$m^2/g$。活性炭出水中主要含大分子质量和小分子质量的有机污染物，而超滤膜的孔径在0.03~0.1$\mu m$，这对大分子质量的有机污染物截留作用较强，对小分子质量的有机污染物基本上没有去除作用。为期一年的研究结果显示，该系统能有效地去除水中的高锰酸盐指数、$UV_{254}$和大肠杆菌，尤其是对腐殖酸和富敏酸以及相应的消毒副产物都有较高和稳定的去除效果。

## 7.5.3 膜组合工艺联用

在北美阿拉斯加的一个规模仅为180$m^3/d$的微滤-纳滤膜水厂，其原水水质恶劣，常年水温为0℃，浊度为1.1~4.4NTU，TOC为7.6~21.1mg/L，贾第鞭毛虫含量为4.3~29个/100L，隐孢子虫含量为9.8~59个/100L，铁离子为0.025~2.7mg/L。净水工艺采用微滤/纳滤系统，如图7-25所示。

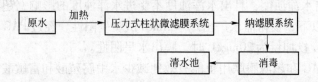

图7-25 水厂工艺流程图

微滤膜系统仅1组，采用PP材质，进水泵流量为270m³/d，进水压力为40~145kPa，设计膜通量为55L/(m²·h)，采用压缩空气和水冲洗，冲洗周期为20min。微滤膜出水浊度小于0.10NTU，SDI低于2.5。纳滤膜分成平行的两组，膜材质为CA，单组膜进水流量为110m³/d，压力为600kPa，采用三段系统3:2:1方式排列，平均膜通量为17L/(m²·h)。该水厂出水水质优良，出水浊度为0.053NTU，TOC小于0.5mg/L。

胡孟春等针对太湖有机复合污染饮用水源的主要问题，设计了生物过滤、超滤、微滤、反渗透膜为主的组合技术工艺。其主要工艺包括：曝气生物滤池前处理系统、超滤、微滤、反渗透膜组合处理系统，紫外消毒产品水出水系统。

太湖是苏州、无锡、湖州的饮用水水源地。近几年春季太湖蓝藻暴发，引发的饮用水问题，引起党和国家领导高度重视和社会的广泛关注。太湖水质指标如表7-12所示。

表7-12 太湖水质指标

| 编 号 | 检验项目 | 单 位 | 太湖源水 |
|---|---|---|---|
| 1 | pH值 | | 7.70 |
| 2 | 臭和味 | | 蓝藻味 |
| 3 | 氟化物 | mg/L | 0.5 |
| 4 | Cd | mg/L | <0.001 |
| 5 | $Cr^{6-}$ | mg/L | <0.004 |
| 6 | Hg | mg/L | <0.0001 |
| 7 | 耗氧量（$COD_{Mn}$法，以$O_2$计） | mg/L | 2.4 |
| 8 | 挥发酚类（以苯酚计） | mg/L | <0.002 |
| 9 | 浑浊度 | NTU | 400 |
| 10 | 硫酸盐 | mg/L | 70.0 |
| 11 | Al | mg/L | 3.22 |

| 编 号 | 检验项目 | 单 位 | 太湖源水 |
|---|---|---|---|
| 12 | 氯化物 | mg/L | 43.2 |
| 13 | Mn | mg/L | 0.36 |
| 14 | Pb | mg/L | <0.008 |
| 15 | 氰化物 | mg/L | <0.002 |
| 16 | TDS | mg/L | 295 |
| 17 | 肉眼可见物 | | 大量泥沙沉淀 |
| 18 | 三氯甲烷 | | <0.0006 |
| 19 | 色 度 | 度 | 灰 色 |
| 20 | As | mg/L | <0.001 |
| 21 | 四氯化碳 | mg/L | 0.0003 |
| 22 | Fe | mg/L | 0.57 |
| 23 | Cu | mg/L | 0.014 |
| 24 | Se | mg/L | <0.001 |
| 25 | 硝酸盐（以 N 计） | mg/L | 1.15 |
| 26 | Zn | mg/L | 0.001 |
| 27 | 阴离子合成洗涤剂 | mg/L | <0.03 |
| 28 | 总 $\alpha$ 放射性 | Bq/L | 0.13 |
| 29 | 总 $\beta$ 放射性 | Bq/L | 0.05 |
| 30 | 总硬度（以 $CaCO_3$ 计） | mg/L | 127 |
| 31 | 总大肠菌群 | MPN/100mL | 170 |
| 32 | 大肠埃希氏菌 | MPN/100mL | 12 |
| 33 | 菌落总数 | CFU/mL | 2000 |
| 34 | 耐热大肠菌群 | MPN/100mL | 170 |

其中太湖水质主要存在如下的问题：

（1）蓝藻味很浓。根据太湖源水检测结果可知，太湖源水有很浓的蓝藻味。

（2）浑浊度高。太湖源水的浑浊度为 400NTU，而国家饮用水源水质标准为不高于 3NTU，超过国家标准 133 倍。

（3）肉眼可见物明显。在太湖源水中含有大量泥沙沉淀，不符合饮用水源水质标准。

（4）有异色。国家饮用水源水质标准规定色度不超过 15 度，并不得呈现其他异色。

（5）菌群数量高。是国家饮用水源水质标准的 2 倍。

深度处理设备的设计流量为 $10m^3/d$，设计产水量 $6m^3/d$。设备的工艺流程如图 7-26 所示。

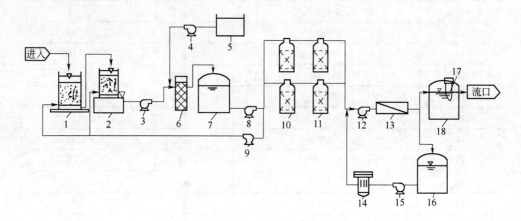

图 7-26　太湖深度处理工艺流程

1—生物滤池 1；2—生物滤池 2；3—生物滤池出水泵；4—NaClO 泵；5—NaClO 罐；6—超滤；7—原水罐；
8—反渗透供水泵；9—反冲泵；10—活性炭；11—微滤；12—高压泵；13—反渗透膜；
14—清洗液滤膜；15—清洗泵；16—清洗液罐；17—紫外消毒；18—反渗透产品水

其中，膜处理系统包括超滤、微滤、反渗透三部分。设计中，对超滤、微滤、反渗透三部分，采用选择通量相当膜元件配置和分段供压的设计方法。首先选配通量匹配的超滤、微滤、反渗透膜元件，再根据其供压要求配置加压泵，这样保证了超滤、微滤、反渗透三部分膜通量的均衡，保障了三部分运行的协调性。膜处理系统设计第二个应考虑的问题是系统优化。膜处理系统优化设计分两个步骤，一是确定优化目标，二是进行多方案比选。优化目标选取出水水质、产水率、运行成本，即出水水质要好、产水率要高、运行成本要低。根据三个目标，加权求和综合评分，进行多方案比选，确定最优方案。

图 7-27 和图 7-28 分别为各工艺出水的浑浊度、$COD_{Mn}$ 指标，可以看出，反

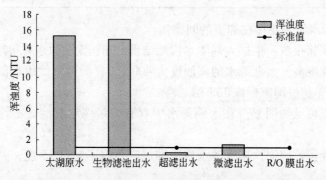

图 7-27　浑浊度沿流程变化

渗透膜是深度处理的关键工艺。

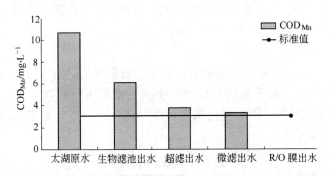

图 7-28 COD$_{Mn}$沿流程变化

表7-13 为太湖源水深度处理后水与瓶（桶）装饮用纯净水卫生标准比较。

**表7-13 太湖源水深度处理水与瓶（桶）装饮用纯净水卫生标准比较**

| 项 目 | | 瓶(桶)装饮用纯净水卫生标准<br>（GB 17324—2003） | 反渗透膜设备<br>深度处理产品水 | 比 较 |
|---|---|---|---|---|
| 感官<br>指标 | 色度(不大于)/度 | 5，不得呈现其他异色 | <5 | 优于标准 |
| | 浊度(不大于)/NTU | 1 | <1 | 优于标准 |
| | 臭和味 | 无异味、异臭 | 无异味、异臭 | 符合标准 |
| | 肉眼可见物 | 不得检出 | 无 | 符合标准 |
| 理化<br>指标 | pH 值 | 5.0～7.0 | 6.75 | 符合标准 |
| | 电导率(不大于)/μS·cm$^{-1}$ | 10 | 9 | 优于标准 |
| | 高锰酸钾消耗量(不大于)/mg·L$^{-1}$ | 1.0 | 未测 | |
| | 氯化物(不大于)/mg·L$^{-1}$ | 6.0 | 2.52 | 优于标准 |
| | 亚硝酸盐(不大于)/mg·L$^{-1}$ | 0.002 | 未测 | |
| | 四氯化碳(不大于)/mg·L$^{-1}$ | 0.001 | 0.0003 | 优于标准 |
| | 铅(不大于)/mg·L$^{-1}$ | 0.01 | 0.005 | 优于标准 |
| | 总砷(不大于)/mg·L$^{-1}$ | 0.01 | 0.001 | 优于标准 |
| | 铜(不大于)/mg·L$^{-1}$ | 1.0 | <0.002 | 优于标准 |
| | 氰化物(不大于)/mg·L$^{-1}$ | 0.002 | 0.002 | 符合标准 |
| | 挥发酚(以苯酚计不大于)/mg·L$^{-1}$ | 0.002 | 0.002 | 符合标准 |
| | 三氯甲烷(不大于)/mg·L$^{-1}$ | 0.02 | 0.0006 | 优于标准 |
| | 游离氯(不大于)/mg·L$^{-1}$ | 0.005 | 0 | 优于标准 |
| 微生物<br>指标 | 菌落总数 (不大于)/CFU·mL$^{-1}$ | 20 | <1 | 优于标准 |
| | 大肠菌群(不大于)/MPN·(100mL)$^{-1}$ | 3 | 未检出 | 优于标准 |
| | 致病菌(系指肠道致病菌和<br>致病性球菌) | 不得检出 | 未检出 | 符合标准 |
| | 霉菌、酵母菌/CFU·mL$^{-1}$ | 不得检出 | 未检出 | 符合标准 |

设备运行结果表明，所设计的技术工艺是适合太湖有机污染富营养化源水的深度净化处理，其中，反渗透深度处理工艺起到了关键作用，产品水可以达到高品质直饮水的标准。试验研究为太湖源水的深度净化，找到了一条可行的技术途径。

浙江某市沿海水厂由于地处海边，该水厂收集到的是河网末端水，已经受到一定程度上的污染，属于微污染咸水，不满足水源水质标准，水厂设计采用超滤/反渗透膜组合工艺对原水进行深度处理。该公司一期规模50kt/d。原水水质指标如表7-14所示。

**表7-14  原水水质指标**

| 项 目 | 分析值 | GB 5749—2006 指标值 | 项 目 | 分析值 | GB 5749—2006 指标值 |
|---|---|---|---|---|---|
| 色度/度 | 8~15 | 15 | 挥发酚/mg·L$^{-1}$ | <0.5 | 0.002 |
| 浊度/NTU | 20~100 | 1 | 总硬度/mg·L$^{-1}$ | 120~150 | 450 |
| 臭和味 | 苦咸味 | 无异臭、异味 | 氯化物/mg·L$^{-1}$ | 280~350 | 250 |
| pH 值 | 8~9 | 6.5~8.5 | 总溶解性固体/mg·L$^{-1}$ | 900~1200 | 1000 |
| 氨氮/mg·L$^{-1}$ | 0.4~1 | | 细菌总数/CFU·(100mL)$^{-1}$ | >600 | 100 |
| COD$_{Mn}$/mg·L$^{-1}$ | 6~10 | 3 | 大肠杆菌/CFU·(100mL)$^{-1}$ | >230 | 不得检出 |

该水厂采用超滤（UF）和反渗透（RO）为核心工艺，辅以沉淀、过滤等膜前处理工艺制水。源水泵入厂内，投加氧化剂、絮凝剂后，经混合器、折板絮凝池充分接触后，进入平流沉淀池，上清液经滤池过滤后作为膜处理的进水，沉淀底泥进入污泥处理系统。滤后水投加杀菌剂杀菌后进入超滤系统，超滤的产水进入反渗透脱盐系统。反渗透产水与部分未脱盐水勾兑，产品水在消毒后外输管网。总工艺流程如图7-29所示。

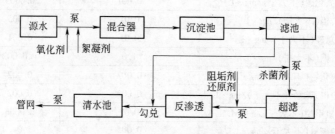

图7-29  水厂工艺流程图

UF 系统的主要作用是去除水体中的高分子有机物、菌类、微粒和絮凝剂的胶体。同时，在本项目中为 RO 提供优质的进水，增加 RO 膜元件的通量、降低运行压力同时减少 RO 膜污堵的可能性，延长化学清洗的间隔，进而延长 RO 膜的使用寿命，降低运行成本。RO 系统主要是针对原水中氯化物超标设置，起到降低水中氯化物含量和总溶解性固体的目的。UF 系统还包含杀菌剂添加系统、反洗系统、化学清洗系统等辅助系统。RO 系统还包含，阻垢剂添加系统、还原剂添加系统、化学清洗系统等辅助系统。主要设计参数如表 7-15 所示。

表 7-15 膜系统设计参数

| UF 主要设计参数 | | RO 主要设计参数 | |
|---|---|---|---|
| 项 目 | 参 数 值 | 项 目 | 参 数 值 |
| 膜元件型号 | V1072-35-PMC | 膜元件型号 | BW30-365 |
| 膜通量 | 60GFD | 膜通量 | 9500GPD |
| 过滤方式 | 单通错流 | 单支膜产水量 | 36m³/d |
| 单支膜产水量 | 8.3m³/h | 单支膜脱盐率 | 98% |
| 单套膜数量 | 40 | 单套膜数量 | 288 |
| 单套产水能力 | 280m³/h | 单套产水能力 | 210m³/h |
| 系统回收率 | 92% | 系统回收率 | 75% |
| 总产水能力 | 30000m³/d | 总产水能力 | 20000m³/d |

膜系统装置为全自动运行，对自动化控制程度要求高，同时对管道的洁净度要求高。在进料前要清洗管道，保证管道中所有杂质和污物都清洗干净，不残留任何固体颗粒物质和微生物；同时，应进行控制系统的空载运行，保证各输入/出点正常、连锁正确有效。检查无误后进料调试，调节各工艺控制点，使之达到额定的流量、压力。同时，检测 UF 产水的 SDI 值/RO 产水的电导率。稳定后即可投入运行。最后按照现行的生活饮用水水质标准调整勾兑比例。该厂 RO 产水与非 RO 产水比例为 1：1。出水水质指标见表 7-16。

表 7-16 出厂水水质表

| 项 目 | 检测值 | 项 目 | 检测值 |
|---|---|---|---|
| 色度/度 | <5 | 挥发酚/mg·L⁻¹ | <0.001 |
| 浊度/NTU | 0.1 | 总硬度/mg·L⁻¹ | 80 |
| 臭和味 | 无 | 氯化物/mg·L⁻¹ | 160 |
| pH 值 | 7.5 | 总溶解性固体/mg·L⁻¹ | 450 |
| 氨氮/mg·L⁻¹ | 0.05 | 细菌总数/CFU·(100mL)⁻¹ | 1 |
| COD$_{Mn}$/mg·L⁻¹ | <1 | 大肠杆菌/CFU·(100mL)⁻¹ | <1 |

# 第8章 饮用水分质供水

饮用水分质供水,是将少量用于饮用或与饮用直接相关的水,进行深度处理,与一般生活用水分开供给。这样可以在短时间内提高饮用水的水质,满足部分人们的需求。

## 8.1 饮用水分质供水分类

饮用水分质供水可大致分为用户端净水器净水、桶装水和采用管道供给优质饮用(或称之为"管道直饮水")三种,具体细分见图8-1所示。目前应用较多的是净水器和桶装水的形式,管道直饮水也在部分城市得到了一定的应用。

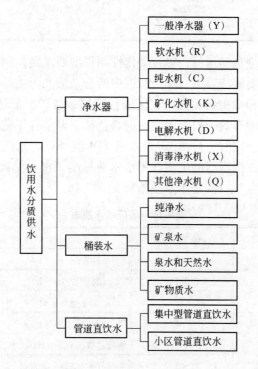

图 8-1 饮用水分质供水分类

## 8.2 净水器

饮用水处理装置是由一个或若干个饮用水处理单元组成的能改善水质的系

统。饮用纯净水是经电渗析（ED）、离子交换（IE）、反渗透（BO）、蒸馏等方法除盐处理后的可直接饮用的水。净水器常用净水机理包括过滤（微滤、超滤、反渗透）、离子交换、电渗析、矿化和消毒等。净水器的相关标准和规范包括：《家用和类似用途饮水处理装置通用要求》、《家用和类似用途饮用水处理内芯通用要求》和《生活饮用水水质处理器卫生安全与功能评价规范》。

**过滤**是通过半透性材料从水中分离颗粒物的过程。

**微滤**是以孔径为 $0.02 \sim 10\mu m$ 的滤膜为过滤介质，以压力差为动力，能浓缩和分离悬浮物的一种过滤技术，通常简称为 MF。

**超滤**是以孔径为 $0.001 \sim 0.2\mu m$ 的滤膜为过滤介质，以压力差为动力，能浓缩和分离固体可溶性大分子或胶体物质的一种过滤技术，通常简称为 NF。

**反渗透**是在膜的进水一边施加比溶液渗透压高的外界，只允许溶液中水和某些组分选择必透过，其他物质不能透过而被截留在膜表面的过程，通常简称为 RO。

**离子交换**是在溶液中存在的离子交换固体介质之间有可逆性交换的化学作用，而对固体结构无任何改变的过程，也可简称为 IE。

**电渗析**是以离子交换台膜为分离介质，以电位差为推动力，使水中阴阳离子定向迁移并通过离子交换膜，从而进行离子分离的技术，通常简称为 ED。

**矿化**是向水中添加一种或若干种对人体有益矿物质成分的过程。

**消毒**是去除、杀灭或灭活所有类型的致病微生物的过程。

（1）饮用水处理装置按主要水处理功能分为一般净水器、软水机、矿化水机、电解水机、消毒净水机、其他净水机等。

一般净水器（Y）是改善进水的感官性状和一般化学指标的饮用水处理装置。

软水机（器）（R）是能够提供饮用纯净水的饮用水装置。

纯水机（器）（C）是能够提供饮用纯净水的饮用水处理装置。

矿化水机（器）（K）是具有矿化功能的饮用水处理装置。

电解水机（D）是通过电解方式提供碱性水和酸性水的饮用水处理装置。

消毒净水机（器）（X）是具有消毒功能的饮用水处理装置。

其他净水机（器）（Q）是除上述种类之外的饮用水处理装置。

（2）饮用水处理装置按使用形式通常分为：饮用机专用净水器、龙头式净水机、台立式净水机、壁挂式净水机、管道式净水机、乘载式净水机、便携式净水机和中央净水机等。

饮用机专用净水器（Z）：与饮水机配套使用的饮用水处理装置。

龙头式净水机（器）（L）：直接安装在自来水龙头上使用的饮用水处理装置。

台立式净水机（器）（T）：通常安放在台面上或地面上使用的饮用水处理装置。

壁挂式净水机（器）（B）：通常挂在墙壁上使用的饮用水处理装置。

管道式净水机（器）（G）：通常作为供水管道一部分使用的饮用水处理装置。

便携式净水机（器）（X）：便于随身携带使用的饮用水处理装置。

乘载式净水机（器）（C）：装载在车（船、飞机）上的可移动使用的饮用水处理装置。

中央净水机（器）（Y）：通常作为供水中心为用户提供所需水质用水的饮用水处理装置。

（3）按供水方式可分为连续式和非连续式净水器。

连续式：连接到水源能够自动完成连续供水的饮用水处理装置。

非连续式：需要人工进行加水的饮用水处理装置。

## 8.3　桶装水

目前，在我国桶装饮用水市场上，主要有纯净水、矿泉水、泉水和天然水、矿物质水等。桶装水的相关标准和规范包括：《瓶（桶）装水卫生标准》（GB 19298—2003）、《瓶装饮用纯净水》（GB 173223—1998）、《瓶装饮用纯净水卫生标准》（GB 17324—1998）、《饮用天然矿泉水厂卫生规范》（GB 16330—1996）、《饮用天然矿泉水国家标准 》（GB 8537—1995）、《食品添加剂使用卫生标准》（GB 2760—2007）、《瓶（桶）装水卫生标准》（GB 19298—2003）、《中华人民共和国饮料通则》（GB 10789—2007）和《生活饮用水卫生标准》（GB 5749—2006）等。

### 8.3.1　纯净水

饮用纯净水是经电渗析（ED）、离子交换（IE）、反渗透（BO）、蒸馏等方法除盐处理后的可直接饮用的水。

目前纯净水的基本工艺流程为：水源→过滤→纯化处理→臭氧混合消毒→灌装→检验→入库。

由于矿泉水、泉水等受资源限制，而纯净水是利用自来水经过一定的生产流程进行生产，因此市场上老百姓饮用最多的还是纯净水，纯净水的质量和老百姓的生活有着密切的关系。为此，国家质量技术监督局于1998年4月发布了《瓶装饮用纯净水》（GB 173223—1998）和《瓶装饮用纯净水卫生标准》（GB 17324—1998）。在这两个标准中，共设有感观指标4项、理化指标4项、卫生指标11项。

**纯净水的感官指标**包括色度、浊度、臭味、肉眼可见物。这几个指标是纯净水质量控制中最基本的指标，其制定的标准值参照了饮用水（即自来水）的标准，而目前大多厂家生产纯净水的水源是自来水，又经过粗滤、精滤和去离子净化的流程，因此，一般纯净水都能达到国家标准所要求的数值。

**纯净水的理化指标**中较重要的是电导率和高锰酸钾消耗量。电导率是纯净水的特征性指标，反映的是纯净水的纯净程度以及生产工艺的控制好坏。高锰酸钾消耗量是指 1L 水中还原性物质在一定条件下被高锰酸钾氧化时所消耗的氧毫克数，它考察的主要是水中有机物尤其是氯化物的含量。《瓶装饮用纯净水》（GB 17323—1998）中规定，饮用纯净水中高锰酸钾消耗量（以 $O_2$ 计）不得超过 1.0mg/L。如果高锰酸钾消耗量偏高，有可能水中有微生物超标，也可能是一些厂家为防止微生物超标而增加消毒剂 $ClO_2$ 的量，从而产生一些新的有机卤代物。在这种情况下，一般游离氯也会超标。

**纯净水的卫生指标**包括金属元素、有机物和微生物等几类。金属元素指标在标准中规定了铅、砷、铜的含量，铅、砷要求不得超过 0.1mg/L，其主要来源于受人类活动所影响的环境，包括土壤、河流的污染等等。铅、砷为有毒有害元素，铅可由呼吸道或消化道进入人体并蓄积在人体内，当血液中含铅量为 0.6 ~ 0.8mg/L 时就会损害内脏，而砷的化合物会引起中毒，因此，它们的含量应该越小越好，而铜在标准中规定不得超过 1.0mg/L，虽然铜不是有害元素，但也不是多多益善的物质，对于纯净水来说，更是衡量其纯净程度的标志之一。

**纯净水的有机物指标**在国标中主要体现为三氯甲烷（氯仿）和四氯化碳含量的规定。由于桶装纯净水的质量问题主要集中在微生物检测超标上，为了解决这一问题，不少厂家不是从生产工艺、质量管理入手，而是仅仅通过量来试图解决纯净水的微生物污染问题，常用的消毒剂多为含氯消毒剂如二氧化氯等。桶装纯净水由于加氯消毒可产生一些新的有机卤代物，主要成分是三氯甲烷（氯仿）和四氯化碳及少量的一氯甲烷、一溴二氯甲烷、二溴一氯甲烷以及溴仿等，统称为卤代烷。经检测，经过加氯消毒的饮用水、自来水中卤代烷含量一般高于水源水。其中以三氯甲烷和四氯化碳含量较高，对人体存在一定危害，如果长期饮用氯仿和四氯化碳超标的纯净水，严重时会导致肝中毒甚至癌变。为了保护消费者的身体健康，在国标《瓶装饮用纯净水卫生标准》（GB 17324—1998）中明确规定：饮用纯净水中三氯甲烷和四氯化碳的含量分别不得超过 0.02mg/L、0.001mg/L。

**纯净水的微生物指标**在国标中规定了菌落总数、大肠菌群、致病菌和霉菌、酵母菌 4 项。微生物的超标反映出水的污染程度。其中大肠杆菌达到一定指标，会引起人体腹泻。致病菌包括沙门氏菌、志贺氏菌、金黄色葡萄球菌和乙型链球菌。沙门氏菌、志贺氏菌污染的水会引起急性肠道传染病，出现腹泻发热等症状；金黄色葡萄球菌产生的肠毒素会引起人体中毒，出现急性胃肠道症状，甚至危及生命；乙型链球菌则是造成人体化脓性炎症的主要病原菌；霉菌和酵母菌普遍分布于自然界，在食物中生长的霉菌在繁殖过程中吸取了食品的营养成分使食品的营养价值降低，并且散发异味，影响食品的感官，尤其是霉菌生长的过程中产生的毒素会引起人体慢性中毒，严重者会导致癌症。从近几年对纯净水检测的情况看，微生物指标是比较容易超标的指标之一。要求纯净水在生产加工、运输和销售过程等各个环节应严格控制，防止产生微生物污染。

纯净水控制微生物污染的措施包括：

（1）加强自身卫生管理，强化食品卫生质量意识，指定一名领导负责卫生工作，设立专职卫生检验机构，加强对水源、包装物、灌装间空气和产品检测，制订从水源管理、杀菌、灌装、包装到个人卫生各环节的卫生管理制度，并指定专人监督实施，加强食品卫生知识的培训学习，重点掌握消毒方法和明确微生物容易污染关键环节。

（2）根据水源的特点，合理、科学地设计生产流程，配备必要的水处理和生产设备，选择符合水消毒的灭菌系统。目前，我国矿泉水和纯净水多使用紫外线、超滤和臭氧作为除菌和消毒杀菌设施。但多年的经验证明前两种可靠性差，是造成产品不合格的主要因素，而采用臭氧杀菌被认为是目前最好的方法。

（3）定期加强对生产全程的管道、容器和过滤器等有关设施的清理和消毒，做好瓶、盖和灌装间的消毒工作。据了解现在多数厂家的管道和包装物的消毒采用二氧化氯（$ClO_2$），该药物具有很强的氧化和消毒作用，但要加强对消毒药物的质量监控，保证其消毒效果。

### 8.3.2　矿泉水

矿泉水是从地下深处自然涌出的或经人工揭露的、未受污染的地下矿水；含有一定量的矿物盐、微量元素或二氧化碳气体；在通常情况下，其化学成分、流量、水温等动态在天然波动范围内相对稳定。矿泉水是在地层深部循环形成的，含有国家标准规定的矿物质及限定指标。

矿泉水分类可按阴阳离子、酸碱性、矿化度和矿泉水特征进行分类。

（1）按矿泉水特征组分。达到国家标准的主要类型分为九大类：1）偏硅酸矿泉水；2）锶矿泉水；3）锌（补锌产品，补锌资讯）矿泉水；4）锂矿泉水；5）硒矿泉水；6）溴矿泉水；7）碘矿泉水；8）碳酸矿泉水；9）盐类矿泉水。

（2）按矿化度分类命名。矿化度是单位体积中所含离子、分子及化合物的总量。矿化度低于 500mg/L 为低矿化度，500～1500mg/L 为中矿化度，高于1500mg/L 为高矿化度。矿化度低于 1000mg/L 为淡矿泉水，高于 1000mg/L 为盐类矿泉水。

（3）按矿泉水的酸碱性分类。酸碱度又称 pH 值，是水中氢离子浓度的负对数值，即 pH = -lg[$H^+$]，是酸碱性的一种代表值。根据《水文地质术语》

（GB/T 14157—1993）的定义，可分为以下三类：酸性水（pH 值低于 6.5）、中性水（pH 值等于 6.5~8.0）、碱性水（pH 值高于 8.0~10）。

（4）按阴阳离子分类命名。以阴离子为主分类，以阳离子划分亚类，阴阳离子毫克当量大于 25% 才参与命名。1）氯化物矿泉水，有氯化钠矿泉水、氯化镁矿泉水等；2）重碳酸盐矿泉水，有重碳酸钙（补钙产品，补钙资讯）矿泉水、重碳酸钙镁矿泉水、重碳酸钙钠矿泉水、重碳酸钠矿泉水等；3）硫酸盐矿泉水，有硫酸镁矿泉水、硫酸钠矿泉水等。

矿泉水相关标准：饮用天然矿泉水厂需满足《饮用天然矿泉水厂卫生规范》（GB 16330—1996）；我国《饮用天然矿泉水国家标准》（GB 8537—1995）规定：饮用天然矿泉水是从地下深处自然涌出的或经人工揭露的未受污染的地下矿泉水；含有一定量的矿物盐、微量元素和二氧化碳气体；在通常情况下，其化学成分、流量、水温等动态在天然波动范围内相对稳定。"国标"还确定了矿泉水标准指标，如锂、锶、锌、溴化物、碘化物、偏硅酸、硒、游离二氧化碳以及溶解性总固体。其中必须有一项（或一项以上）指标符合上述成分，即可称为天然矿泉水。其要求含量分别为（单位：mg/L）：锂、锌、碘化物均不低于 0.2，硒不低于 0.01，溴化物不低于 1.0，偏硅酸不低于 25，游离二氧化碳不低于 250 和溶解性总固体不低于 1000。市场上大部分矿泉水属于锶（Sr）型和偏硅酸型。"国标"还规定了某些元素和化学化合物，放射性物质的限量指标和卫生学指标，以保证饮用者的安全。《饮用天然矿泉水检验方法》（GB/T 8538—2008）提供了矿泉水中 52 种物质的检验方法。

饮用桶装矿泉水的注意事项：饮用矿泉水时应以不加热、冷饮或稍加温为宜，不能煮沸饮用。因矿泉水一般含钙、镁较多，有一定硬度，常温下钙、镁呈离子状态，极易被人体所吸收，起到很好的补钙作用。如若煮沸时钙、镁易与碳酸根生成水垢析出，这样既丢失了钙、镁，还造成了感官上的不适，所以矿泉水最佳饮用方法是在常温下饮用。

在饮用桶装矿泉水时应注意做到以下几项：（1）饮水机一定要放在阴凉避光的地方，千万不能放在阳光直射的地方，以免滋生绿藻。若实在有困难，也应采取措施，为水桶加罩避光桶套。（2）打开的水桶秋冬季要在 2~4 周内喝完，春、夏季最好在 7~10 天内喝完。（3）饮水机不要长时间通电加热、反复烧开。反复烧开的水不宜饮用。（4）用过的空桶要放置在干净的地方，不要往里面倒脏水、扔污物（如烟头之类），而造成矿泉水厂清洗、消毒困难。（5）饮水机要定期消毒，最好半年一次。避免二次污染，保证饮水安全卫生有益健康。

### 8.3.3 矿物质水

矿物质水一般以城市自来水等符合《生活饮用水卫生标准》（GB 5749—2006）

的水源为原料，再经过纯净化加工，添加矿物质，杀菌处理后灌装而成。是《中华人民共和国饮料通则》（GB 10789—2007）中定义的六种包装饮用水之一。目前矿物质水的添加种类较多，尚无统一的质量类国家标准，主要由行业依照《食品添加剂使用卫生标准》（GB 2760—2007）的规定与限量添加，卫生上则按照《瓶（桶）装水卫生标准》（GB 19298—2003）确保其饮用安全性。

　　矿物质水行业曾有采用纯净水添加浓缩矿化液的方式制造产品，但因质量较不稳定，安全也不易确保，目前这种做法已被放弃。现在市场上的矿物质水大多采用添加食品级氯化钾和硫酸镁制成。

## 8.4　管道直饮水

　　管道直饮水系统是指以城市供水为水源，进行深度处理后再以专用管线向部分居民供应少量直饮水的系统。该系统只需对少量的水进行深度处理，并且水质净化站位于供水小区内，省去了输水管网，能够采用优质管材（配件）以最短的距离送到各用户点。目前，北京、上海、深圳、广州、杭州、乌鲁木齐、青岛、大连等城市都已有管道直饮水的工程实践。

### 8.4.1　管道直饮水水质标准

　　为了规范现有分质供水的水质和统一水质标准，建设部颁布了行业标准《饮用净水水质标准》（CJ 94—2005），该标准与现行《生活饮用水卫生标准》（GB 5749—2006）的比较见表 8-1，考虑到当前水质普遍遭受有机污染的情况，有针对性地增加或调整了有机物、观感、口感等 39 项指标。

表 8-1　饮用净水水质标准

| 项　目 | | 《饮用净水水质标准》（CJ 94—2005） | 《生活饮用水卫生标准》（GB 5749—2006） |
|---|---|---|---|
| 感官性状 | 色度/度 | 5 | 15 |
| | 浑浊度/NTU | 0.5 | 1 |
| | 嗅和味 | 无异臭、异味 | 无异臭、异味 |
| | 肉眼可见物 | 无 | 无 |
| 一般化学指标 | pH 值 | 6.0~8.5 | 6.5~8.5 |
| | 总硬度（以 $CaCO_3$ 计）/mg·L$^{-1}$ | 300 | 450 |
| | 铁/mg·L$^{-1}$ | 0.20 | 0.30 |
| | 锰/mg·L$^{-1}$ | 0.05 | 0.1 |
| | 铜/mg·L$^{-1}$ | 1.0 | 1.0 |
| | 锌/mg·L$^{-1}$ | 1.0 | 1.0 |

| 项　目 | | 《饮用净水水质标准》（CJ 94—2005） | 《生活饮用水卫生标准》（GB 5749— 2006） |
|---|---|---|---|
| 一般化学指标 | 铝/mg·L$^{-1}$ | 0.20 | 0.20 |
| | 挥发性酚类（以苯酚计）/mg·L$^{-1}$ | 0.002 | 0.002 |
| | 阴离子合成洗涤剂/mg·L$^{-1}$ | 0.20 | 0.3 |
| | 硫酸盐/mg·L$^{-1}$ | 100 | 250 |
| | 氯化物/mg·L$^{-1}$ | 100 | 250 |
| | 溶解性总固体/mg·L$^{-1}$ | 500 | 1000 |
| | 耗氧量（COD$_{Mn}$，以 O$_2$ 计）/mg·L$^{-1}$ | 2.0 | 3.0 |
| 毒理学指标 | 氟化物/mg·L$^{-1}$ | 1.0 | 1.0 |
| | 硝酸盐氮（以 N 计）/mg·L$^{-1}$ | 10 | 20 |
| | 砷/mg·L$^{-1}$ | 0.01 | 0.05 |
| | 硒/mg·L$^{-1}$ | 0.01 | 0.01 |
| | 汞/mg·L$^{-1}$ | 0.001 | 0.001 |
| | 镉/mg·L$^{-1}$ | 0.003 | 0.005 |
| | 铬（六价）/mg·L$^{-1}$ | 0.05 | 0.05 |
| | 铅/mg·L$^{-1}$ | 0.01 | 0.01 |
| 银和有机物指标 | 银(采用载银活性炭时测定)/mg·L$^{-1}$ | 0.05 | — |
| | 氯仿/mg·L$^{-1}$ | 0.03 | 0.06 |
| | 四氯化碳/mg·L$^{-1}$ | 0.002 | 0.002 |
| | 亚氯酸盐(采用 ClO$_2$ 消毒时测定)/mg·L$^{-1}$ | 0.70 | — |
| | 氯酸盐(采用 ClO$_2$ 消毒时测定)/mg·L$^{-1}$ | 0.70 | — |
| | 溴酸盐(采用 O$_3$ 消毒时测定)/mg·L$^{-1}$ | 0.01 | — |
| | 甲醛(采用 O$_3$ 消毒时测定)/mg·L$^{-1}$ | 0.90 | — |

| 项　目 | | 《饮用净水水质标准》<br>（CJ 94—2005） | 《生活饮用水卫生标准》<br>（GB 5749—2006） |
|---|---|---|---|
| 微生物指标 | 细菌总数/CFU·mL⁻¹ | 50 | 100 |
| | 总大肠菌群 | 每 100mL 水样中不得检出 | 每 100mL 水样中不得检出 |
| | 粪大肠菌群 | 每 100mL 水样中不得检出 | 每 100mL 水样中不得检出 |
| | 余氯/mg·L⁻¹ | 0.01（管网末梢水） | 0.05（管网末梢水） |
| | 臭氧（采用 O₃ 消毒时测定）/mg·L⁻¹ | 0.01（管网末梢水） | — |
| | 二氧化氯（采用 ClO₂ 消毒时测定）/mg·L⁻¹ | 0.01（管网末梢水）或余氯 0.01（管网末梢水） | — |

## 8.4.2　管道直饮水处理技术

通过对《饮用净水水质标准》（CJ 94—2005）和《生活饮用水卫生标准》（GB 5749—2006）的比较，可以看出以城市自来水为原水的净水工艺，其处理目的在于降低有色金属、有毒金属、盐类、细菌等指标。针对这些处理要求，净水工艺一般以活性炭和膜处理工艺作为关键技术。为保证膜使用安全，并延长膜的使用寿命，前面一般还会有机械过滤工艺。去除细菌则需在工艺流程的末端设置杀菌消毒的处理工艺。所以小区管道直饮水整套工艺常采用机械过滤处理、活性炭处理、膜处理（或者电渗析）和消毒处理的组合工艺。核心处理工艺大多数为膜处理工艺。

根据不同原水水质可采用下述几种直饮水深度净化工艺流程：

（1）对于有轻度污染或水中大分子天然有机物较多、微生物超标和矿化度适宜的原水，可采用的工艺为：

原水（自来水）→储备水箱→增压泵→粗滤（100μm）→精过滤（10μm）→活性炭过滤→微滤膜过滤→净水水箱→泵→用户

（2）对于有一定程度污染，且水中溶解性有机物和有害离子、盐类均有一定超标的原水，可采用的深度净化工艺流程为：

原水（自来水）→储备水箱→增压泵→粗滤（100μm）→精过滤（10μm）→臭氧消毒（尾气吸收）→活性炭过滤→保安过滤→超滤膜过滤→臭氧（或紫外线）消毒→净水水箱→泵→用户

（3）对于有机污染严重，水中总溶解性固体物和消毒副产物等含量较高、味、嗅较明显的原水（自来水），可采用的深度净化工艺流程为：

原水（自来水）→储备水箱→增压泵→粗滤（100μm）→精过滤（10μm）→臭氧消毒（尾气吸收）→活性炭过滤→保安过滤→纳滤膜过滤→臭氧（或紫外线）

消毒→净水水箱→泵→用户

保安过滤一般采用 $5\sim10\mu m$ 级孔径的滤芯，其作用是保护后续膜件不受颗粒污染。对微滤、超滤或纳滤膜组件，则根据产品水质要求与原水水质进行选择，但均需定期反洗，其中纳滤需用化学清洗，故使用与维护较复杂。紫外线和臭氧消毒的灭菌功能较强，但由于没有持续效应，在直饮水输水管路较长时为防止二次污染发生，还需要投加其他消毒剂。

为保证饮用水水质，饮用净水管网和居民楼供水干管都应设回流管，以便平时将停滞的水回流至净水系统进行消毒后再供出。同时，还需定期将管内的净水回流入原水调节水箱中进行再处理后供出。实践证明，臭氧（包括其他氧化剂）发生器的工作稳定、滤膜的定期清洗、系统的定时循环与消毒、自动控制的可靠工作是整个直饮水系统正常运行的关键所在。

### 8.4.3 供应模式

#### 8.4.3.1 集中型管道直饮水

集中型管道直饮水是在整个城市中建立优质饮用水的处理厂，或在城市水厂中对部分水进行深度处理，并另铺设一套管网，直接将这部分优质饮用水输送到用户。

A 集中处理、统一供应

把现有的陈旧、劣质管材予以替换，建成一套高规格的不会引起二次污染的城市管网系统。在水质控制上，于目前常规处理工艺之后再增加一道深度处理工艺，使得出厂水达到直接饮用标准，通过优质管网输送到户。

B 集中处理、分质供水

采用两套供水设备、两套供水管网系统进行分质供水，即原管道用于输送一般水质的自来水（供拖地、冲洗等），另外敷设一套专门用于输送直接饮用水的优质管网。

集中型城市管道直饮水是在整个城市范围另铺设一套供水管网，直接将单独处理的优质饮用水输送到用户家中。其优点是便于管理和进行水质的监测，保证了用水的安全性。集中型管道直饮水的一次性投资额非常大，需要单独建设输水管道和优质饮用水处理厂。另外，在地下已埋设了多套管网（通讯、煤气、供水、供电等）的情况下，再建独立的直饮水管网，施工难度很大。

我国实施集中型城市管道直饮水的城市很少，目前国内仅四川省犍为县的罗城镇因水源水质的处理要求，自 2000 年开始在整个镇实施集中型管道直饮水（服务人口1万人）并运行至今，为小镇集中型管道直饮水发展做出了一定的示范作用，采用工艺见 8.4.5.1 小节介绍。

#### 8.4.3.2　小区管道直饮水

多实施于居民小区，因此称之为小区管道直饮水，即以一个或相邻的几个小区为一个供水区域，在此区域内设置优质水处理站，并增设一套优质水供水管网。此外也有应用于单独建筑物如宾馆、写字楼的情况。

小区管道直饮水，是以一个或相邻的几个小区为一个供水区域，在此区域内设置优质水处理站，并增设一套优质饮用水供水管网。与集中型管道直饮水相比，避免了在城市道路下排管，而且可以根据具体情况来选择处理工艺，比较灵活。管网规模小，基建工作也相对简单了许多，可由房产以及直饮水公司负责设计和施工，并由物业公司协助对管道直饮水系统进行管理。

此方式采用两套供水系统进行分质供水：一套系统直接供应管网自来水，用于一般生活用水；另一套系统则将管网自来水导入深度水处理装置进行处理后，再将符合直接饮用标准的自来水通过小区优质输水管道送入用户，用于直接饮用和烧饭、做菜等。分质供水需采用两套计量装置，设定两种不同水价。

在国内，小区管道直饮水的工程最早是从上海开始。1997 年上海浦东锦华住宅小区率先实施了管道直饮水工程，是由上海同济水处理技术开发中心设计的。以锦华小区直饮水的成功开通为开端，掀起了小区管道直饮水工程建设的一个高潮。上海市在 2002 年共签署小区管道直饮水项目 77 个，约有 1/3 的新建小区配有管道直饮水设施。上海市多是采用管道纯净水公司与房地产商合作开发的形式，在新建小区建小型水处理站。开通管道直饮水的用户需以不同方式交纳初装费。深圳市也是较早实施小区管道直饮水工程的城市之一，起始于 1997 年，主要对象为新建小区和办公楼。管道直饮水的工程经济分析，以南方某水司在一新建住宅小区所做的管道纯净水入户试点为例，该工程投资 2000 万元，实际用户为 7000 户，按 300 元/$m^3$ 的水价出售处理后的纯净水。

小规模管道直饮水系统可减小工程上的难度，缩短供水管网的长度，不易造成二次污染。但小区供应受规模限制，生产成本偏高。结果表明，因运行成本偏高而一直处于亏损状态，其主要原因就在于用户太少、管道纯净水用量极小（仅考虑饮用），不能形成规模效应，导致运营成本高、水价居高不下并形成恶性循环。同时，由于小区管道纯净水用量小、使用频率低而导致水在管道中流动性差、滞留时间长，故存在卫生安全隐患。

鉴于城市目前的供水现状，要实现直接饮用水入户还需做好以下几方面的工作：加强管网循环系统的设计研究、完善相关法规、严格执证上岗、加强水质检测等。

### 8.4.4　管道直饮水工程实例

#### 8.4.4.1　罗城镇集中型城市管道直饮水

罗城镇位于岷江下游，是犍为县的一座拥有 8000 人口的古镇，同时也是一个工业型小镇，有盐矿、铁矿等工业。由于盐分通过地层裂隙渗漏到水源中，以及制盐厂的盐卤进入水源、渔业养殖等多种原因，原水的含盐量高达 1000mg/L，同时带有泥腥味。罗城镇原有一规模为 3000m³/d 的水厂，水厂的常规处理方式无法去除盐分和泥腥味，因此采用电渗析的深度处理工艺，工艺流程如图 8-2 所示。

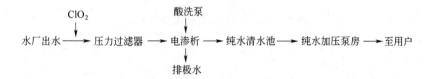

图 8-2 罗城镇电渗析净水工艺流程

采用该工艺流程，出水的含盐量和泥腥味的问题得到了较大的改善，当原水最大含盐量低于或等于 1250mg/L 时，出水含盐量可控制在 300mg/L，可满足一般的饮用水的要求。而电渗析之前投加 $ClO_2$ 消毒剂，除有消毒作用外，还可有效去除水中的泥腥味。电渗析出水率为 50%，出浓水率为 30%（含盐量约 2400mg/L），此浓水重新返回工艺流程，出极水率为 20%，需要排放。再加上定期酸洗用水、冲洗用水、养护用水等，1m³ 的产水需耗水 2.5~3.0m³，耗电约 1 度，经计算制水成本约 2.0~2.3 元/m³，按此成本水厂的售水价将比普通自来水水价高出较多。

罗城镇最终采取了集中型管道直饮水的方案。将少量水经过电渗析处理作为生活饮用水，新建一套配水系统进行供给。家庭的一般生活用水和工业用水仍采用原有工艺的普通自来水。罗城镇作为目前为数不多的实施集中管道直饮水的地区的独特有利条件包括：城镇规模较小、水质特殊性、罗城镇的街道由石板铺设、重新铺设一套管道的施工条件便利。

### 8.4.4.2 住宅小区管道直饮水工程实例

上海浦东锦华小区的管道直饮水工程是我国第一个小区管道直饮水的实际工程。由同济大学水处理技术开发中心进行设计。整套分质供水系统于 1999 年通过验收，水质指标达到《饮用净水水质标准》（CJ 94—2005）。锦华小区共有多层 512 户，小高层 156 户，管道直饮水工程是该小区的配套工程，用户凭专门水表付费。直饮水的最大供应量为 10m³/d，为设计生活用水量的 1.5%。锦华小区的直饮水处理工艺如图 8-3 所示。

如图 8-3 所示，锦华小区共有两套平行的设备，一备一用，净水箱共用。由于锦华小区的工艺设计较早，采用的是硅藻土预涂膜的技术，并没有采用目前普遍使用的固定膜技术。经过处理出水可达到《饮用净水水质标准》（CJ 94—2005）。

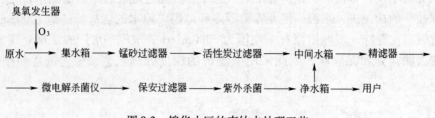

图 8-3　锦华小区的直饮水处理工艺

# 第9章 海水淡化处理

## 9.1 概述

### 9.1.1 海水淡化的意义

　　地球上水资源自 20 世纪 40 年代以来，随着经济的发展、人口增加和都市化的进程，伴随全球气候变暖和降水不均衡，现有的淡水资源明显不足，很大程度上影响和制约着社会和经济的发展。

　　我国被联合国认定为世界上 13 个最贫水的国家之一。我国淡水资源总量名列世界第六，但人均占有量仅为世界平均值的 1/4，位居世界第 109 位，而且水资源在时间和地区分布上很不均衡，有 10 个省、市、自治区的人均水资源拥有量不足 500 立方米，严重影响到经济和社会发展。目前我国有 300 个城市缺水，其中 110 个城市严重缺水，它们主要分布在华北、东北、西北和沿海地区，水已经成为这些地区经济发展的瓶颈。

　　海水淡化随着水资源危机的加剧得到了加速发展，在下述三类地区海水淡化率先得到了应用，一是沿海干旱、半干旱地区，如中东的沙特阿拉伯、科威特等；二是在淡水供应困难的岛屿，如美国佛罗里达群岛和我国的西沙群岛等；三是分布在人口密集、工业集中、耗水量大、淡水紧缺的沿海城市，如我国的天津、美国的圣迭戈市等。据统计，包括海湾地区、地中海国家、北非地区在内的全世界一百三十多个国家和地区已采用海水或苦咸水淡化技术来获得淡水的研究和实践，海水淡化系统与生产量以每年 10% 以上的速度在增加。

　　海水淡化可以有效地缓解沿海城市缺水问题；避免过量开采地下水，遏制地下水下降、地面沉降陷裂的趋势；充分利用风力、水电、核电等能源，提高能源利用效益；海水淡化涉及多项行业，可以有效地拉动内需，带动相关行业发展；膜法海水淡化后的含盐量甚高的浓缩水，还可以综合利用。

　　我国海水淡化发展主要受技术水平和淡化成本的影响，目前海水淡化成本仍相对较高。这是制约海水淡化发展的最直接和最主要的因素之一。

### 9.1.2 海水淡化的应用

　　由于海水淡化、苦咸水淡化和制作超纯水的需求，以及中东国家、地中海和北非国家需求的增加和已有设施更新的需求，根据国际脱盐协会和国际原子能机

构的资料，截至 2009 年，全球海水淡化日产量达到 4000 万立方米左右，其中
80% 用于饮用水，解决了 1 亿多人的供水问题，即世界 1/50 的人靠海水淡化提
供饮用水。全球有海水淡化厂 1.3 万多座，海水淡化作为淡水资源的替代与增量
技术，越来越受到沿海国家的重视。

　　世界上第一座海水淡化工厂于 1944 年成立于英国，位于美国得克萨斯州的弗
里波特(Freeport)的海水淡化工厂兴建于 1954 年，采用闪蒸技术，目前仍在运转。
目前，世界上最大的海水淡化厂是总部设在沙特阿拉伯的采用多级闪蒸系统，日产
水量 100 万立方米/日。最大的反渗透工艺海水淡化工厂是以色列的阿什凯隆的 40
万立方米/日的工厂，阿尔及利亚在建 50 万立方米/日的反渗透工艺海水淡化工厂。

　　以色列 70% 的饮用水源来自于海水淡化水，2008 年日产海水淡化水量达
73.8 万立方米；阿联酋饮用水主要依赖海水淡化水，2003 年日产海水淡化水量
达 546.6 万立方米；意大利西西里岛 500 万居民，2008 年日产海水淡化水量为
13.5 万立方米，约占全部可饮用水源的 15% ~ 20%。截至 2006 年 6 月底，我国
已建成的海水淡化装置总数为 41 套，合计产水能力 12.0394 万立方米/日。

　　著名的海水淡化公司有法国 Sidem 公司、英国 Weir 热能公司、韩国斗山重
工公司、以色列 IDE 公司、意大利 Fisia 公司等。中国是继美、法、日、以色列
等国之后研究和开发海水淡化先进技术的国家之一。

　　我国继西沙群岛日产 200t 电渗析海水淡化装置成功运行后，又先后在舟山
建成了日产 500t 反渗透海水淡化站，在大连长海建成日产 1000t 海水淡化站。目
前，我国最大的日产 18000t 苦咸水淡化工程在河北沧州建成投产。我国部分海
水淡化工程如表 9-1 所示。

表 9-1　我国部分海水淡化工程项目概况

| 序号 | 地　点 | 规模/t·d⁻¹ | 方　法 | 投产年份 |
|---|---|---|---|---|
| 1 | 西沙永兴岛 | 200 | 电渗析 | 1981 |
| 2 | 天津大港电厂 | 2×3000 | 多级闪蒸 | 1989 |
| 3 | 浙江舟山嵊山镇 | 500 | 反渗透 | 1997 |
| 4 | 浙江舟山马迹山 | 350 | 反渗透 | 1997 |
| 5 | 辽宁长海县大长山岛 | 1000 + 500 | 反渗透 | 1999 |
| 6 | 辽宁长海县獐子岛 | 2×500 | 反渗透 | 2000 |
| 7 | 沧州化学工业公司 | 1800（苦咸水） | 反渗透 | 2000 |
| 8 | 山东长岛县长山岛 | 1000 | 反渗透 | 2000 |
| 9 | 浙江嵊泗县驯礁岛 | 1000 | 反渗透 | 2000 |
| 10 | 山东威海华能电厂 | 2000 | 反渗透 | 2000 |
| 11 | 大连华能电厂 | 2000 | 反渗透 | 2002 |
| 12 | 浙江嵊泗县驯礁岛 | 1000（二期） | 反渗透 | 2002 |
| 13 | 山东荣城 | 2×5000 | 反渗透 | 2002 |

### 9.1.3 海水淡化技术现状和发展

#### 9.1.3.1 海水淡化技术应用现状

2009 年，采用的海水淡化技术已由以往蒸馏法为主转变为反渗透法为主，反渗透法的制水能力占总制水能力的 52%。海水淡化制水能力在不同地区的分布显示，中东地区占 56%，北美和欧洲分别占 12%，亚洲和非洲，分别占 7%。对于不同海水淡化技术的应用，多级闪蒸方式主要应用于中东地区，中东地区拥有世界上 85% 多级闪蒸法海水淡化制水能力。反渗透法主要应用于中东、北美、欧洲和亚洲，分别占 33%、23%、19% 和 10%。低温多效蒸馏法主要应用于中东、欧洲、亚洲和非洲，分别占 39%、17%、17% 和 11%。

#### 9.1.3.2 海水淡化技术发展

虽然国外对各种海水淡化技术做了多种实验对比，以明确最优海水淡化方式，时至今日热法和膜法技术均各有广泛的用户，各项技术仍在不断发展，均有各自的技术优势、适用的环境条件及降低成本的空间。

在各种海水淡化技术的发展和比较中多级闪蒸、低效多温蒸发和反渗透化三大主流技术在海水淡化发展技术中将有着更广阔的发展空间。多级闪蒸技术虽有动力消耗大的缺陷，但由于技术成熟、运行可靠仍有大量应用；低温多效蒸馏技术由于更加节能，近年发展迅速，装置的规模日益扩大，成本日益降低；反渗透海水淡化技术发展更快，工程造价和运行成本持续降低，对海水水质的适应范围、系统稳定性尚有进一步提高的空间。

多级闪蒸、低温多效蒸发和反渗透是当今海水淡化三大主流技术，三种技术各自有不同优势，三种海水淡化工艺关键技术参数见表 9-2。热膜耦合海水淡化及多种海水淡化的技术组合和集成已显现出发展的生命力，具有清洁、廉价等优势的核能有望在海水淡化能源中得到进一步应用。

**表 9-2　几种海水淡化工艺关键技术参数表**

| 主要技术参数 | 操作温度 /℃ | 主要能源 | 蒸汽消耗 /t·m$^{-3}$ | 电能消耗 /kW·h·m$^{-3}$ | 典型源水含盐量 (TDS)/×10$^{-6}$ | 产品水质 (TDS)/×10$^{-6}$ | 典型单机产水量/m$^3$·d$^{-1}$ |
|---|---|---|---|---|---|---|---|
| 多级闪蒸 | <120 | 蒸汽、电（热能、电能） | 0.1~0.15 | 3.5~4.5 | 30000~45000 | <10 | 3000~76000 |
| 低温多效蒸发 | <70 | 蒸汽、电（热能、电能） | 0.1~0.15 | 1.2~1.8 | 30000~45000 | <10 | 3000~36000 |
| 反渗透 | 常温 | 机械能（电能） | 无 | 3~5 | 30000~45000 | <500 | 1~20000 |

#### 9.1.3.3 海水淡化工艺和技术发展

预处理技术有了一定的发展。采用 NF 膜可有效截留海水中的 $SO_4^{2-}$，大幅度降低了后续 RO 和 MSF 的结垢可能性，TDS 也有一定程度的减少，可提高整个系统的回收率，降低成本，有利于改善蒸馏法和膜法海水淡化。采用将微滤、超滤、纳滤和反渗透组合起来的集成膜技术，是海水淡化预处理的发展趋势，可以降低进料水的浊度、硬度和 TDS 含盐量，显著减少过程化学品的添加量和膜器本身的清洗次数，使过程环境更友好，解决传统海水淡化工程中存在结垢污染等许多问题。

海水淡化技术的发展还包括海水淡化产业链的延长，如反渗透膜法海水淡化后的浓海水有很高的利用价值，可开发浓海水电渗析制精盐、浓海水提溴、钾等产业。

技术的进步使海水淡化成本逐步降低，产水水质优良，可将产品淡水分为三个级别，包括超纯水、纯净水、饮用水。满足城镇供水、工业、医药等不同领域的需求，同时也可以为海岛居民和驻军提供饮用水。

## 9.2 海水淡化主要技术

海水淡化是从海水中通过物理、化学或物理化学相结合等方法来获取淡水的技术和过程。主要途径有两种：一是从海水中分离出水的方法；二是从海水中将盐分离出来的方法。前者有蒸馏法、反渗透法、冷冻法、水合物法和萃取法等，后者有离子交换法、电渗析法、电容吸附法和压渗法等。到目前为止，实际应用的仅有蒸馏法、反渗透法和电渗析法，而主要应用的为蒸馏法和反渗透膜法。蒸馏法，将水蒸发而盐留下，再将水蒸气冷凝为液态淡水。反渗透法利用半透膜来达到将淡水与盐分离的目的。海水淡化主要处理技术分类如图 9-1 所示。

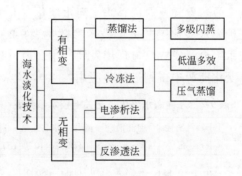

图 9-1 海水淡化主要处理技术分类

20 世纪 30 年代，沙特阿拉伯首先采用低温多效蒸馏技术淡化海水。由于低温多效蒸馏存在结构等缺点，50 年代又开发了多级闪蒸海水淡化技术，从此，海水淡化业得到很大发展，多级闪蒸技术的市场占有率也一直很高。50 年代后，压气蒸馏、冷冻和电渗析等淡化技术相继出现，并在不同时期占据一定的市场份额。1953 年开始，反渗透技术问世，而反渗透法的最大优点是节能。从 80 年代起，美、日等发达国家先后把发展重心转向反渗透法。由于节能和可持续发展的需求，近年来对于上述技术的组合如蒸馏法和反渗透法组合的热膜耦合海水淡化技术，利用新能源的海水淡化技术如太阳能海水淡化技术和核能海水淡化技术得到迅速发展。

20 世纪 60 年代中期至 80 年代初，多级闪蒸淡化技术的市场占有率均高于 40%，在淡化技术中位居首位。80 年代后期，随着海水反渗透淡化技术的不断完善和发展，其优越性逐渐得到显现，开始占据主导地位。90 年代以来，出现了反渗透和多级闪蒸两种技术交替占据主导地位的现象。近年来海水淡化技术的发展和处理成本的降低使得海水淡化技术的应用越来越广，以下将对目前应用较多的蒸馏法和反渗透膜法等海水淡化技术进行介绍。

## 9.2.1 蒸馏法

### 9.2.1.1 多级闪蒸

A 工作原理

水在常规气压下加热到 100℃ 才沸腾成为蒸汽。如果使适当加温的海水进入真空或接近真空的蒸馏室，便会在瞬间急速蒸发为蒸汽。

多级闪蒸（multi-stage flash distillation，MSF）是利用闪蒸原理进行海水淡化的工艺过程，所谓的闪蒸是使热原料水引入到一个压力较低的空间内，由于环境压力低于受热原料水的温度所对应的饱和蒸气压，此时原料水成为过热水而急速地部分气化，产生蒸汽，经冷凝而变成淡水。多级闪蒸海水淡化就是将原料海水加热到一定温度后依次流经若干个压力逐渐降低的闪蒸室，逐级蒸发、逐级降温，直到其温度接近天然海水温度，所产生的蒸汽冷凝后即为所需的淡水。

B 工艺流程

利用这一原理，将原料海水加热到一定温度后引入闪蒸室，由于闪蒸室中的压力控制在低于热盐水温度所对应的饱和蒸气压，因此热盐水进入闪蒸室后即成为过热水而急速地部分气化，从而使热盐水自身的温度降低，产生的蒸汽冷凝后即为所需的淡水。多级闪蒸即以此原理为基础，使热盐水依次流经若干个压力逐渐降低的闪蒸室，逐级蒸发降温，同时盐水也逐级增浓，直到其温度接近天然海水温度。多级闪蒸工艺如图 9-2 所示。

C 技术特点与应用

多级闪蒸是多级闪急蒸馏法的简称，成熟于 20 世纪 60 年代初，是目前应用较广的淡化技术。多级闪蒸具有设备结构简单可靠、锅垢危害较轻、易于大型化、操作弹性大以及可利用低位热能和废热等优点。

此种淡化装置适合于大型和特大型海水淡化工厂，并可以与热电厂建在一起，利用热电厂的余热加热海水，水电联产可以大大降低生产成本。现行大型海

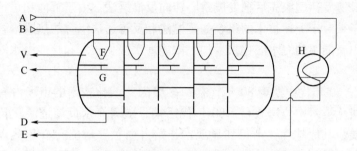

图 9-2　多级闪蒸示意图

A—加热蒸汽；B—进料海水；C—产品淡水；D—浓盐水排放；

E—蒸汽排放；F—热交换器；G—冷凝水收集器；

H—加热器；V—抽真空系统

水淡化厂尤其是海湾地区的海水淡化厂大多采用此法，此法技术成熟，运行可靠。多级闪蒸海水淡化不足之处在于设备较庞大，海水循环量大，造水比比较低，浓缩率较低。

D　发展趋势

主要发展趋势是提高装置单机造水能力，降低单位电力消耗，提高传热效率等。目前多级闪蒸的最高盐水温度多控制在 110℃ 左右，多级闪蒸大多与火力电站联合运行，以汽轮机低压抽气作为热源。此外，多级闪蒸法不仅用于海水淡化，而且已广泛用于火力发电厂、石油化工厂的锅炉供水、工业废水和矿井苦咸水的处理与回收，以及印染、造纸工业废碱液的回收等，是应用非常广泛的蒸馏法海水淡化技术。

### 9.2.1.2　低温多效蒸馏

A　工作原理

低温多效蒸馏（Multiple Effect Desalination，MED）海水淡化技术，盐水的最高蒸发温度低于 70℃，其特征是将一系列的水平管喷淋降膜蒸发器串联起来，用一定量的蒸汽输入，通过多次的蒸发和冷凝，后面一效的蒸发温度均低于前面一效，从而得到多倍于蒸汽量的蒸馏水的淡化过程。低温多效蒸馏脱盐工艺如图 9-3 所示。

B　工艺流程

进料海水在排热冷凝器中被预热和脱气，之后被分成两股物流。一股物流作为冷凝液排弃并排回大海，另外一股物流变成蒸馏过程的进料液。

进料液经加入阻垢分散剂之后被引入到热回收段各效温度最低的一组中。喷淋系统把料液喷淋分布到各蒸发器中的顶排管上，在沿顶排管向下以薄膜形式自由流动的过程中，一部分海水由于吸收了在蒸发器内冷凝蒸汽的潜热而汽化。被轻微浓缩的剩余料液用泵打入到蒸发器的下一组中，该组的操作温度要比上一组高一些，在新的组中又重复了蒸发和喷淋过程。剩余的料液接着往前打，直到最后在温度最高的效组中以浓缩液的形式离开该效组。

生蒸汽输入到温度最高一效的蒸发管内部，在管内发生冷凝的同时，管外也产生了与冷凝量基本相同的蒸发。产生的二次蒸汽在穿过浓盐水液滴分离器以保证蒸馏水的纯度之后，又引入到下一效的传热管内，第二效的操作温度和压力要略低于第一效。

这种蒸发和冷凝过程沿着一串蒸发器的各效一直重复，每效都产生了相当数量的蒸馏水，到最后一效的蒸汽在排热段被海水冷却液冷凝。

第一效的冷凝液被收集起来，该蒸馏水的一部分又返回到蒸汽发生器，超过输入的生蒸汽量的部分流入到一系列特殊容器的首个容器中，每一个容器都连接到下一低温效的冷凝侧。这样使一部分蒸馏水产生闪蒸并使剩余的产品水冷却下来，同时把热量传给热回收效的主体中去。

如此产品水呈阶梯状流动并被逐级闪蒸冷

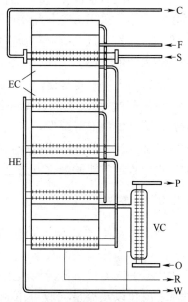

图9-3 低温多效蒸馏脱盐系统示意图
F—海水进料；S—加热蒸汽；C—蒸汽排放；
W—产品淡水；R—浓盐水排放；
O—冷却水；P—冷却水出口；
VC—末级冷却器

却。放出的热量提高了系统的总效率，被冷却的蒸馏水最后用产品水泵抽出并输入到储液罐中。

这样生产出的产品水是完全的纯水，它不含任何污染物，平均含盐量小于$20 \times 10^{-4}\%$。如果安装两级捕沫网，产品水盐含量可小于$5 \times 10^{-4}\%$。

C　技术特点与应用

低温多效蒸馏海水淡化技术，利用电厂、化工厂或是由化工厂的低品位余热，生产纯度极高的蒸馏水（$<10 \times 10^{-4}\%$），以作为锅炉的补充用水、生产过程的工艺用水或者大规模的市政供水。与传统的多级闪蒸相比，它具有设备的一次性投资低、热电消耗低、操作温度低、传热效率高、操作弹性大、装置的安全性好等诸多优点。特别适合于利用低位余热的大中型海水淡化使用。由于此技术节能，近年发展迅速，装置的规模日益扩大，成本日益降低。

D　发展趋势

主要发展趋势为提高装置单机造水能力。采用廉价材料降低工程造价，提高操作温度。提高传热效率。

采用纳滤（NF）作为预处理技术与蒸馏法集成，利用纳滤膜透过液硬度低的特点，解决海水淡化过程中的结垢问题。使化学品的消耗大大降低，减少了对环境的污染。采用 NF 作为海水淡化的预处理，可以大幅度降低进料水的浊度、硬度和含盐量，且系统循环盐水中的 $Cl^-$、$SO_4^{2-}$ 含量大幅度降低，设备结垢的可能性大大降低，提高水回收率，降低海水淡化成本和能耗。

### 9.2.1.3 压汽蒸馏

压汽蒸馏（Mechanical Vapor Compression，MVC）是海水预热后，进入蒸发器并在蒸发器内部分蒸发。所产生的二次蒸汽经压缩机压缩提高压力后引入到蒸发器的加热侧。蒸汽冷凝后得到淡水，如此实现热能的循环利用。用电或蒸汽驱动，也属于最省能的淡化方法之一，但规模一般不大。

## 9.2.2 冷冻法

冷冻海水使之结冰，在液态淡水变成固态冰的同时盐被分离出去。冷冻法（Freezing）与蒸馏法都有难以克服的弊端：蒸馏法会消耗大量的能源并在仪器里产生大量的锅垢，所得到的淡水却并不多；而冷冻法从制冷、结冰、冰晶输送、洗涤、融化以及冷量回收等单元过程太多，效率不高、消耗大量能源，成本过大，得到的淡水味道却很差，难以在生活用水中使用。

## 9.2.3 电渗析法

在电力作用下，海水中的正离子穿过阳膜移向阴极方向，但不能穿过阴膜而留下来；负离子穿过阴膜移向阳极方向，但不能穿过阳膜而留下来。这样，盐类离子被交换走的管道中的海水就成了淡水，而盐类离子留下来的管道里的海水就成了被浓缩了的卤水。该法的技术关键是新型离子交换膜的研制。离子交换膜是 0.5～1.0mm 厚度的功能性膜片。按其选择透过性区分为正离子交换膜（阳膜）与负离子交换膜（阴膜）。将具有选择透过性的阳膜与阴膜交替排列，组成多个相互独立的隔室，而相邻隔室的海水分别被淡化、浓缩，淡水与浓缩水得以分离。

## 9.2.4 反渗透法

### 9.2.4.1 工作原理

利用只允许溶剂透过、不允许溶质透过的半透膜，将海水与淡水分隔开。在通常情况下，淡水通过半透膜扩散到海水一侧，从而使海水一侧的液面逐步升高，直至一定的高度才停止，这个过程为渗透。此时，海水一侧高出的水柱静压称为渗透压。如果对海水一侧施加以大于海水渗透压的外压，那么海水中的纯水将反渗透到淡水中。反渗透法（Reverse Osmosis，RO）使用的薄膜叫"半透膜"。

### 9.2.4.2 工艺流程

用膜将含盐浓度不同的两种水分开，在含盐的一侧外加一个压力，使之大于膜两侧的渗透压力差，迫使水从高浓度溶液中析出并透过膜进入低盐浓度溶液，这就是反渗透原理。反渗透海水淡化系统如图 9-4 所示，由 4 个主要部分构成：（1）预处理；（2）高压泵；（3）膜组件；（4）后处理。其中，预处理是对进料海水进行处理，通常包括去除悬浮固体，调节 pH 值，添加临界隐蔽剂以控制碳酸钙和硫酸钙结垢等，目的都是为了保护膜。高压泵用于对进料海水加压，使之达到适合于所用膜和进料海水所需要的压力。膜组件的核心是半透膜，它截留溶解的盐类，而允许几乎所有不含盐的水通过。后处理主要是进行稳定处理，包括pH 值调节和脱气处理等。

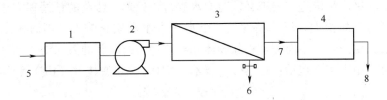

图 9-4  反渗透法示意图

1—预处理；2—高压泵；3—膜组件；4—后处理；5—原料海水；

6—浓盐水；7—淡水；8—产品水

### 9.2.4.3 技术特点与应用

作为膜组件的核心，半透膜的材料不断更新以更好地适应工业应用。最早使用的膜材料是醋酸纤维素，后来逐渐被其他的醋酸纤维素、聚酰胺和其他聚合物等各种配料或衍生物取代。20 世纪 50 年代末，劳伯和索里拉金开发了不对称醋酸纤维素膜，将膜材料的发展引入了新的阶段。不对称膜（也称作薄膜复合膜）有两个连贯的部分：第一部分是与盐水溶液接触的表层（截留层），决定膜的性能；另一部分是多孔支撑层，支撑上述表层，具有防压实的特性，同时允许水通过。不对称膜可分为固态膜和动态膜两种，前者有 4 种基本构型：板框式、管式、卷式和中空纤维式。

反渗透工艺中，通过改变膜组件的数量和组合方式可以达到不同的效果。目前的工艺主要有单级、并联、截留级和产品级。单级是最简单的组合，只有一个适当容量的膜组件。并联是指多个膜组件并联以提高产量，系统的脱盐率和回收率不改变。截流级也称多级或串联，从第 1 级截留的浓缩盐水作为第 2 级的进料水，可以提高系统的回收率。产品级非常适合海水脱盐，从第 1 级出来的淡水作为第 2 级的进料液，可以提高脱盐率，同时从第 2 级出来的截留水还可与原料海水混合进行再处理，提高回收率。反渗透技术只利用电能，适合于有电源的各种场合。

反渗透法具有占地少、建造周期短、操作简单、相对投资小、能耗相对较低和启动运行快等特点，同时还具有无相变、节省能源、适用于海水和苦咸水淡化等特点。

### 9.2.4.4 发展趋势

反渗透工艺可应用于海水或苦咸水淡化工艺，可适应大型、中型和小型海水淡化厂的需求，是近二十年来发展最快的海水淡化技术，淡化成本也降得最快，其在海水淡化领域的总容量已经接近多级闪蒸的容量份额。除了中东国家，美洲、亚洲和欧洲，大中生产规模的装置都以反渗透为主，也是我国目前重点发展的海水淡化方法。

反渗透膜材料不断更新，其性能也有较大的提高，脱盐率可达99.5%，抗污染和抗氧化能力大大提高。

为了满足反渗透进水要求必须对原水进行预处理。传统的预处理方法处理费用低，但占地面积大，过滤精度低，出水受进水水质影响大。当海水水质污染重，水质波动大时，不能完全去除胶体和悬浮物，所以新的海水淡化预处理技术得到广泛应用，主要包括：连续微滤技术（CMF）、超滤技术（UF）和纳滤技术（NF）。

## 9.2.5 热膜耦合海水淡化技术

热膜联产主要是采用热法和膜法海水淡化相联合的方式（即 MED-RO 或 MSF-RO 方式），满足不同用水需求，降低海水淡化成本。目前，世界上最大的热膜联产海水淡化厂是阿联酋富查伊拉海水淡化厂，日产海水淡化水量为 $454km^3$，其中，MSF 日产水 $284km^3$，RO 日产水 $170km^3$。其优点是：投资成本低，可共用海水取水口。RO 和 MED/MSF 装置淡化产品水可以按一定比例混合满足各种各样的需求。

## 9.2.6 膜蒸馏海水淡化技术

膜蒸馏（Membrane Distillation，MD）是在20世纪80年代初发展起来的一种新型分离技术，是膜分离技术与传统蒸发过程相结合的新型膜分离过程，它与常规蒸馏一样都以气液平衡为基础，依靠蒸发潜热来实现相变。它以膜两侧的温差所引起的传递组分的蒸汽压力差为传质驱动力，以不被待处理的溶液润湿的疏水性微孔膜为传递介质。在传递过程中，膜的唯一作用是作为两相间的屏障，不直接参与分离作用，分离选择性完全由气-液平衡决定。膜蒸馏过程是热量和质量同时传递的过程。膜的一侧与热的待处理的溶液直接接触（称为热侧），另一侧直接或间接地与冷的液体接触（称为冷侧）。由于膜的疏水性，水溶液不会从膜孔中通过，但膜两侧由于挥发组分蒸汽压差的存在，而使挥发蒸汽通过膜孔，从高蒸汽压侧传递到低蒸汽压侧，而其他组分则被疏水膜阻挡在热侧，从而产生了膜的透过通量，实现了混合物的分离或提纯。这与常规蒸馏中的蒸发、传质、冷凝过程十分相似，所以称其为膜蒸馏过程。膜蒸馏过程示意图如图9-5所示。

膜蒸馏技术的优点在于：

（1）膜蒸馏过程较其他膜分离过程（反渗透）的操作压力低；

（2）可以处理极高浓度的水溶液，如果溶质是容易结晶的物质，可以把溶液浓缩到过饱和状态而出现膜蒸馏结晶现象；

（3）膜蒸馏组件很容易设计成潜热回收形式；

（4）在该过程中无需把溶液加热到沸点，只要膜两侧维持适当的温差，该过程就可以进行，操作温度比传统的蒸馏低。

但是膜蒸馏作为一种新的分离技术，目前还面临许多技术难题，如：

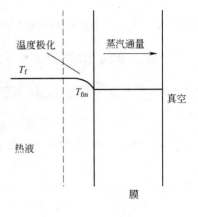

图 9-5　膜蒸馏示意图

（1）膜蒸馏与制备纯水的其他膜过程相比，膜的产水通量较低，迄今还没有开发出较成熟的膜蒸馏用膜的生产技术，且疏水微孔膜，与亲水膜相比在膜材料和制备工艺的选择方面都十分有限；

（2）运行过程中膜的污染不仅导致膜的通量下降，更为严重的是加速了膜的润湿，使盐渗漏进入淡水侧，从而使淡水品质下降；

（3）缺乏有效的热量的回收手段，膜蒸馏是一个有相变的膜过程，汽化潜热降低了热能的利用率，所以在组件的设计上必须考虑到潜热的回收，以尽可能减少热能的损耗。

与其他膜过程相比，膜蒸馏在有廉价能源可利用的情况下才更有实用意义。

### 9.2.7　太阳能海水淡化技术

太阳能海水淡化直接利用太阳能的辐射能量加热海水使其表面蒸发气化，冷凝后得到淡水，或利用太阳能作为能源，和其他海水淡化方法有机结合生产淡水的方法。如太阳能多效蒸馏海水淡化是利用太阳能作为热源，采用多效蒸馏工艺进行海水淡化；太阳能反渗透海水淡化是利用太阳能产生一定压力的蒸汽作为海水反渗透装置的动力进行淡化海水；或利用太阳能发电，采用反渗透工艺进行海水淡化等。其他新的太阳能海水淡化方法，如低位露点蒸发、气提等工艺也正在开展研究工作。太阳能海水淡化装置规模不大，适用于日照强度较大的海岛及边远地区淡水的生产。

### 9.2.8 核能海水淡化

核能淡化包括利用反应堆直接产生的蒸汽和核电站汽轮机抽气进行的蒸馏淡化，以及利用核电所进行的膜法与压汽蒸馏法淡化等。

## 9.3 反渗透海水淡化给水工艺和工程实例

### 9.3.1 河北某滨海电厂万吨级低温多效蒸馏海水淡化工程

为满足电厂自用淡水和周边缺水地区的淡水需求，河北某滨海电厂万吨级低温多效蒸馏海水淡化工程，采用水电联产的运营模式，于2006年3月投运的大规模海水淡化厂。电厂一期工程（2×600MW）海水淡化站的规模为20km³/d，选用法国低温多效蒸发海水淡化装置，出水可满足饮用水水质标准。

采用低温多效蒸馏海水淡化工艺，主要分为海水取水、海水预处理、低温多效蒸馏、淡水收集及浓盐水排放等部分。

#### 9.3.1.1 预处理单元

海水预处理主体工艺为接触絮凝＋斜管沉淀。

经机械隔栅和旋转滤网后的海水通过取水泵进入两列高效混凝沉淀池，处理能力为2×50000m³/d。混凝沉淀池主要由混合池、絮凝池、斜管沉淀池3个部分构成。混合池内安装有快速搅拌器，并在池内加入三氯化铁混凝剂。絮凝池内安装有慢速搅拌器，在池内加入阴离子型聚丙烯酰胺助凝剂。加药量可根据海水水量自动调整。

沉淀池澄清区采用六边形斜管，安装角度60°，长度1.5m。沉淀池设有刮泥机，浓缩的污泥由污泥输送泵排出，厢式自动压滤机对预处理污泥进行脱水。混凝处理后的海水从斜管底部向上流动，从沉淀区的顶部积水堰出水至清水池。再经海水提升泵送到低温多效蒸馏海水淡化装置入口。海水预处理工艺流程见图9-6。

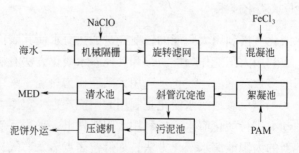

图9-6 海水预处理工艺流程

### 9.3.1.2 低温多效蒸馏装置

低温多效蒸馏海水淡化装置（MED）按照 4 效设计、卧式圆柱状水平布置，汽机 2 段抽气作为系统抽真空汽源，4 段抽气通过热力压缩机（TVC）压缩后作为加热蒸汽气源。预处理后的海水依次通过粗滤器、板式换热器，经增压泵升压，进入凝汽器加热后，一次平行进入蒸发器的 4 个效内，通过喷嘴均匀地喷淋在效内换热管上进行蒸馏，蒸馏产生的蒸汽作为气源进入下一效。第 4 效产生的蒸汽大部分在凝汽器中被进料海水冷却，剩余乏汽被 TVC 抽走，并与来自 4 抽的加热蒸汽混合，进入第 1 效，参与下一个循环。第 1 效的凝结水换热后单独排出，淡水和盐水采用逐级回流方式汇集到 4 效，再经换热后排出。MED 装置主要包括蒸发器本体、海水系统、蒸汽系统、产水系统及化学加药系统。额定工况下 MED 装置主要技术参数见表 9-3。

表 9-3 额定工况下 MED 装置主要技术参数

| 项　目 | 设计数据 | 项　目 | 设计数据 |
|---|---|---|---|
| 单台产水量/$m^3 \cdot d^{-1}$ | 10000 | 单台电耗/$kW \cdot h \cdot m^{-3}$ | 1.20 |
| 蒸汽压力/MPa | 0.55 | 产品水 TDS/$mg \cdot L^{-1}$ | <5 |
| 蒸汽温度/℃ | 320 | 第 1 效最高盐水温度/℃ | 65 |
| 造水比 GOR/$kg \cdot kg^{-1}$ | 8.33 | | |
| 单台汽耗/$t \cdot h^{-1}$ | 50 | 变工况能力/% | 50~110 |

#### A 蒸发器本体

蒸发器是 MED 装置的主要换热设备，蒸发器本体总长约 70m，直径 6.7m，壁厚 11mm。蒸发器按等面积原则设计，1~4 效蒸发器换热面积一致，换热管规格数量及布置方式相同。蒸发器主要由壳体、换热管束、海水喷淋系统、除雾器、蒸汽通道、前水室及水封装置、后水室及水封装置、淡水连接管、盐水连接管、不凝气抽出口等组成，且每一效均设有检修人孔。蒸发器主要设备材料及参数如表 9-4 所示。

表 9-4 蒸发器主要设备材料及参数

| 壳　体 | 材　料 | SS316L |
|---|---|---|
| 换热管束 | 材　料 | 上三排为钛管，其余为铝黄铜合金 |
| | 每效管束数量/根 | 13200（其中钛管 291） |
| | 每效管束换热面积/$m^2$ | 10000 |
| | 管径/mm | 25.4 |
| | 壁厚/mm | 0.5（钛管），0.7（钢管） |

续表9-4

| | 形 式 | 丝网 |
|---|---|---|
| 除雾器 | 材 料 | SS316L |
| | 厚度/mm | 50 |
| | 每效面积/m² | 56 |
| | 形 式 | 喷雾 |
| 喷淋系统 | 材 料 | 聚丙烯 |
| | 每效数量 | 70 |
| | 喷嘴直径/in | 1.5 |

### B　海水系统

海水系统包括冷却海水和物料水两部分，冷却海水系统主要作用是向系统内的凝汽器、换热器等提供冷却用海水，并向物料水系统提供物料水，满足 TMED 装置对外来海水的需求。冷却海水首先经过自动反冲洗粗滤器（过滤精度 500μm），过滤后分两部分，其中一小部分经凝结水冷却器后排放，冷却凝结水。另一部分向凝汽器提供冷却水，此部分并列设置有淡水冷却器、海水预热器和海水旁路，满足控制进效海水温度的要求，同时满足淡水冷却、盐水热量回收的要求。凝汽器后冷却海水的排放、淡水冷却器后冷却水的排放、凝结水冷却器冷却水的排放均汇集到冷却水排放总管排至厂区排水干管。凝汽器以海水为冷却介质，将第 4 效生成的部分蒸汽凝结，并将海水进一步加热，满足进效物料水温度要求。装置采用表面式单壳体双流程结构，冷却管采用钛管。当海水冷却温度为 25.1℃时，100% 负荷情况下，凝汽器运行压力 10.0kPa。物料水来自凝汽器后冷却海水，采用一次平行喷淋进料方式，设计进效流量为 344m³/h。

### C　蒸汽系统

蒸汽系统由加热蒸汽系统和抽真空系统两部分组成。加热蒸汽来自汽轮机 4 段抽气（额定供汽压力 0.55MPa，温度 320℃），经 TVC 前喷水减温、TVC、TVC 后喷水减温后进入 MED 装置。同时留两段抽气作为备用汽源。加热蒸汽流量由 TVC 的调节锥调节，TVC 是利用 4 抽高压蒸汽的压力抽取第 4 效产生的低压蒸汽，经压缩后提高其蒸汽压力和温度，输送至第 1 效前，作为新的加热蒸汽。TVC 的设置提高了 MED 的造水比，降低了制水成本，且采用调节锥方式调整 TVC 进口蒸汽流量，降低了蒸汽压力变化对 TVC 效率的影响，极大地提高了 MED 对机组负荷变化的适应性。抽真空系统用于将蒸发器内不凝结气体排出，保证其工作在要求的真空状态下。采用蒸汽射气抽气器方案，按两级射气抽气器设置。系统主要由启动射气抽气器、一级射气抽气器、二级射气抽气器、管板式冷凝器组成。启动射气抽气器用于机组启动时抽气，出口设消声器。一级和二级射气抽气器用于蒸发器正常运行期间维持真空度，且蒸汽热量回收，加热第1效的物料水以提高热效率。真空系统设2抽和4抽双气源供气，以保证抽气器的正常运行。

D　产水系统

产水系统包括凝结水系统、盐水系统和淡水系统。凝结水由第1效热井排出后经凝结水泵升压，经凝结水冷却器冷却后输送至厂区凝结水母管。TVC前蒸汽管道的高压减温水由凝结水泵后管道引出，经减温水泵升压后供给。TVC后低压减温水由凝结水泵后直接引出。盐水系统用于将各效蒸发浓缩后的浓盐水汇集排放，采用逐级回流方式，利用各效间的自然压差，浓盐水由第一效逐级排放，最终至第4效，再由盐水泵升压经海水预热器后排放，同时回收利用浓盐水的部分热量加热冷却海水。淡水系统亦采用逐级回流排放方式，由第2效开始，逐级排放，最终汇集至第4效。凝汽器布置高度略高于蒸发器，凝结的水也自流至第4效。第4效淡水由淡水泵升压经淡水冷却器换热减温后输送至厂区淡水母管。盐水及淡水在逐级回流过程中，由于效内压力下降，会闪蒸出部分蒸汽，两次蒸汽产量会有所增加，热量得到回收，效率得到提高。

E　化学加药系统

为能降低海水的表面张力，防止和减少泡沫的产生，设置一套消泡剂加药单元。消泡剂通过计量泵投加到物料水入口处，投加量 0.2 ~ 0.3mg/L。为防止换热管表面积垢影响热效率，设置一套阻垢剂加药单元，通过计量泵投加到物料水入口处，投加量 4 ~ 5mg/L。为去除海水中残留的余氯，设置一套偏亚硫酸氢钠加药单元，加药点设置在粗滤器进口处，控制 MED 进 1:3 海水余氯小于 0.1mg/L。

### 9.3.1.3　运行情况

A　预处理效果

进入 MED 装置的海水要求悬浮物质量浓度不超过 300mg/L（最好小于 50mg/L）。取水口海水的 TSS 质量浓度一般为 100 ~ 500mg/L，高时达 2000 ~ 4000mg/L。运行实践表明，根据进水水质，控制三氯化铁加药量在 30 ~ 60mg/L，聚丙烯酰胺加药量 0.1 ~ 0.2mg/L，出水悬浮物质量浓度均能小于 20mg/L，满足 IVIED 装置进水要求。另外次氯酸钠采用连续加药和冲击加药相结合的投加方式，连续加药量为 1.0mg/L，冲击加药每天 3 次，加药剂量控制在 3.0mg/L。

B　IVIED 运行情况

MED 装置投运至今已有两年多时间，运行一直较稳定，性能指标达到设计要求。2006 年 8 月委托国内某权威热工研究机构对两套海水淡化装置进行了性能考核试验，结果证明 1 号、2 号海水淡化装置可以在 50% ~ 110% 额定负荷下运行，制水量和产品水质均满足设计要求，主要试验结论如下：(1) 两套海水淡化装置在

100% 额定进汽条件下的出水分别是 10579m³/d 和 10527m³/d，满足 10000m³/d 的要求；（2）两套海水淡化装置在 100% 额定进汽条件下的造水比分别是 9.537 和 9.850，优于设计值 8.33；（3）两套海水淡化装置在 100% 额定进汽条件下出水总溶解固体（TDS）质量浓度分别为 2.11mg/L 和 1.69mg/L，满足小于 5mg/L 的要求；（4）两套海水淡化装置均具有 50% ~110% 变负荷运行能力。

　　C　淡水水质

　　本工程所产淡水水质稳定，经国家权威检验中心检验，所检项目完全符合《生活饮用水卫生标准》（GB 5749—2006）要求。海水淡化生产自用水的成本包括设备折旧费用、耗电费用、化学药品消耗费用、热力费用、人工费用、维修费用等。该电厂实施海水淡化工程后，电厂自用水完全不取用其他淡水，节省了淡水取水费（约 5 元/m³）、锅炉补给水预处理和闭式冷却水及其他工业水预处理水费用（约 5.5 元/m³）。全厂自用淡水量（主要包括锅炉补给水、闭式冷却水、脱硫用水及生活用水）约 300 万 m³/年，年节约淡水取水及预处理水费：300 ×（5 + 5.5 – 3.8）= 2010 万元，故 20000m³/d 海水淡化装置供电厂自用水的经济效益约 2010 万元/年。电厂两年多的运行实践表明，2 × 10000m³/d 低温多效蒸馏海水淡化装置可在 50% ~100% 的出水范围内进行调节和运行，产水含盐量小于 5mg/L，额定条件下造水比可达到 8.33 以上。该海水淡化工程完全可以满足电厂运营的用水品质及用量要求，实现了大型火力发电机组零淡水取用的目标，并初步具备了向周边地区提供优质淡水的能力，为国内沿海地区电厂实现水电联产树立了典范。

### 9.3.2　日本福冈海中道海水淡化中心（超滤 + 反渗透工艺）

#### 9.3.2.1　设施概况

　　该项目位于日本福冈市东区博多湾，占地 46000m²，投资约 408 亿日元，最大淡水生产能力 50000m³/d，可供应福冈市约 25 万人的用水。采用可稳定出水的反渗透工艺，采用超滤作为前处理工艺以去除微生物和海水中的微粒，在反渗透工艺中，采用高压加低压反渗透膜的工艺，生产出更优质的淡水。各设施的参数如下：

　　（1）取水设施：

　　取水方式：渗透取水

　　最大取水量：103000m³/d

　　集水面积：20000m³

　　集水支管：φ600mm×3600m，聚乙烯

　　集水母管：φ1800mm×314m，聚乙烯

　　导水管：φ1500mm×1150m，涂膜混凝土管

（2）反渗透装置系统：

超滤膜过滤设备：卷式超滤膜（UF膜），聚偏氟乙烯材质

膜组件个数：255个×12组

工作压力：0.2MPa

高压反渗透装置：中空纤维型反渗透膜（RO膜），三醋酸纤维素膜材质

膜组件个数：400个×5组

工作压力：8.2MPa

高压RO泵：2450kW

低压反渗透装置：卷式反渗透膜（低压反渗透膜），聚酰胺膜材质

膜组件个数：200个×5组

操作压力：1.5MPa

低压RO泵：240kW

（3）加药情况：

在水处理工艺中添加的药剂主要有氢氧化钙和次氯酸钠。

### 9.3.2.2 海水淡化工艺流程

本厂的海水淡化工艺流程如图9-7所示，包含取水设施、超滤系统、高压泵系统、高压反渗透系统、低压反渗透系统和配水系统等。

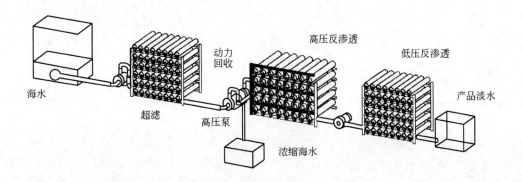

图9-7 反渗透海水淡化工艺流程示意图

取水设施对于海水淡化工厂十分重要，海中道海水淡化厂未采用传统的直接取水的方式，而是采用在海底的砂中埋管的渗透取水的方式，该方式具有不妨碍渔业和海上航行的船只、结构不外露避免强浪对管道的损害，提高取水管道的安全性；海砂还可起到过滤的作用，减少进入原水的垃圾和不纯物质，确保水质，同时也不会吸取海藻和鱼卵等，有助于保护海洋环境。

超滤系统起到过滤微生物和微粒的作用，采用聚偏氟乙烯超滤膜，截留分子量150kg/mol，卷式膜组件，过滤压力为0.15MPa。超滤为全量过滤，必须定期

清洗膜系统。通过保安滤膜，调整 pH 值。

　　超滤出水通过高压水泵，将水压升高至 8.2MPa 后打入反渗透膜系统。反渗透膜是一种中空纤维制成的三醋酸纤维膜（内径 0.07mm，外径 0.14mm），通过高压反渗透膜，海水中的盐分约 3.5% 可被去除，即 $35000 \times 10^{-4}\%$ 的盐分被去除，盐分去除后，淡化后的水中含盐量在 $500 \times 10^{-4}\%$ 左右，可满足饮用水的水质要求。最后阶段为低压反渗透装置（聚酰胺膜卷式膜组件），以进一步去除微量元素如硼元素等。回收的水大约占原水的 60%。

# 参 考 文 献

[1] 段金叶,潘月鹏,付华,李贵宝.饮用水与人体健康关系研究[J].南水北调与水利科技,2006,4(3).

[2] 朱党生.中国城市饮用水安全方略[M].北京:科学出版社,2008:16.

[3] 李颖梅,周向辉.水的硬度引起的危害及其软化[J].魅力中国,2009(1).

[4] 尚双霞.我国饮用水安全问题立法研究[D].太原:山西财经大学硕士毕业论文,2009.

[5] 刘永懋,宿华.我国饮用水资源保护与可持续发展研究[J].中国水利,2004(15).

[6] 蓝楠.国外饮用水源保护法律制度对我国的启示[J].环保科技,2008(3).

[7] 《饮用水水源保护区划分技术规范》(2007年国家环保总局颁布).

[8] 朱党生.中国城市饮用水安全方略[M].北京:科学出版社,2008:82.

[9] 张新.我国人口饮用水不符合卫生标准[J].化学分析计量,2005,14(1).

[10] 审计署2010年第5号公告:103个县农村饮水安全工作审计调查结果.

[11] 史正涛,刘新有.城市水安全评价指标体系研究[J].2008(6).

[12] 孙博.齐头并进确实保障城乡饮用水安全———访中国科学院生态环境研究中心环境水质学国家重点实验室主任杨敏[J].水工业市场,2008(1).

[13] 孟庆瑜,刘茵.环境资源法概论[M].北京:中国民主法制出版社,2003:290.

[14] 吕忠梅.保障饮水安全的法律思考——兼论《水污染防治法》的修改[J].甘肃社会学,2007(6).

[15] 陶信平,吴晶.水资源可持续利用与水生态环境保护的法律问题研究[G].见:2008年全国环境资源法学研讨会论文集.南京,2008(10):16~19.

[16] 于国防.饮用水卫生管理与监督问答[M].济南:山东科学技术出版社,1999:181.

[17] 张文显.法理学(第二版)[M].北京:高等教育出版社,2005:489.

[18] 蔡守秋.环境资源法学[M].北京:高等教育出版社,2007:17.

[19] 水利部水资源司,中国水利学会.2009饮水安全标准规范汇编[M].北京:中国标准出版社,2009.

[20] 徐风.饮用水新标准新品质——解读《生活饮用水卫生标准》[J].大众标准化,2007(3).

[21] 申屠杭.生活饮用水卫生标准执行中的若干问题探讨[J].中国公共卫生管理,2008,24(6).

[22] 唐彬.为了更多人的饮水安全——中国《生活饮用水卫生标准》修订前后[J].环境,2007(4).

[23] 扈庆.饮用水预处理技术探讨[J].环境科学与管理,2010,35(12).

[24] 侯俊,王超,吉栋梁.我国饮用水水源水质标准的现状及建议[J].中国给水排水,2007,23(20):103~106.

[25] 孙力平,王蕾,马瑞巧.微污染原水的危害及其处理研究现状[J].天津城市建设学院学报,2000,6(2):97~101.

[26] 张红振,刘汉湖.我国城市供水的水质现状、问题及对策[J].净水技术,2005,24(4):56~58.

[27] 夏青，陈艳卿，刘宪兵．水质基准与水质标准[M]．北京：中国标准出版社，2004.

[28] 石秋池．欧盟水框架指令及其执行情况[J]．中国水利，2005(22):65～66.

[29] 易雯．《地表水环境质量标准》中氮、磷指标体系及运用中有关问题的探讨[J]．环境保护，2004(8)：10～11.

[30] 李贵宝，郝红，张燕．我国水环境质量标准的发展[J]．中国标准导报，2003(5)：15～17.

[31] 乐林生，吴今明，鲍士荣，戴婕，康兰英，张东．上海市安全饮用水保障技术[J]，中国给水排水，2005,31(9)：5～10.

[32] 王占生，等．微污染水源饮用水处理[M]．北京：中国建筑工业出版社，1999.

[33] 周云，等．微污染水源净水技术及工程实例[M]．北京：化学工业出版社，2003.

[34] 朱亮，等．供水水源保护与微污染水体净化[M]．北京：化学工业出版社，2005.

[35] 严煦世，范瑾初，等．给水工程[M]．北京：中国建筑工业出版社，2005.

[36] 张林生，等．水的深度处理与回用技术[M]．北京：化学工业出版社，2004.

[37] 刘辉，等．全流程生物氧化技术处理微污染原水[M]．北京：化学工业出版社，2003.

[38] 曾一鸣，等．膜生物反应器技术[M]．北京：国防工业出版社，2007.

[39] 邵刚，等．膜法水处理技术及工程实例[M]．北京：化学工业出版社，2002.

[40] 尹士君，等．水处理构筑物设计与计算[M]．北京：化学工业出版社，2007.

[41] 高乃云，等．饮用水强化处理技术[M]．北京：化学工业出版社，2005.

[42] 张玉先，等．现代给水构筑物与工艺系统设计计算[M]．北京：化学工业出版社，2010.

[43] 王鑫，等．给水厂改造与运行管理技术问答[M]．北京：化学工业出版社，2006.

[44] 张光明，等．水处理高级氧化技术[M]．哈尔滨：哈尔滨工业大学出版社，2007.

[45] 张利民，等．饮用水水质全过程保障技术研究[M]．南京：河海大学出版社，2008.

[46] 王东升，等．微污染原水强化混凝技术[M]．北京：科学出版社，2009.

[47] 乐林生，等．太湖流域安全饮用水保障技术[M]．北京：化学工业出版社，2007.

[48] 王利平，等．$TiO_2$/PP 填料光催化氧化预处理微污染湖泊水[J]．中国给水排水，2010，26(11)：76～79.

[49] 申一尘，等．粉末活性炭强化常规处理黄浦江原水的研究[J]．中国给水排水，2010，26(9)：50～53.

[50] 修海峰，等．粉末活性炭强化处理高藻微污染水[J]．工业废水与用水，2010，41(3)：14～16.

[51] 向阳，等．改性粘土吸附去除水中有机毒物的研究进展[J]．离子交换与吸附，1995,11(5)：473～478.

[52] 董秉直，等．粉末活性炭-超滤膜处理微污染原水试验研究[J]．同济大学学报（自然科学版），2005, 33 (6)：778～785.

[53] 马军，等．高锰酸盐复合药剂预氧化与预氯化除藻效能对比研究[J]．中国给水排水，2000,26(9)：25～27.

[54] Newcombe G. Water treatment options for dissolved cyanotoxins. Water Supply Research and Technology. 2004，53(4)：227～239.

[55] 张晓健，等．无锡自来水事件的城市供水应急除臭处理技术[J]．中国给水排水，2007，33(9)：7～12.

［56］卫立现，等．预臭氧对砂滤过滤性能的影响[J]．中国给水排水，2007，27(12)：1957～1961.

［57］于开昌，等．MBR 处理微污染河水试验[J]．环境科学研究，2010，23(7)：936～941.

［58］刘海龙，等．高藻原水预臭氧强化混凝除藻特性研究[J]．环境科学，2009，30(7)：1914～1919.

［59］孔宇，等．微污染原水预处理工艺选择与设计[G]．见：2010 全国给水排水技术信息网年会论文集，2010：83～86.

［60］黄海真，等．四段式生物接触氧化池预处理微污染珠江原水试验[J]．中国给水排水，2007，13(11)：39～41.

［61］赵杨，等．新型悬浮载体生物接触氧化法去除微污染水中氨氮[J]．中国给水排水，2008，24(19)：91～94.

［62］高乃云，等．氧化物涂层砂及其涂层理论分析[J]．中国给水排水，2002，18 (10)：42～44.

［63］高乃云，等．氧化铝涂层砂变性滤料的除锌效果研究[J]．中国给水排水，2000，26 (3)：32～36.

［64］何斐，李磊，徐炎华．微污染水源水处理技术研究进展[J]．安徽农业科学，2008，36 (11)：4672～4673.

［65］Tung H H，Xie Y F. Association between haloacetie acid degradation and heterotrophic bacteria in water distribution systems[J]. Water Research，2009，43(4)：971～978.

［66］Sehenck K Sivaganesan M，Rice G. Correlation of water quality parameters with mutagenicity of chlorinated drinking watersamples[J]. Journal of Toxicology and Envimnmental Health-Part A-Current Issues. 2009，72(7)：461～467.

［67］Huber M M，Temes T A，Gunten U von. Removal of estrogenic activity and formation of oxidation products during ozonation of $17\alpha$-ethinylestradiol [J]. Environmental Science and Technology，2004，38(19)：5177～5186.

［68］张可佳，殷娣娣，高乃云，等．水中两种微囊藻毒素的臭氧氧化及其影响因素[J]．中国环境科学，2008,28(10)：877～882.

［69］Momani F A，Smith D W，El-Din M G. Degradation of cyanobacteria toxin by advanced oxidation process [J]. Journal of Hazardous Materials，2008(150)：238～249.

［70］Shawwa A R，Smith D W. Kinetics of microcystin-LR oxidation by ozone [J]. Ozone Science and Engineering，2001(23)：161～170.

［71］马军，李学艳，陈忠林，等．臭氧氧化分解饮用水中嗅味物质 2-甲基异莰醇[J]．环境科学，2006，27(12)：2483～2488.

［72］庞文海，高乃云，尹大强，等．饮用水中滴滴涕的臭氧降解[G]．见：持久性有机污染物论坛 2009 暨第四届持久性有机污染物全国学术研讨会论文集，2009：161～163.

［73］周勤，缪恒锋，王志良，等．饮用水中微囊藻毒素臭氧降解效能及影响因素研究[J]．安全与环境学报，2011，11(1)：30～35.

［74］Beltran F J. Ozone reaction kinetics for water and wastewater system[M]. New York：Lewis Publishers，2004：16～20.

［75］ 徐斌，高乃云，芮曼，等．饮用水中内分泌干扰物双酚A的臭氧氧化降解研究［J］．环境科学，2006，27(2)：294～300.

［76］ 翟旭，陈忠林，刘小为，等．臭氧氧化去除饮用水消毒副产物二氯乙酸［J］．中国给水排水，2010，26(11)：139～143.

［77］ 汪大翚，雷乐成．水处理新技术及工程设计［M］．北京：化学工业出版社，2001.

［78］ 刘艳萍，江小林，陈威，等．微污染原水太阳能光催化氧化处理研究进展［J］．可再生能源．2006，127(3)：80～82.

［79］ 苑宝玲，王洪杰．水处理新技术处理与应用［M］．北京：化学工业出版社，2006.

［80］ Parson S. Advanced oxidation process for water and wastewater treatment［M］. 2004：187.

［81］ 张光明，周吉全，张锡辉．超声波处理难降解有机物影响参数研究［J］．环境污染治理技术与设备，2005，6(5)：42～45.

［82］ Weihua Song, Kevin E. O' Shea. Ultrasonically induced degradation of 2-methylisobomeol and geosmin［J］. Water Research, 2007(41)：2672～2678.

［83］ 张胜华，靳慧征，张奎．超声空化作用于水中天然有机质特性研究［J］．声学技术，2008，27(3)：365～369.

［84］ 张健．粒状活性炭在饮用水深度处理中的应用及再生［J］．供水技术，2007，1(5)：44～46.

［85］ Hoffman J R H. Removal of microcystis toxins in water purification process［J］. Water South African, 1976 (2)：58～60.

［86］ 郑永菊，陈洪斌，何群，等．黄浦江原水生物活性炭深度处理的挂膜研究［J］．水处理技术，2010，36(11)：66～72.

［87］ 周云，何义亮．微污染水源净水技术及工程实例［M］．北京：化学工业出版社，2003.

［88］ 刘萍，曾光明，黄瑾辉，等．膜技术在饮用水深度处理上的应用［J］．环境科学与技术，2004，27(6)：100～104.

［89］ 彭迪水．顺德五沙水厂的微滤工艺［J］．中国给水排水，1999，15(12)：43～44.

［90］ 张昱，杨敏，郭召海，等．日本几种不同类型的饮用水深度处理技术［J］．中国给水排水，2005，31(5)：32～38.

［91］ Van der Bruggen B, Schaep J, Wilms D, et al. Influence of molecular size, polarity and charge on the retention of organic molecules by nanofiltration［J］. J. Membr. Sci. , 1999, 156：29～41.

［92］ Ngiem L D, Schafer A I, Elimelech M, Menachem E. Pharmaceutical Retention Mechanisms by Nanofiltration Membranes［J］. Environ. Sci. Technol. , 2005(39)：7698～7705.

［93］ Comerton A M, Andrews R C, et al. Membrane adsorption of endocrine disrupting compounds and pharmaceutically active compounds［J］. J. Membr. Sci. , 2007(303)：267～277.

［94］ Kimura K, Amy G, Drewes J E. Adsorption of hydrophobic compounds onto NF/RO membranes：and artifact leading to overestimation of rejection［J］. J. Membr. Sci. , 2003, 221：89～101.

［95］ 魏宏斌，杨庆娟，邹平，等．纳滤膜用于直饮水生产的中试研究［J］．中国给水排水，2009，25(7)：55～59.

［96］ 俞三传，高从增，张慧．纳滤膜技术和微污染水处理［J］．水处理技术，2005，31(9)：

6~9.

[97] 胡孟春，张永春，唐晓燕，等. 反渗透膜在分散型农村饮用水深度处理中开发应用研究 [J]. 江苏环境科技，2008，21（3）：39~42.

[98] 杨敦，徐扬. 生活饮用水的深度处理技术[J]. 中国给水排水，2007，33(增刊)：226~232.

[99] Boho B, Dixon D, Eldridge R, et al. Removal of natural organic, matter by ion exchange [J]. Water Research, 2002,36(20): 5057~5065.

[100] 黄年龙，廖凤京. 深圳梅林水厂臭氧活性炭深度处理工艺设计[J]. 中国给水排水，2003，29(9):13~18.

[101] Wang Lin, Wang B Z, Li W G, et al. Performance of a full scale advanced treatment plant using ozonation, BAC and Muyushi mineral filtration processes [J]. European Water Management, 1999,2(2).

[102] Lin Wang, Baozhen Wang. Pollution of water sources and pollutants removal by advanced treatment processes in China[A]. Proceedings of WHO Water, Soil and Air Hygiene Conference [C]. Germany：Bad Elster, 1998.

[103] 范茂军. 粉末活性炭和超滤膜组合工艺深度处理上海水源水研究[D]. 上海：同济大学环境科学与工程学院，2006.

[104] 王琳，王宝贞，王欣泽，等. 活性炭与超滤组合工艺深度处理饮用水[J]. 中国给水排水，2002，18（2）：1~6.

[105] Lozier C J, Jones G, Bellamy W. Integrated membrane treatment in Alaska[J]. JAWWA, 1997, 89(10): 50~64.

[106] 胡孟春，张永春，唐晓燕，等. 太湖源水深度处理指引的技术工艺[G]. 见：2008年中国水环境污染控制与生态修复技术学术研讨会，2008.

[107] 赵杰，尹华，钱俊宝. 双膜法技术在微污染海涂水处理方面的应用[G]. 见：2009年全国非常规水源利用技术研讨会，2009.

[108] 吴青霞. 临安市第三水厂工艺设计研究[D]. 杭州：浙江工业大学，2008.

[109] 谭良良，贝德光，汤冬梅. 南宁市三津水厂一期工程的工艺设计实例[J]. 城镇供水，2010(4)：81~84.

[110] 戴之荷，韩路，戴艳. 管道直饮水系统的设计探讨[J]. 中国给水排水，2002,18(6)：68~70.

[111] 张静. 分质供水在我国的发展趋势[D]. 上海：同济大学，2005.

[112] 王仁雷，刘克成，孙小军. 滨海电厂万吨级低温多效蒸馏海水淡化工程[J]. 水处理技术，2009，36(10)：111~114.

[113] 潘献辉，阮国岭，赵河立，苏立永，葛云红. 天津反渗透海水淡化示范工程 (1000m³/d) [J]. 中国给水排水，2009，25(2)：73~77.

[114] 王宏涛. 真空膜蒸馏海水淡化实验研究[D]. 天津：天津大学，2008.

# 冶金工业出版社部分图书推荐

## "十二五"国家重点图书——
## 《环境保护知识丛书》